SCHALL 2023

Entwicklung und Anwendung der Schallemissionsanalyse und Zustandsuberwachung mit gefuhrten Wellen

Berichtsband BB 179

Wetzlar, Germany
21 - 22 March 2023

ISBN: 978-1-7138-9325-7

Printed from e-media with permission by:

Curran Associates, Inc.
57 Morehouse Lane
Red Hook, NY 12571

Some format issues inherent in the e-media version may also appear in this print version.

Deutsche Gesellschaft Fuer Zerstoerungsfreie Pruefung (DGZfP)
Max-Planck-Str. 6
12489 Berlin
Germany

Phone: +49 30 67807-0
Fax: +49 30 67807-109

mail@dgzfp.de

Additional copies of this publication are available from:

Curran Associates, Inc.
57 Morehouse Lane
Red Hook, NY 12571 USA
Phone: 845-758-0400
Fax: 845-758-2633
Email: curran@proceedings.com
Web: www.proceedings.com

DEUTSCHE
GESELLSCHAFT FÜR
ZERSTÖRUNGSFREIE
PRÜFUNG e.V.

SCHALL 23 – Entwicklung und Anwendung der Schallemissionsanalyse und Zustandsüberwachung mit geführten Wellen

21./22. MÄRZ 2023 | WETZLAR

09:00 **Begrüßung**
Markus Sause, Vorsitzender des DGZfP-Fachausschusses Schallemissionsprüfverfahren
Peter Hohmann, Vizepräsident, Technische Hochschule Mittelhessen

Session 1 | **Zustandsüberwachung**
Sitzungsleitung: S. Pirskawetz

1
09:15 **Entwicklung eines Verfahrens zur Analyse von Gelenkdefekten des erhaltenen Knies von einseitig Beinamputierten mit Hilfe der Schallemissionsanalyse SEA**...1
J. Subke[1], A. Keller[1], M. Schmeiler[1], B. Schneider[1], H. Hermawan[1], H.-J. Schwalbe[1]
[1] Technische Hochschule Mittelhessen, Gießen

2
09:35 **Simulation der Ausbreitung von Schallemissionssignalen in einem großformatigen Laborprobekörper aus Spannbeton**...9
G. Manthei[1], J. Heinrich[1], F. Schubert[2]
[1] Technische Hochschule Mittelhessen, Gießen;
[2] Fraunhofer IKTS, Dresden

3
09:55 **Weiterentwicklung eines zerstörungsfreien Prüfverfahrens zur Charakterisierung von Furnier mit Hilfe von Ultraschallwellen**...22
M. Kühmstedt[1], K. Tschöke[1], R. Krüger[2]
[1] Fraunhofer IKTS, Dresden; [2] HFT, TU Dresden

4
10:15 **Erfahrungen zum Dämpfungsverhalten impulsartiger, energiereicher Signale an Spannbetonkonstruktionen**...31
M. Käding[1], G. Schacht[1], S. Marx[2]
[1] MKP GmbH, Weimar; [2] Institut für Massivbau, TU Dresden

10:35 Pause

Session 4 | **Verbundwerkstoffe und Verklebungen**
Sitzungsleitung: A.J. Brunner

17:30 Abendveranstaltung im Mathematikum Gießen mit anschließendem Abendessen im Benediktiner Weissbräuhaus; Bustransfer: Abfahrt 17:30 Uhr ab Tagungshotel

PROGRAMM | Mittwoch, 22. März 2023

Session 5 | **Messtechnik und Standardisierung**
Sitzungsleitung: H. Trattnig

10:20 Pause

Session 6 | **Grundlagen und Algorithmenentwicklung**

Sitzungsleitung: K. Tschöke

POSTER

Entwicklung eines Verfahrens zur Analyse von Gelenkdefekten des erhaltenen Knies von einseitig Beinamputierten mit Hilfe der Schallemissionsanalyse SEA

Jörg SUBKE [1], Adeline KELLER [1], Michael SCHMEILER [1], Benedict SCHNEIDER [1], Hermawan HERMAWAN[1] Hans-Joachim SCHWALBE [1]
[1] Technische Hochschule Mittelhessen, Gießen

Kontakt E-Mail: joerg.subke@lse.thm.de

Kurzfassung. Für Patienten, die durch ein traumatisches Ereignis ein Bein verloren haben und mit einer Prothese versorgt wurden, ist die Wiederherstellung und Erhaltung der Mobilität ein hohes Gut. Die Entwicklung einer Gonarthrose ist aus diesem Grund zu verhindern, die eine massive Bewegungseinschränkung und damit einen hohen Verlust an Lebensqualität zur Folge hätte.

Ziel dieser Arbeit ist die Entwicklung eines Verfahrens auf der Basis der SEA, um frühzeitig die Veränderungen des Knorpels im Kniegelenk zu dokumentieren und die Grundlagen für die therapeutischen Maßnahmen auf der Basis der gemessenen Gelenkdefekte bei einseitiger Beinamputation zu schaffen.

Voraussetzung für die SEA-Untersuchung ist die Mobilität des Patienten, der drei Kniebeugen innerhalb von 10 Sekunden durchführen muss. Im Vergleich zur SEA-Standardbewegung muss der Patient mit einem Bein die Kraft für die Flexion und Extension der Kniebeuge aufbringen. Der Patient erhält die Möglichkeit, durch Einsatz der Armkräfte die Ausführung der Kniebeugen mit Hilfe eines Gestells zu unterstützen.

Zur Untersuchung des Patienten werden ein SEA-System von BoneDiaS, zwei DMS-Sensoren von Hottinger, eine Kraftmessplatte FDM-S von Zebris und zwei Videokameras verwendet. Die Schallemission der Gelenkreibung wird an der Kondyle des Femurs mittels eines piezoelektrischen Sensors abgeleitet. Mit der FDM-Platte werden die Bodenreaktionskräfte, mit zwei DMS-Sensoren von Hottinger die Haltekräfte der Arme gemessen. Zur Unterstützung der Bewertung wird die Bewegung aus frontaler und sagittaler Sicht mit je einer Videokamera dokumentiert.

Die Gleichmäßigkeit der Kniebeugen wird anhand der Videoaufzeichnung bewertet. Die Bewegung und Belastung ist bei einbeiniger Kniebeuge asymmetrisch im Vergleich zur zweibeinigen Kniebeuge.

Die Aufteilung der drei aufgenommenen Kräfte zeigt, wie groß die Unterstützung durch die Haltekräfte im Vergleich zur Bodenreaktionskraft während der Bewegung gemessen werden. Ebenso die Links-Rechts Stabilität kann anhand der Haltekräfte bemessen werden. In Korrelation mit den kinematischen Daten werden die SEA-Signale für das erhaltene Kniegelenk bewertet, so dass auf diese Weise das erhaltene Kniegelenk bei einem einseitig Beinamputierten auf Defekte hin geprüft werden kann.

1. Einführung

Ziel dieser Arbeit ist die Entwicklung eines Verfahrens auf der Basis der Schallemissionsanalyse (SEA) [1], um frühzeitig bei Amputierten die Veränderungen des Knorpels im Kniegelenk zu dokumentieren und die Grundlagen für die therapeutischen Maßnahmen auf der Basis der gemessenen Gelenkdefekte bei einseitiger Beinamputation zu schaffen. Ausgangspunkt ist die akustisch-kinetische Gelenkanalyse, in der Patienten zweibeinige Kniebeugen zur Prüfung der Kniegelenke durchführen [2, 3]. In dieser Arbeit wird diese Prüfung auf einbeinige Verhältnisse im Amputationsfall adaptiert und diskutiert.

2. Methode

Um die Defekte im Kniegelenk bei Patienten mit einseitiger Amputation der unteren Extremität mit Hilfe der Schallemissionsanalyse SEA messen zu können, wurde ein Prüfstand aufgebaut. Der Prüfstand besteht aus einem Aluminiumgestell (Höhe 86 cm / 118cm, Breite 81 cm, Länge 118 cm, mit offenem Einstieg von hinten) um den Amputierten bei der Kniebeuge-Bewegung [4-6] mit Hilfe von Haltegriffen zu unterstützen. Die Haltegriffe sind mittig an den Längsprofilen mit uniaxialen Kraftsensoren montiert, um die Größe der Unterstützungskräfte der beiden Arme/Hände dokumentieren zu können (HBM-System QuantumX 440B, S2M® Sensor, 10N-1kN, Genauigkeitsklasse 2).

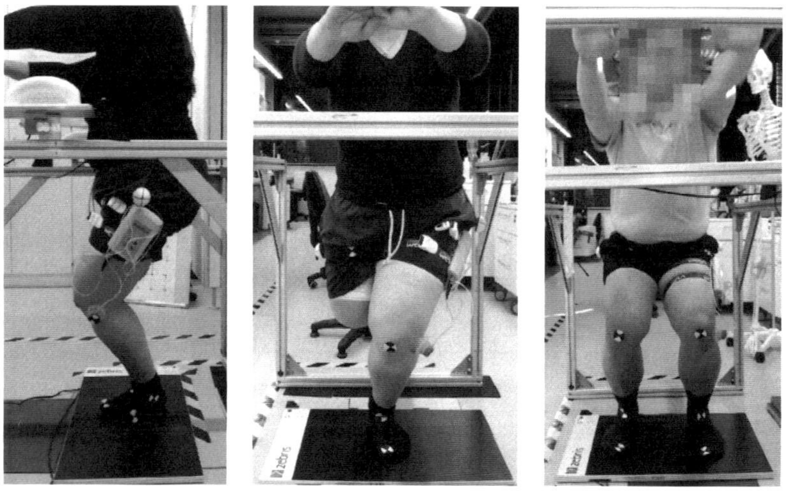

Abb. 1: Prüfstand, links sagittale Ansicht der einbeinigen Kniebeuge ohne Handkraft eBoH, Mitte frontale Ansicht eBoH, rechts frontale Ansicht zweibeinige Kniebeuge

Die Belastung, die während der Kniebeuge auf den Patienten vom Boden aus einwirkt, wird mit einer Druckmessplatte (Zebris® Platte FDM-S) aufgenommen. Zum Zebris-System gehörige zwei Kameras (USB SynCam 30 fps, 1920x1080) dokumentieren synchron zu den Druckkräften die Bewegung des Patienten in der Sagittal- und Frontalebene. Die akustischen Signale der Gelenkreibung im Kniegelenk werden mit dem mobilen System von BoneDiaS® (Mobiles System V3, breitbandiger Piezokeramischer Sensor 50-100kHz) aufgenommen.

Versuchsdurchführung:

- Je drei Kniebeugen in 10s auf unterschiedlichen geneigten Aufstandsflächen
- Messung von Bodenreaktionskraft, (Druckmessplatte Zebris®, Platte FDM-S)
- Messung der linken und rechten Handkraft (HBM-System QuantumX 440B, S2M® Sensor, 10N-1kN, Genauigkeitsklasse 2)

- Videoaufzeichnung der Kniebeugen aus frontaler und sagittaler Sicht, (Zebris® USB SynCam 30 fps, 1920x1080)
- Schallaufzeichnung der Kniegeräusche SEA (Mobiles System V3, breitbandiger Piezokeramischer Sensor 50-100kHz)
- Analyse der korrelierenden Messdaten

Die zeitlich nicht gekoppelten Messsysteme Zebris, HBM und BoneDiaS werden durch charakteristische Muster in den Signalverläufen der Bewegungsphasen miteinander gekoppelt [4]. Die Signalverläufe der Bodenreaktionskraft werden mit einem gleitenden Mittelwert bearbeitet, um die charakteristischen Muster der Bewegungsphasen hervorzuheben [7]. Die Bewegungsphasen der Kniebeugen beschreiben den aufrechten Stand, die Beugung (Flexion), den Umkehrpunkt der Bewegung, die Streckung (Extension) und den nächsten aufrechten Stand. Dynamisch lässt sich die Bewegung aus dem Ruhezustand durch Beschleunigungs- und Abbremsphasen in der Abwärts- und Aufwärtsbewegung beschreiben. Die Probandin (w, Alter 43 Jahre, Masse 78 kg, Körpergröße 163cm) ist im unteren Bereich des Oberschenkels amputiert, treibt einmal wöchentlich Sport (Pilates) und ist im Alltag in ihrer Mobilität nicht eingeschränkt. Sie ist in der Lage, eine einbeinige Kniebeuge mit und ohne Unterstützung der Arme durchzuführen. Um die Unterschiede bezüglich der Gelenkwinkel und der Bodenreaktionskraft in den unterschiedlich unterstützten Kniebeugen zu untersuchen, werden von der Amputierten einbeinige Kniebeugen mit und ohne Handkraft durchgeführt (drei Kniebeugen in 10 sec; im Rahmen der eigenen Fitness so tief wie möglich). Für die spätere Bewertung der Messparameter der einbeinigen Kniebeugen wird als Referenz eine zweibeinige Kniebeuge eines gesunden Probanden (m, Alter 25 Jahre, Masse 97 kg, Körpergröße 175cm, 1-2 Mal Sport wöchentlich) herangezogen. Zur Analyse der gesamten Kniegelenkoberfläche hinsichtlich der Defekte werden wie bei akustisch-kinetischer Analyse zweibeiniger Patienten die Kniegelenke mit Hilfe Fußunterlagen in den Kniegelenken durch Innenranderhöhung (IE) und Außenranderhöhung (AE) umgestellt. Die Unterlagen sind 50 cm lang, 20 cm breit und 2 cm hoch und weisen eine seitliche Neigung von 2° auf, so dass eine Innen- bzw. Außenranderhöhung von Schuheinlagen von 3mm bei einer Fußbreite von ca. 10cm simuliert wird.

3. Ergebnisse und Diskussion

3.1 Bewegungsdaten

Im Videofilm der frontalen Ansicht der freihändigen einbeinigen Kniebeugen (eBoH) der Amputierten sind Instabilitäten in der Bewegungsausführung zu erkennen, die als horizontale Bewegung des Kniepunkts in Abb. 2 als x-Strecke zusammen mit dem sagittalen Gelenkwinkel abgebildet ist. In Abb. 2a fällt auf, dass das linke Knie während der Beugung nach innen geführt wird und dabei in allen drei Kniebeugen kurzfristig nach außen (lateral) ausbricht. Dies ist insbesondere bei der zweiten Kniebeuge zum Zeitpunkt t=4 sec zu erkennen, da hier das Knie 5cm horizontal nach außen (lateral) bewegt wird.

In Abb. 2b ist zu erkennen, dass die Amputierte bei den drei einbeinigen Kniebeugen mit Handkraft (eBmH) ein regelmäßiges Muster erzeugen kann. Die Kurven der horizontalen Bewegung des Knies und des Gelenkwinkels weisen ein annähernd synchrones Verhalten auf, welches darauf hinweist, dass sie aus den Standphasen das Knie stabiler nach innen (medial) führen kann. Die Änderung in der Amplitude ist mit ca. 3 cm deutlich kleiner als bei den freihändigen Kniebeugen.

Bei der zweibeinigen Kniebeuge (Abb. 2c) bewegt der Proband sich gleichmäßig und erzeugt im Signalverlauf der horizontalen Bewegung des linken Knies ein regelmäßiges

Muster. Der Proband führt sein linkes Knie während der Kniebeugen ca. 2,5 cm nach außen (lateral). Von der Stabilität der Bewegung betrachtet, kann der Proband die Doppelunterstützung seiner Beine nutzen, um seine Knie entweder nach außen oder nach innen zu führen. Durch die Verwendung der Handgriffe konnte die Amputierte die Ausführung der einbeinigen Kniebeugen stabilisieren, so dass eine gleichmäßige Wiederholung der Bewegung ähnlich der zweibeinigen Kniebeugen möglich geworden ist.

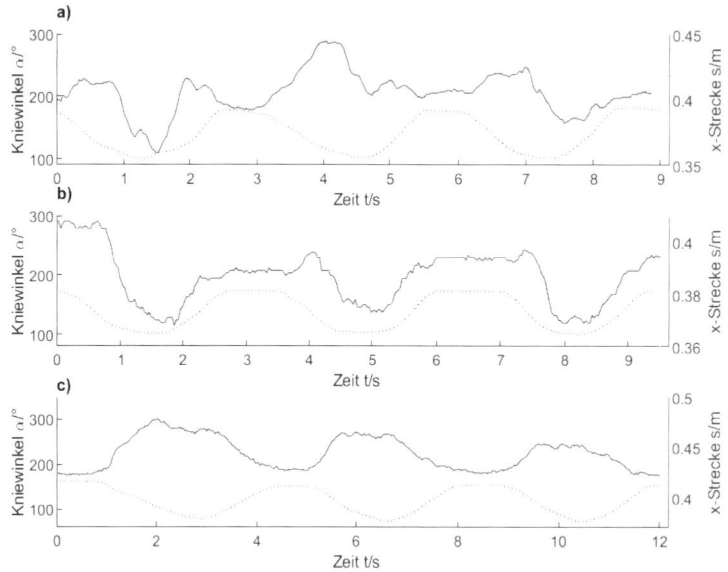

Abb. 2: Bewegungsdaten, steigende x-Werte laterale Bewegung, sinkende x-Werte mediale Bewegung a) eBoH, x-Strecke (blau), sagittaler Kniewinkel (schwarz), b) eBmH, x-Strecke (blau), sagittaler Kniewinkel (schwarz), c) zweibeinige Kniebeugen, x-Strecke (blau), sagittaler Kniewinkel (schwarz)

3.2 Bodenreaktionskräfte

Die Bodenreaktionskräfte geben die vertikale Komponente der Schwerkraft des Körperschwerpunkts der Probanden während der Bewegung wieder. Die Gesamtkraft wird aus den Messdaten aller Sensoren der FDM-S Druckmessplatte in Abhängigkeit der Zeit berechnet. Für die Bewertung der Bodenreaktionskraft werden zwei Fälle der Amputierten, einbeinige Kniebeugen ohne Handkraft (eBoH) und einbeinige Kniebeugen mit Handkraft (eBmH) (Abb. 3a, b), und mit freihändigen zweibeinigen Kniebeugen eines gesunden Probanden verglichen (Abb. 3c). Im Signalverlauf (Abb. 3a) der freihändigen, einbeinigen Kniebeuge der Amputierten zeigen sich aufgrund der Bewegungsinstabilitäten ausgeprägte Schwankungen im Signal der Bodenreaktionskraft in den drei Kniebeugen. Die Schwankungen sind in der ersten Kniebeuge am größten und nehmen in der zweiten und dritten Kniebeuge ab. Die Standphasen sind ebenfalls durch starke Schwankungen gekennzeichnet. Die Amputierte kommt in den Standphasen nicht zur Ruhe (siehe Gelenkwinkel, Abb. 3a) und beginnt nach der aufrechten Haltung ohne Pause mit der nächsten Kniebeuge. Bei der Wiederholung der Bewegung werden die Hände zur Unterstützung der einbeinigen Kniebeuge an den Haltegriffen eingesetzt, die zu einer Reduzierung der Schwankungen im Signalverlauf der Bodenreaktionskraft führen (Abb. 3b). Die Probandin kann in diesem Fall längere Standphasen einnehmen (Gelenkwinkel Abb. 3b) und es werden dadurch die Übergänge zu den Beugungsphasen durch das Auftreten ausgeprägter Minima im Signal sichtbar. Zum Vergleich ist in Abb. 3c der Signalverlauf einer zweibeinigen Kniebeuge zu sehen, die freihändig ausgeführt worden ist. Durch die Stabilisierung mit dem zweiten Bein werden die Schwankungen im Signal weiter reduziert.

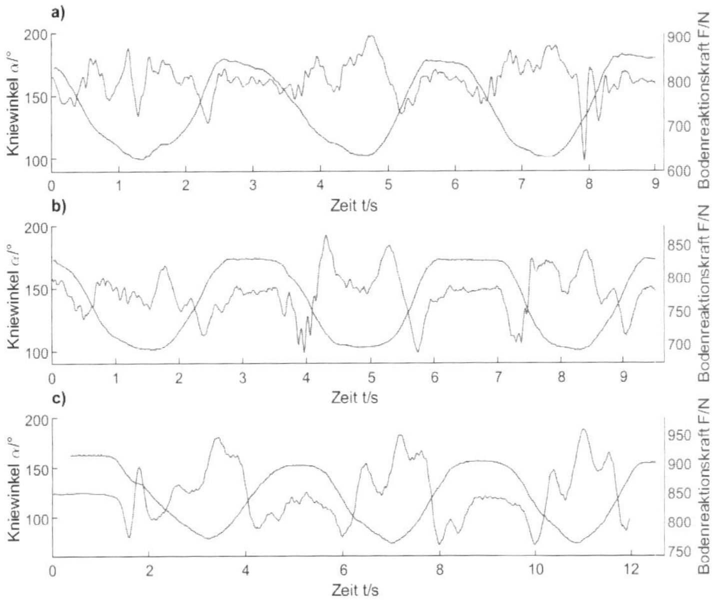

Abb. 3: a) eBoH, Bodenreaktionskräfte (rot), sagittaler Kniewinkel (blau), b) eBmH, Bodenreaktionskräfte (rot), sagittaler Kniewinkel (blau), c) zweibeinige Kniebeugen, Bodenreaktionskräfte (rot), sagittaler Kniewinkel (blau)

Man erkennt kurz nach dem aufrechten Stand den Abbremsvorgang des Körperschwerpunkts vor der tiefsten Beugung, die Beschleunigung des Körperschwerpunkts nach der Bewegungsumkehr und die Korrektur in der Führung des Körperschwerpunkts kurz vor dem aufrechten Stand, die sich als Maxima im Signalverlauf ausprägen. Mit dem Beginn der zweiten und dritten Standphase ist in der Vorbereitung zum aufrechten Stand ein Einschwingvorgang im Signal zu erkennen. Insgesamt zeigt sich durch die Unterstützung der Handkräfte eine stabilisierende Wirkung im Vergleich zur einbeinigen Bewegung. Dieses Bewegungsmuster ist für die Wahl der späteren Standardbewegung zur Bewertung von Gonarthrose relevant.

3.3 Balance

Mit der Dokumentation der linken und rechten Handkraft erhält man zusätzliche Informationen über die Stabilität der Bewegungsausführung der Amputierten. In Abb. 4 sind die Handkräfte der drei einbeinigen Kniebeugen (eBmH) auf ebenem Untergrund (Normalfall N) dargestellt.

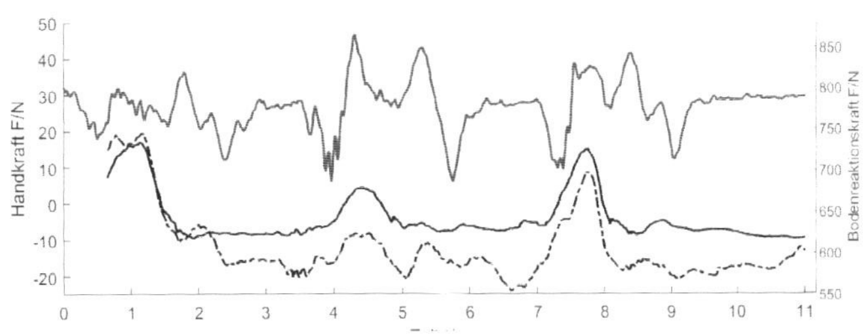

Abb. 4: einbeinige Kniebeugen mit Handunterstützung eBmH Normalfall N, Handkraft links (schwarz durchgezogen), Handkraft rechts (schwarz gestrichelt), Bodenreaktionskraft (rot)

Mit Beginn der ersten Kniebeuge wird die Bewegung durch annähernd gleich große Handkräfte unterstützt. Mit dem Ende der ersten Kniebeuge wird die linke Hand geringfügig mehr als die rechte Hand eingesetzt. Es entsteht eine Kraftdifferenz in der Größenordnung von 10N, die mit kleinen Schwankungen bis zum Ende der Bewegung aufrecht erhalten bleibt. Insgesamt liegen die eingesetzten Handkräfte in der Größenordnung von je ca. 2 bis 3% Körpergewicht, so dass die Handkräfte in diesem Fall nur zur Stabilisierung der einbeinigen Kniebeugen eingesetzt wurden.

3.4 Gelenkuntersuchung

Die Analyse des Kniegelenks beruht auf der Messung der Kinetik des Patienten/Probanden und den Schallemissionen im Kniegelenk, die aufgrund unterschiedlicher Ursachen – Flüssigkeitsreibung und Festkörperreibung der Knorpeloberflächen gegeneinander– emittiert werden.

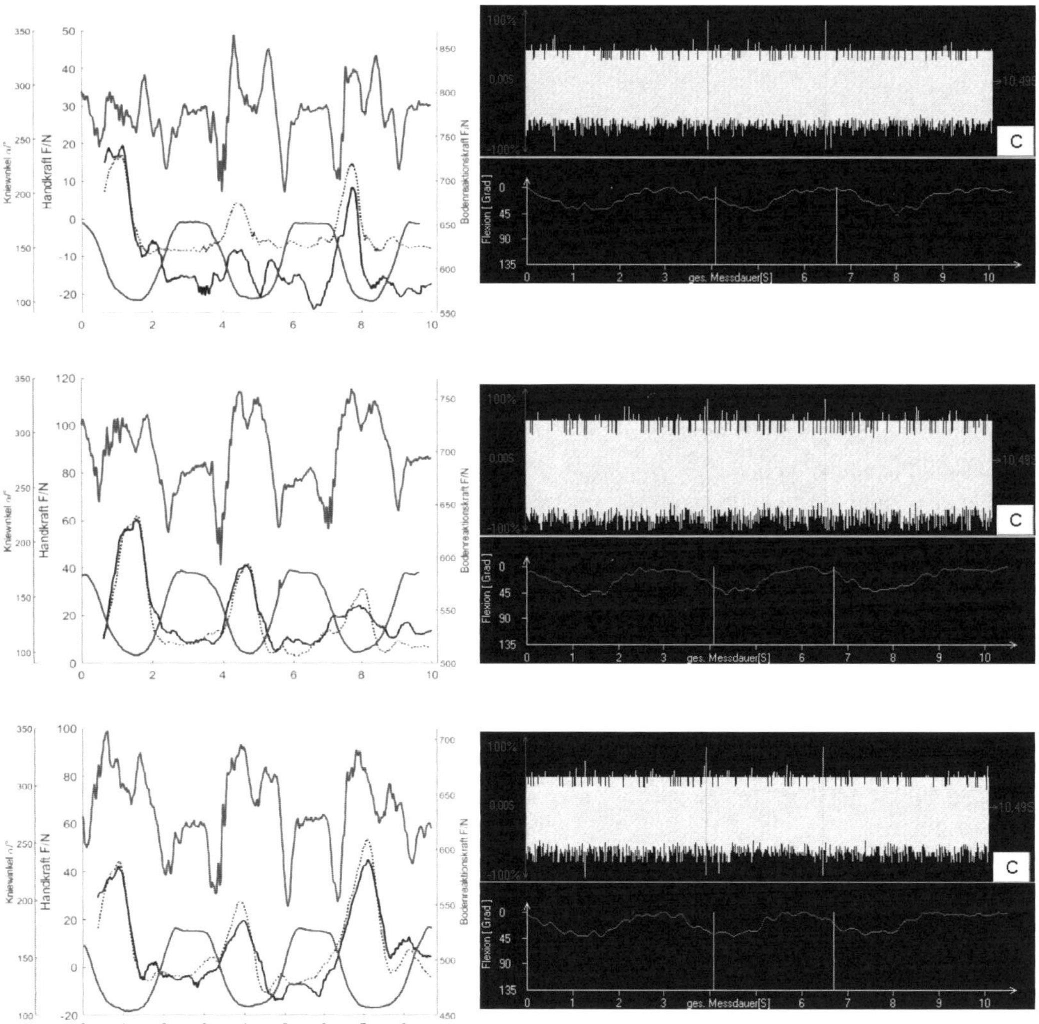

Abb. 5: Kinematische Daten (blau), Handkraftdaten (schwarz), Bodenreaktionskräfte (rot) (jeweils links) mit SEA-Signalen (gelb) und kinematischen Daten (grün) (jeweils rechts), alle Messungen eBmH, oben neutrale Position, Mitte Innenranderhöhung, unten Außenranderhöhung.

Der Patient führt innerhalb von 10 Sekunden drei einbeinige Kniebeugen auf ebenem Untergrund mit Handunterstützung (eBmH) durch, die er im ebenen Fall (Normalfall N) mit seinem Eigengewicht belastet. Aufgrund der anatomischen Struktur des Kniegelenks wird bei den Kniebeugen nur ein Teil der Gelenkoberfläche als Lastabtragzone verwendet. Es kommt zu linienförmiger Beanspruchung und einer visko-elastischen Abplattung der Kontaktflächen, so dass bei Relativbewegung der Oberflächen zueinander Schallemission auftritt. Um die anderen Gelenkbereiche zu untersuchen, muss eine Umstellung des Kniegelenks erfolgen. Dies wird erreicht, indem eine schiefe Ebene quer zur Fußrichtung, die eine orthopädische Einlage simuliert, unter dem Fuß der Probandin verwendet wird. Nach der Messung auf der Ebene (Normalfall N) wiederholt die Probandin auf dieser schiefen Ebene, einmal als Außenranderhöhung (AE) und weiteres Mal als Innenranderhöhung (IE) einer Schuheinlage die Messung. Wie im Normalfall (N) haben die eingesetzten Handkräfte eine stabilisierende Wirkung auf die Bewegung und die Bodenreaktionskräfte in der Innenranderhöhung (IE) und Außenranderhöhung (AE) (Abb. 5).

Im Bereich der tiefsten Beugung (siehe Kniewinkel Abb. 5) erreichen die Handkräfte ihr Maximum, während die Handkräfte in den Standphasen auf ihr Minimum zurückgehen. Die seitliche Verteilung der Beträge der Handkräfte ist ausgeglichen und die Kurven der linken und rechten Handkraft verlaufen synchron zur Bewegung. Die Amputierte führt in allen drei Fällen eine stabile und gleichartige Bewegung der Kniebeugen durch, deren Schallemissionen wie bei den zweibeinigen Kniebeugen analysiert werden können. In Abb. 5 sind die zeitlichen Verläufe der Schallemission relativ zur höchsten Amplitude der Messung dargestellt, die ein ausgeglichenes breites Signalband zeigen. Es wird festgestellt, dass das Knie in allen drei Fällen keine Schallemission aufweist und somit keinen Schaden zeigt, sowie keine extraordinären Reibgeräusche vorliegen. Die Gelenkoberfläche des Knies liefert hier das Signalbild eines gesunden Knorpels im Kniegelenk.

3.5 SEA-Falluntersuchung

Im Vergleich zur geführten Bewegung (eBmH) treten aufgrund der Asymmetrie des Körpers bei der nicht geführten Bewegung (eBoH) Instabilitäten im Bewegungsablauf auf. Nach Analyse der Schallemission zeigen sich im Vergleich zur einbeinigen Kniebeuge mit Handkraft (eBmH) bei der freihändigen einbeinigen Kniebeuge (eBoH) charakteristische Schallemissionssignale in allen 3 Extensionsphasen bei ca. $\beta = 18°$ (Abb. 7a, BoneDiaS-Winkel). Diese Signale deuten auf instationäre Reibung hin, da hier im Bereich von Mangelschmierung im Gelenk bei der Schlussrotation mit Quergleiten ein Wechsel von Haft- und Gleitreibung entsteht – sog. Stick-Slip-Effekt -.

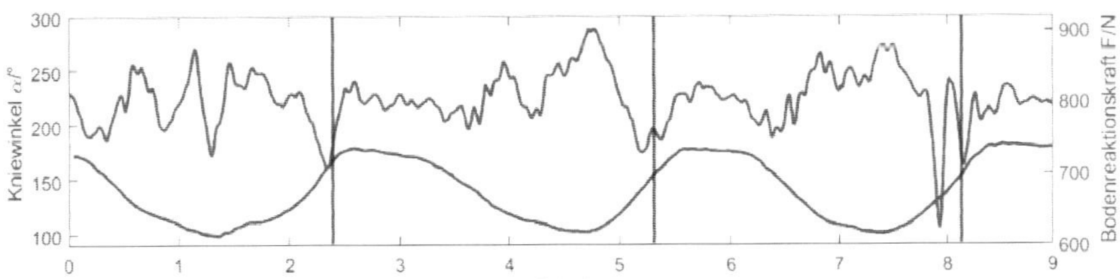

Abb. 6: SEA-Signale bei Durchführung einer eBoH jeweils in der zweiten Hälfte der Extension, Bodenreaktionskraft (rot), sagittaler Kniewinkel (blau), SEA-Signale S1, S2, S3 (schwarz)

Dies erzeugt charakteristische Schallsignale in einem Winkelbereich von $\beta = 18°$ und weniger (Abb. 7a, BoneDiaS-Winkel). Dies ist auch im Verlauf der Bodenreaktionskraft (Abb. 6) und in der horizontalen Bewegung des Knies in der Frontalebene (Abb. 2a) anhand der Oszillationen zu erkennen. Etabliert sich diese verstärkte Schlussrotation im alltäglichen Bewegungsmuster, wird das Knorpelgewebe an dieser Gelenkstelle durch diese zyklische

Belastung permanent beansprucht. Längerfristig führt dies zu einer Überbeanspruchung der Gelenkstelle und letztlich zu einer Abrasion des Knorpels bis hin zu Arthrose.

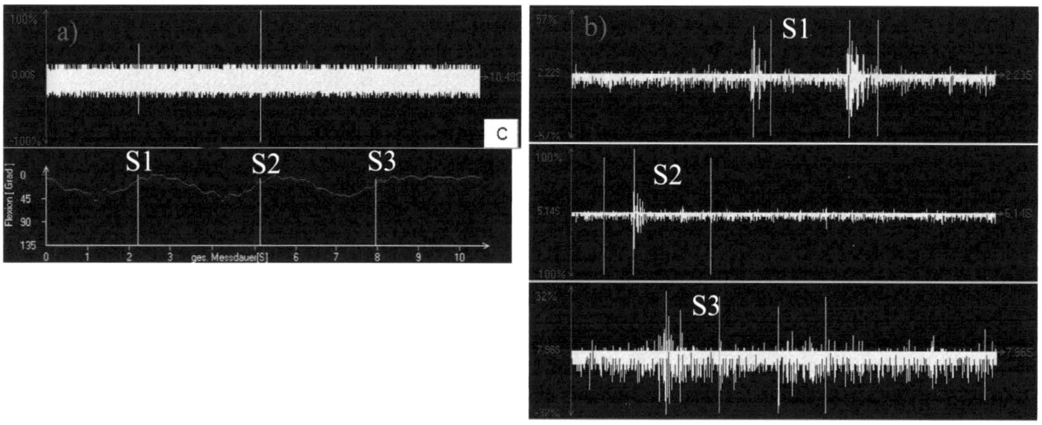

Abb. 7: Kinematische Darstellung, a) Übersicht der SEA-Signale (links), b) Detailaufnahme der SEA-Signale S1, S2, S3 aufgenommen mit BoneDiaS (rechts)

4. Zusammenfassung und Ausblick

Die Untersuchungen belegen: Im Zusammenspiel von Kraft-, Bewegungserfassung und Schallemissionsmessung ist eine Bewertung des Knorpelzustandes möglich. Eine wiederholende Messung im vierteljährlichen Turnus erlaubt präventiv Schäden in einem Stadium zu erkennen, in dem durch therapeutische Maßnahmen eine Schadensprogression vermieden oder reduziert werden kann.

Referenzen

[1] Franke RP, Schwalbe HJ, Kiselev J, Wolf U, Subke J, Ziegler B. Schallemissionsanalyse zum Nachweis von Gelenkdefekten in der medizinischen Diagnostik. Deutsche Gesellschaft für zerstörungsfreie Prüfung 18. Kolloquium Schallemission, Berichtsband 2011

[2] Subke J, Krueger S, Junker HO, Schwalbe HJ, Franke RP and Wolf U. An introduction to Acoustic Emission Analysis (AEA) based medical diagnostic techniques: Screening and Monitoring of cartilage defects in knee joint osteoarthrosis (2019). Current Directions in Biomedical Engineering https://doi.org/10.1515/cdbme-2020-3133

[3] Subke J, Schneider B, Hanitz F, Krüger S, Junker HO, Schwalbe HJ and Wolf U. Clinical case study in acoustic-kinetic joint analysis: Synchronization and Evaluation of kinetic measurement data in AEA (Acoustic Emission Analysis) based diagnosis of arthritic knee joint defects (2021). Current Directions in Biomedical Engineering

[4] Subke J, Stelz J, Schneider B, Schwalbe H-J und Wolf U. Development of a test rig for the diagnosis of arthritic knee joint defects in the case of lower extremity amputees in orthopaedic technology (2022). Current Directions in Biomedical Engineering. https://doi.org/10.1515/cdbme-2022-1196

[5] Bill S. Entwicklung und Ausarbeitung eines Versuchsaufbaus zur Messung der Krafteinwirkung auf das verbliebene Knie beinamputierter Probanden durch Messung der Bodenreaktionskräfte und Abstützkräfte. Technische Hochschule Mittelhessen, Life Science Engineering, Bachelorarbeit 2020

[6] Hanssmann N. Using sound emission analysis to optimize the alignment of a lower limb prosthesis. Can the BoneDiaS system be used on an amputee? Technische Hochschule Mittelhessen, Life Science Engineering, Bachelorarbeit 2020

[7] Demirel E. Analyse von Kraftmessdaten der Standardbewegung in der Schallemissionsanalyse von Arthrosepatienten im Rahmen einer klinischen Studie. Technische Hochschule Mittelhessen, Life Science Engineering, Bachelorarbeit 2020

Simulation der Ausbreitung von Schallemissionssignalen in einem großformatigen Laborprobekörper aus Spannbeton

Gerd MANTHEI [1], Jan HEINRICH [1], Frank SCHUBERT [2]
[1] THM Technische Hochschule Mittelhessen, Gießen
[2] Fraunhofer-Institut für Keramische Technologien und Systeme IKTS, Dresden

Kontakt E-Mail: gerd.manthei@me.thm.de

Kurzfassung. Ein Forschungsprojekt an der Technischen Hochschule Mittelhessen (THM) befasst sich mit dem Ermüdungsverhalten vorgespannter Eisenbahnschwellen aus Stahlbeton. Zur Untersuchung der Rissausbreitung in der Bahnschwelle wurden vor und während eines dynamischen Dreipunktbiegeversuchs Schallemissions(SE)messungen durchgeführt. Die Wellenausbreitungsmessungen vor der Prüfung dienten zur Bestimmung des Lokalisierungsfehlers von SE-Ereignissen und zur Ermittlung der Geschwindigkeiten der elastischen Wellen. In dieser Arbeit wurden Messungen mit künstlichen SE-Quellen durchgeführt, um simulierte und gemessene SE-Signale im Frequenzbereich bis 250 kHz zu vergleichen. Für die Simulation wird der frei verfügbare Solver Numerical AE3D des Fraunhofer Instituts IKTS in Dresden verwendet. Dieses Simulationsprogramm basiert auf der Elastodynamic Finite Integration Technique (EFIT) und ermöglicht die numerische Berechnung der Wellenausbreitung von SE-Signalen für ein linear elastisches, lokal isotropes und heterogenes Medium. Durch den Einsatz von EFIT ist es möglich, die Ausbreitung von elastischen Wellen so im Zeitbereich zu simulieren, wie es in Experimenten der Fall ist. Die Ergebnisse können somit zum Vergleich und zur Interpretation von gemessenen Daten verwendet werden. Dieser Vergleich soll dazu beitragen, die Ergebnisse des THM-Forschungsprojekts weiter zu analysieren und die Lokalisierung von AE-Ereignissen für zukünftige Messungen zu verbessern.

1 Einleitung

Bahnschwellen müssen während ihrer Lebensdauer Achslasten von 25 t und Geschwindigkeiten von bis zu 280 km/h standhalten. Das Material, welches sich beim Gleisschwellenbau durchgesetzt hat, ist Beton. Heutzutage sind von den rund 80.000.000 verbauten Schwellen ca. 62.000.000 Schwellen aus Beton. Etwa 1.400.000 dieser Betonschwellen sind fehlerhaft [1]. Die Betonschwellen werden üblicherweise im Verbund mit Spannstahl hergestellt. Solche fehlerhaften Betonschwellen können laut der Süddeutschen Zeitung vom 19.8.2022 schuld am Zugunglück bei Garmisch-Partenkirchen gewesen sein. Erste vorläufige Erkenntnisse aus technischen Gutachten legen den Verdacht nahe, dass ein Herstellungsfehler vorliegt. Die Schwellen im betroffenen Streckenabschnitt weisen teilweise Unregelmäßigkeiten in der Materialbeschaffenheit auf. Kenner sprechen vom sogenannten "Betonkrebs". Bei der Mehrheit der fehlerhaften Spannbetonschwellen ist eine Rissbildung entlang der Spannglieder zu beobachten, durch die Wasser in die Schwellen eindringen und zu Schäden führen kann.

Da Stahlbeton ein sehr heterogener Werkstoff ist, führen Zuschläge und Bewehrungsstäbe zu einer starken Streuung von elastischen Wellen und damit zu einer beträchtlichen Abschwächung der Signalamplituden. In dieser Arbeit wird in numerischen Simulationen untersucht, wie die Wellenausbreitung durch Spannglieder gestört wird. Es kommt zu einer Dämpfung der Amplituden und zu Änderungen der Laufzeiten, die wiederum Einfluss auf die Ortungsgenauigkeit von SE-Quellen haben können. Zur Validierung der numerischen Simulation wurden auch Schallausbreitungsmessungen vorgenommen. Dazu wurden Testmessungen mit künstlich erzeugten Signalen (Bleistiftminenbruch, Sendesignale) an der Oberfläche der 2,4 m langen Spannbetonschwelle durchgeführt. Das Ziel ist es, die Ergebnisse der Simulation mit den Ergebnissen aus der Messung zu vergleichen. Dieser Vergleich soll dazu beitragen, die Ergebnisse des Forschungsprojekts der THM weiter zu analysieren und die Ortung von SE-Ereignissen für zukünftige Messungen weiter zu verbessern [2].

2 Messung der Schallausbreitung

2.1 Versuchsaufbau

Die Schallausbreitungsmessungen wurden an einer vorgespannten Betonschwelle für Weichen durchgeführt. Diese Schwelle wurde vom Hersteller der THM zur Prüfung zur Verfügung gestellt. Die Betonschwelle besitzt eine Länge von 2400 mm und eine Höhe von 240 mm. Die Oberseite weist eine Breite von 240 cm auf und die Unterseite von 300 mm (Abb. 1, rechts). In der Schwelle befinden sich 12 durchgehende Bewehrungsstäbe aus Baustahl mit einem Durchmesser von 8 mm (Kreise in Abb. 1, rechts unten). Das Foto links in Abb. 1 zeigt die in die Prüfmaschine eingebaute Betonschwelle mit Orientierung des lokalen Koordinatensystems. An der Stirnseite im unteren Bereich des Fotos sind die Enden der 12 Spannglieder gut zu erkennen [3–5].

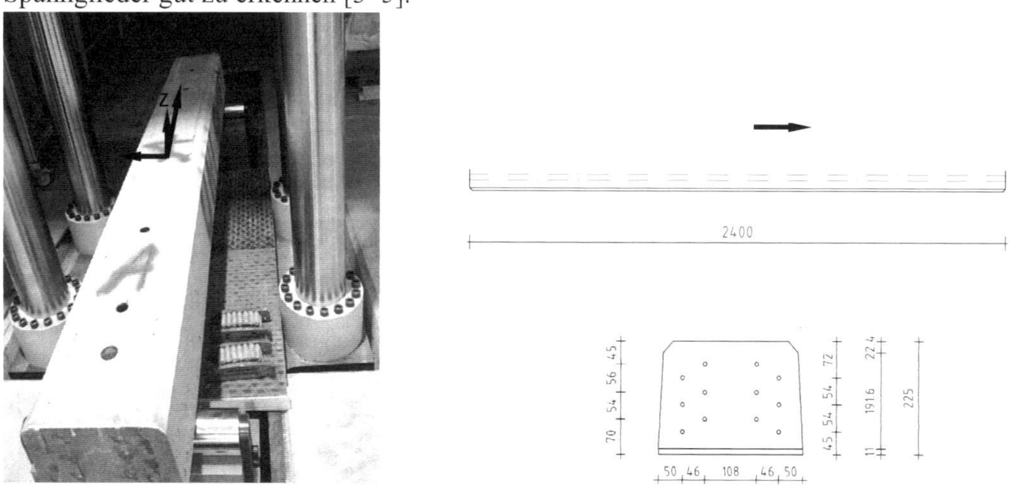

Abb. 1. Foto der Spannbetonschwelle vor dem Versuch mit Ursprung des lokalen Koordinatensystems (links), Seitenansicht (oben rechts) und Sicht auf die Stirnseite (unten rechts) der Schwelle mit Positionen der Spannglieder (Kreise) und den Hauptabmessungen in mm.

Auf der Oberfläche der Spannbetonschwelle wurden mit Hilfe von Blechen und Schrauben 16 SE-Sensoren und vier Ultraschallsender montiert. Die verwendeten SE-Sensoren von der Fa. GMuG mit der Typenbezeichnung MA-Bls 30–200 wurden speziell für SE-Messungen in Beton entwickelt und weisen einen breitbandigen Frequenzgang bis 200 kHz auf. Zur Verbesserung der akustischen Leitfähigkeit wurde zwischen Oberfläche und Sensor ein hochzähes Vakuumfett aufgetragen. Die SE-Sensoren wurden an Vorverstärker (40 dB Verstärkung) und Spannungsversorgung angeschlossen. Abb. 2 zeigt die Draufsicht der Spannbetonschwelle mit den montierten SE-Sensoren mit Vorverstärkern (blaue Kästchen). Die vier Ultraschallsender sind seitlich am Probekörper angebracht.

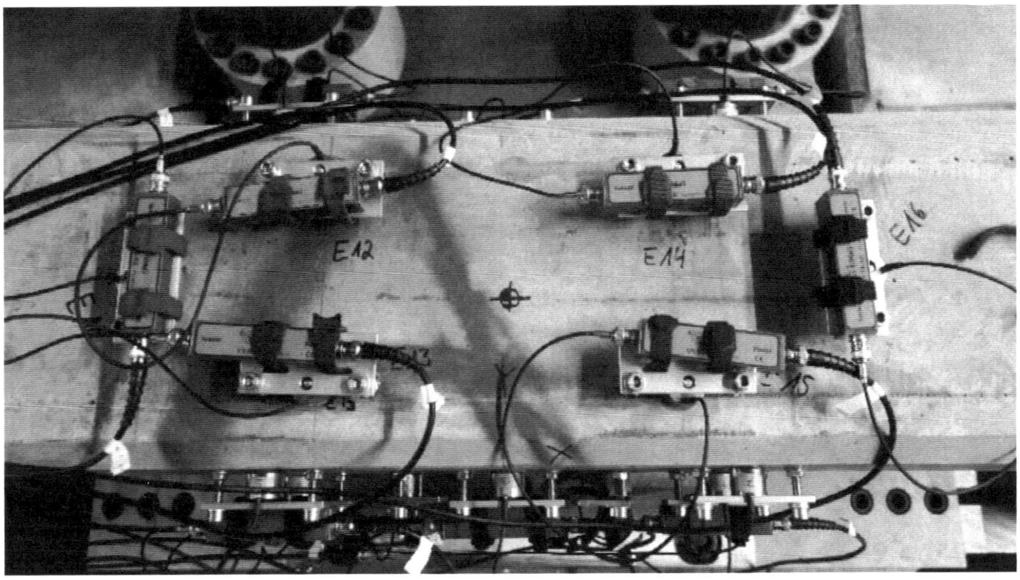

Abb. 2. Foto von den SE-Empfängern mit Vorverstärker (blau) auf der Oberseite des Probekörpers. Das schwarze Kreuz in der Mitte der des Probekörpers deutet die Position des Ursprungs des Koordinatensystems an.

Für die Versuche wurde der Ursprung des Koordinatensystems mittig auf die Oberseite der Betonschwelle gelegt. Der Ursprung ist in Abb. 2 mit einem schwarzen Kreuz markiert.

In Abb. 3 ist eine perspektivische Darstellung des mittleren Teils der Schwelle mit allen relevanten Positionen abgebildet. Der Ausschnitt der Schwelle beschränkt sich auf die Länge in x-Richtung von –300 mm bis +300 mm.

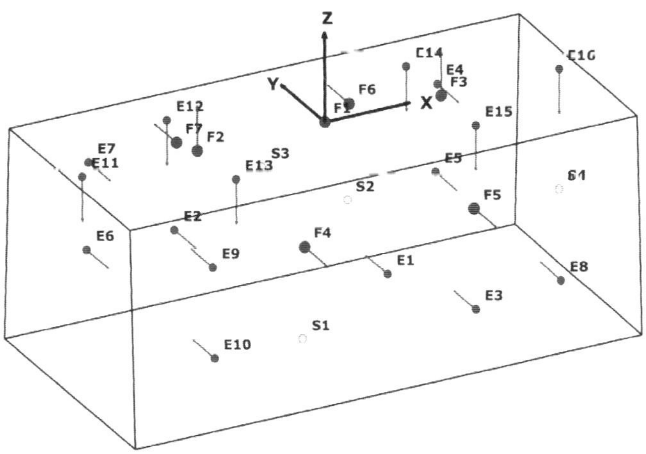

Abb. 3. Positionen von SE-Empfängern (E, rot), Sendern (S, gelb) und Bleistiftminenbrüchen (F, blau) in der Mitte (±300 mm) der Bahnschwelle.

Die Empfänger und Sender befinden sich entweder an den beiden Seiten oder der Oberseite der Schwelle. Die Unterseite ist aufgrund der unzureichenden Zugänglichkeit nicht mit Sensoren bestückt. Die Positionen der SE-Empfänger sind durch die rot gefärbten Punkte E1 bis E16 markiert. An jedem dieser Punkte ist ein roter Pfeil, der die Richtungsempfindlichkeit des jeweiligen Empfängers angibt. Die Darstellung der Ultraschallsender S1 bis S4 erfolgte durch gelbe Punkte. Der Ort, an dem die Bleistiftminenbrüche durchgeführt wurden, ist durch die blauen Punkte F1 bis F7 gekennzeichnet. Die gelben Pfeile an den Positionen der Ultraschallsender sowie die blauen Pfeile an den Orten der Bleistiftminenbrüche geben jeweils die Richtung der Kraft, durch die die elastischen Wellen erzeugt wurden, an. Die Koordinaten der Ultraschallsender (S) und SE-Empfänger (E) sind Tabelle 1 eingetragen. Des Weiteren sind in dieser Tabelle die Positionen der Bleistiftminenbrüche (F), die zur Bestimmung des wahren Ortungsfehlers durchgeführt wurden, angegeben.

Tabelle 1: Koordinaten der SE-Empfänger (E), Sender(S) und Bleistiftminenbrüche (F).

Typ	Nr.	x-Koordinate [mm]	y-Koordinate [mm]	z-Koordinate [mm]
E	1	0	-145	-110
E	2	-102	147,7	-160
E	3	102	-147,7	-170
E	4	205	142,7	-60
E	5	205	147,3	-160
E	6	-205	147,3	-160
E	7	-205	142,7	-60
E	8	205	-147,3	-160
E	9	-205	-142,7	-60
E	10	-205	-147,3	-160
E	11	-285	0	0
E	12	-145	80	0
E	13	-145	-80	0
E	14	137	80	0
E	15	137	-80	0
E	16	278	0	0
S	1	-102	-147,7	-160
S	2	102	147,7	-170
S	3	0	145	-110
S	4	205	-142,5	-60
F	1	0	0	0
F	2	-150	0	0
F	3	137	0	0
F	4	-97	-142,7	-60
F	5	103	-142,7	-60
F	6	102	142,7	-60
F	7	-102	142,7	-60

2.2 Eingesetzte Messtechnik

Für die Durchschallungsmessungen wurde eine 16-Kanalgerät der Fa. GMuG eingesetzt. Die gemessenen Signale werden von dem Messsystem mit einer Abtastfrequenz von 10 MHz und einer Amplitudenauflösung von 16 Bit digitalisiert. Es folgt eine Verstärkung um 40 dB (Faktor 100). Die untere Grenzfrequenz wurde durch einen Hochpassfilter auf 20 kHz eingestellt. Ein Tiefpassfilter beschränkt die obere Grenzfrequenz auf 200 kHz. Das Messsystem umfasst sowohl Signalgenerator- als auch Transientenrekorderkarten in einem Personal Computer. Während einer einzigen Messung wurden für jede Kombination von Sender- und Empfängerposition acht Signale unterschiedlicher Form seriell durch den Probekörper übertragen. Die Form der Signale wurde mit einem Computerprogramm berechnet. Es wurde eine Breitbandsignalfunktion mit einer Anstiegszeit von 1 µs und sieben Signale mit Frequenzen zwischen 20 und 200 kHz verwendet. Die Halbwertsbreite dieser Signale beträgt 50 Prozent der Mittenfrequenz des Leistungsspektrums. Abb. 4 zeigt die Form des schmalbandigen (oben) und breitbandigen (unten) elektrischen Sendesignals. Eine Generatorkarte wandelt die Signale in analoge Signale um. Das Ausgangssignal der Generatorkarten dient als Triggerimpuls für die Transientenrekorderkarte.

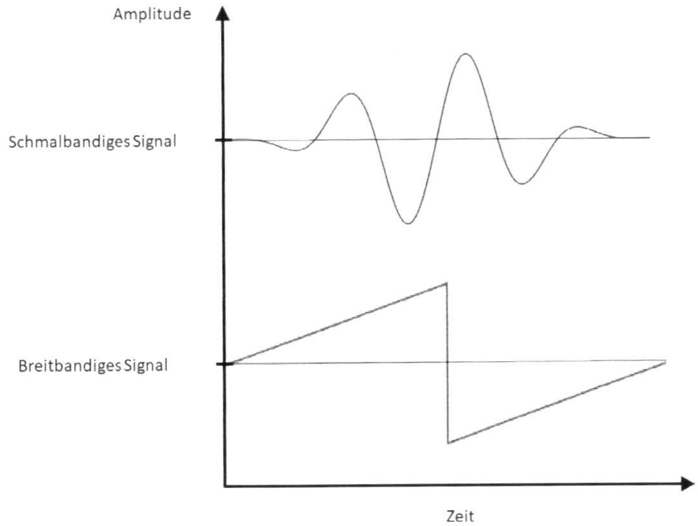

Abb. 4. Elektrische Signalform des schmalbandigen (oben) und breitbandigen (unten) Sendesignals.

2.3 Versuchsdurchführung

Die Durchschallungsmessungen wurden zu Beginn des Drei-Punkt-Biegeversuchs durchgeführt. Zur Verbesserung der Signalgüte wurden bei jeder Messung bis zu 256 Stapelungen (d.h. Wiederholungen mit Aufsummation) durchgeführt. Da bei einer Stapelung die Signalamplitude proportional zu deren Anzahl zunimmt, die Amplitude inkohärenter Störsignale aber nur mit der Wurzel aus der Anzahl ansteigt, wird das Verhältnis zwischen Nutzsignal und Störuntergrund in diesem Fall auf das 16-fache angehoben. Zusätzlich wurden durch Bleistiftminenbrüche schmalbandige Signale erzeugt. Die Bleistiftminenbrüche wurden an sieben verschiedenen Positionen durchgeführt. Um Variationen der erzeugten Signale auszuschließen, wurde der Vorgang des Bleistiftminenbruchs an derselben Position mehrfach wiederholt.

3 Simulation der Schallausbreitung

3.1 Aufbau des Modells

Das Programm Numerical AE3D besteht aus der Textdatei Input100 zur Eingabe der Parameter des zu berechnenden Modells sowie einer Windows-Executable zur Ausführung der dreidimensionalen numerischen Simulation. In der Textdatei können neben dem Modellaufbau auch verschiedene Einstellungen, welche einen Einfluss auf die numerische Berechnung und auf die Ergebnisse haben, vorgenommen werden [6,7]. Für den Modellaufbau sind Geometrie und Materialeigenschaften des Grundkörpers, die Streuereigenschaften und die Position und Richtung der Sensoren relevant. Weiterhin können punktförmige Volumen- und Oberflächenquellen definiert werden.

In Abb. 5 ist der Grundkörper des Modells in einer perspektivischen Ansicht mit Blickrichtung schräg von oben zu sehen. Es sind die Modellgrenzen sowie die Positionen der SE-Sensoren und der Verlauf der zylinderförmigen Spannglieder aus Stahl sichtbar. Um den Rechenaufwand zu verringern, wird nur der zentrale Bereich der Schwelle von ± 300 mm (Länge 600 mm) mit einer Laufzeit der Signale bis zu 400 µs modelliert. Der Querschnitt der Schwelle beträgt 300 mm × 240 mm. Da die verwendete Programmversion nur rechteckige Außenabmessungen zulässt, kann der konische Verlauf der Schwelle nicht berücksichtigt werden (vgl. Abb. 3). Die Positionen der Empfänger, Sender und Bleistiftminenbrüche wurden dementsprechend angepasst. Die gemessenen Schallgeschwindigkeiten im Beton betragen 4.850 m/s und 2.900 m/s für die L- bzw. T-Welle. Für die Spannglieder wurden Werte von 5.900 m/s und 3.200 m/s eingesetzt. Die Dichte für Beton und Stahl beträgt 2.100 kg/m³ bzw. 7.800 kg/m³. Die Zuschläge im Beton konnten nicht modelliert werden, da die Korngrößenverteilung nicht bekannt ist. Zu beachten ist, dass der Koordinatenursprung der Simulation in der unteren Ecke auf der linken Seite liegt und damit nicht mit der Messung übereinstimmt.

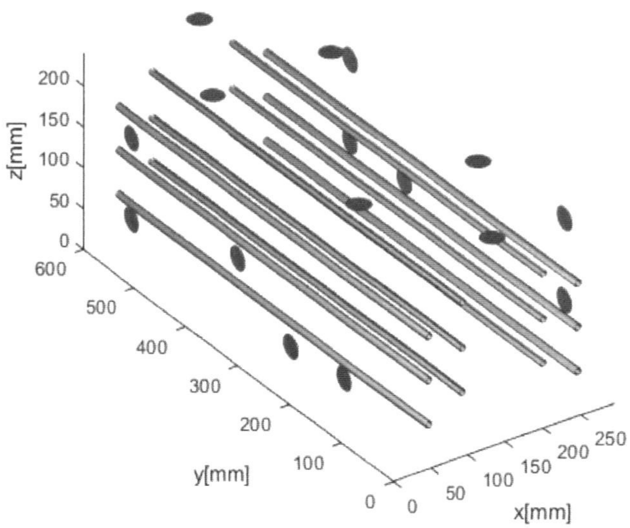

Abb. 5. Perspektivische Darstellung des dreidimensionalen Modells zur Simulation der Schallausbreitung mit den Modellgrenzen in x-, y- und z-Richtung sowie den Positionen der SE-Sensoren (Ovale) und den kreisförmigen Bewehrungsstäbe aus Stahl (Linien). Die Blickrichtung ist von schräg oben.

3.2 Durchführung der Simulation

Die Simulation der Schallausbreitung wurde mit einem schmalbandigen akustischen Anregungssignal (Abb. 6, oben) mit einer Mittenfrequenz von 100 kHz und einem breitbandigen Anregungssignal (Abb. 6, unten) mit einer oberen Grenzfrequenz von 142 kHz durchgeführt. Die Frequenzen wurden so gewählt, dass ein direkter Vergleich mit den Messungen möglich ist. Allerdings enthält das schmalbandige Signal im Vergleich mit den Messungen eine Halbschwingung mehr, was zu einer möglichen Abweichung der Ergebnisse führen kann. Der

Bleistiftminenbruch wurde mit einer punktförmigen Normalkraft auf der Oberfläche des Grundkörpers angenommen.

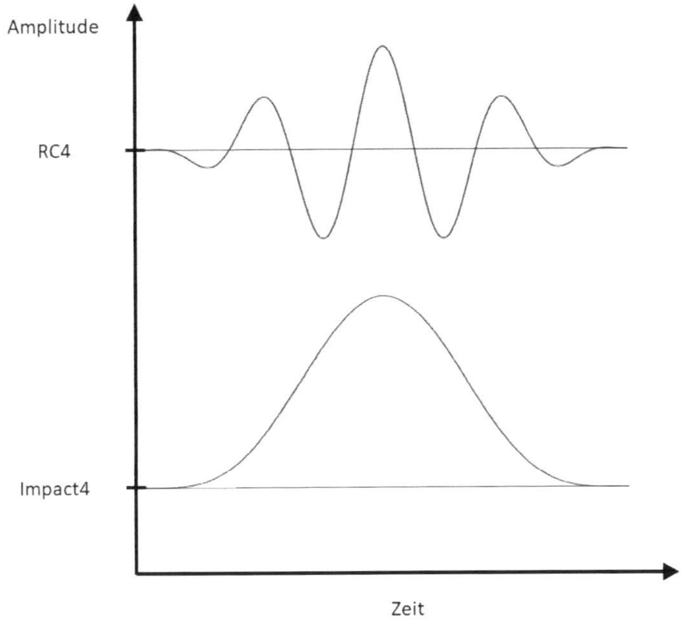

Abb. 6. Signalformen des schmalbandigen (RC4) und breitbandigen (Impact4) Anregungssignals zur Simulation der Schallausbreitung.

4 Vergleich zwischen Messung und Simulation

Im Folgenden werden die Wellenformen der Messungen mit den berechneten der Simulation verglichen. Dazu wurden die Signale eines Bleistiftminenbruchs an Position F6 und jeweils ein breitbandiges und schmalbandiges Sendesignal an Position S3 ausgewählt. In den Abbildungen 7 bis 9 sind im unteren Teilbild die auf das jeweilige Maximum der Signalspur normierten Signale der Messung (blau) und der Simulation (rot) von allen 16 Empfängern übereinander zu sehen. Am Ende der Spur ist jeweils die Entfernung zwischen Sender und Empfänger in Millimeter sowie der Einfallswinkel zwischen Normalenvektor des Sensors und Radiusvektor der elastischen Wellen angegeben. Die gestrichelten vertikalen Linien geben die berechneten Einsatzzeiten der Longitudinalwelle (L1) und der der Transversalwelle (T1) an. Zur Bewertung der Übereinstimmung von Simulation und Messung wurden die Signale der direkten L- und T-Welle herangezogen. Die Länge des Zeitfensters der Signale wurde anhand der dominierten Frequenz abgeschätzt. Demnach beträgt die Dauer der L-Welle beim Bleistiftminenbruch 17 µs und bei der Durchschallung mit dem schmalbandigen und breitbandigen Sendesignal 15 µs bzw. 30 µs. Die Dauer der T-Welle ist etwa um das Verhältnis der Schallgeschwindigkeiten (c_L/c_T = 1,67) größer. Die Signalanteile des Zeitfensters sind mit einer dicken Linie dargestellt. Im oberen Teilbild ist oben links die Vorderansicht, oben rechts die Seitenansicht und unten rechts die Draufsicht des Modells aus Abb. 3 dargestellt. Der Laufweg zwischen Schallquelle und Empfänger ist durch eine gestrichelte Linie angegeben.

Die Abbildungen zeigen das an den meisten Kanälen die gemessenen und berechneten Einsatzzeitpunkte der L- und T-Welle gut übereinstimmen; an einigen Kanälen sogar auch die Signalform (z.B. an Kanal 6 in Abb. 7 oder Kanal 5 und 6 in Abb. 7). Jedoch gibt es auch Signale, an denen die Einsatzzeitpunkte der L-Wellen (z.B. in Abb. 7, Kanal 1 und 2) oder der T-Wellen zeitlich verzögert einsetzen (Abb. 8, Kanal 2).

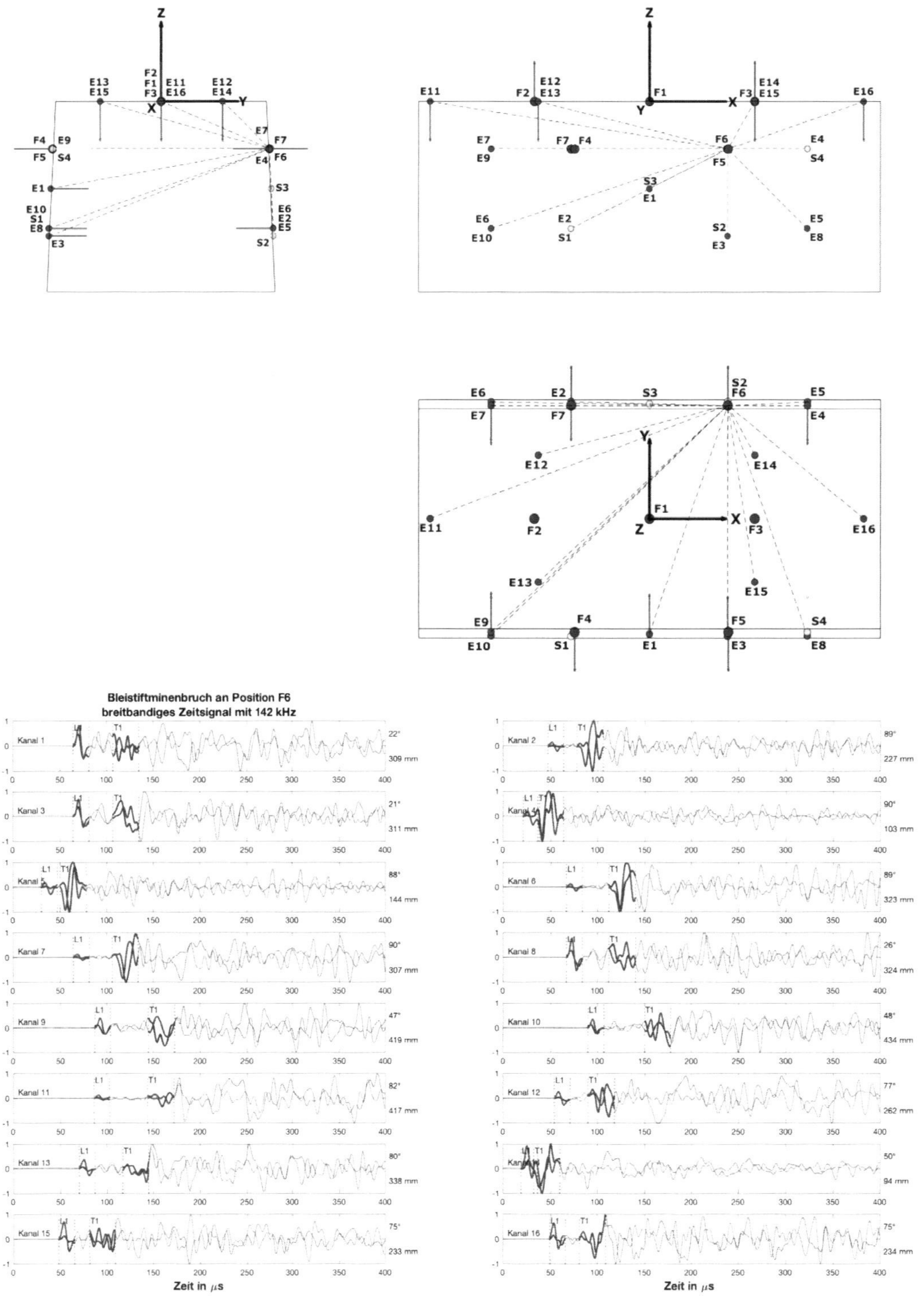

Abb. 7. Oben: Laufwege (gestrichelte Linie) zwischen der Position F6 des Bleistiftminenbruchs und den 16 Empfängern in drei Ansichten. Unten: Gemessene (blau) und berechnete (rot) Wellenformen mit den Einsatzzeiten der L- und T-Welle (L1 und T1). Die Signale der L- und T-Welle zwischen den vertikalen gestrichelten Linien sind durch eine dicke Linie hervorgehoben.

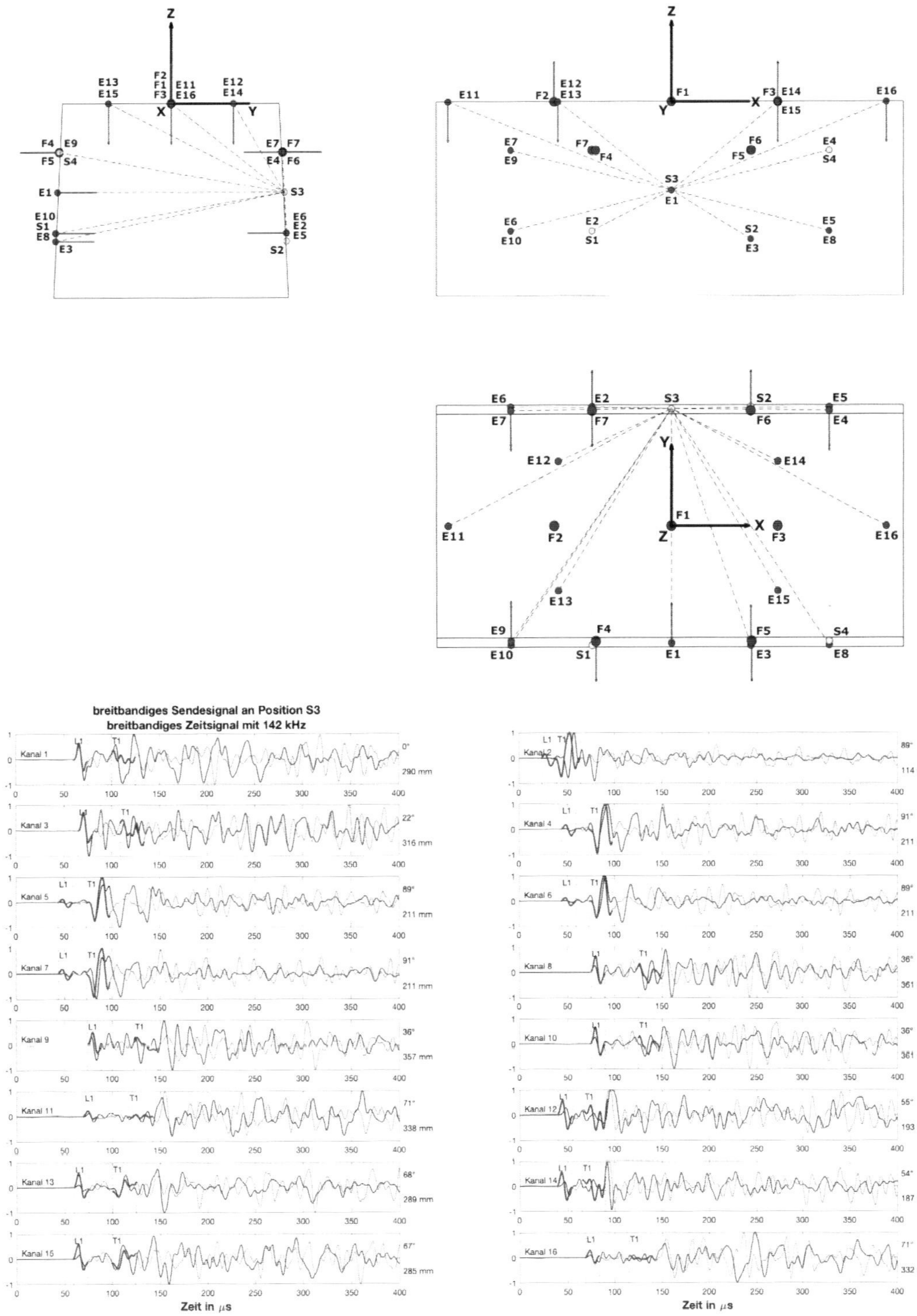

Abb. 8. Oben: Laufwege (gestrichelte Linie) zwischen der Position S3 des breitbandigen Sendesignals und den 16 Empfängern in drei Ansichten. Unten: Gemessene (blau) und berechnete (rot) Wellenformen mit den Einsatzzeiten der L- und T-Welle (L1 und T1). Die Signale der L- und T-Welle zwischen den vertikalen gestrichelten Linien sind durch eine dicke Linie hervorgehoben.

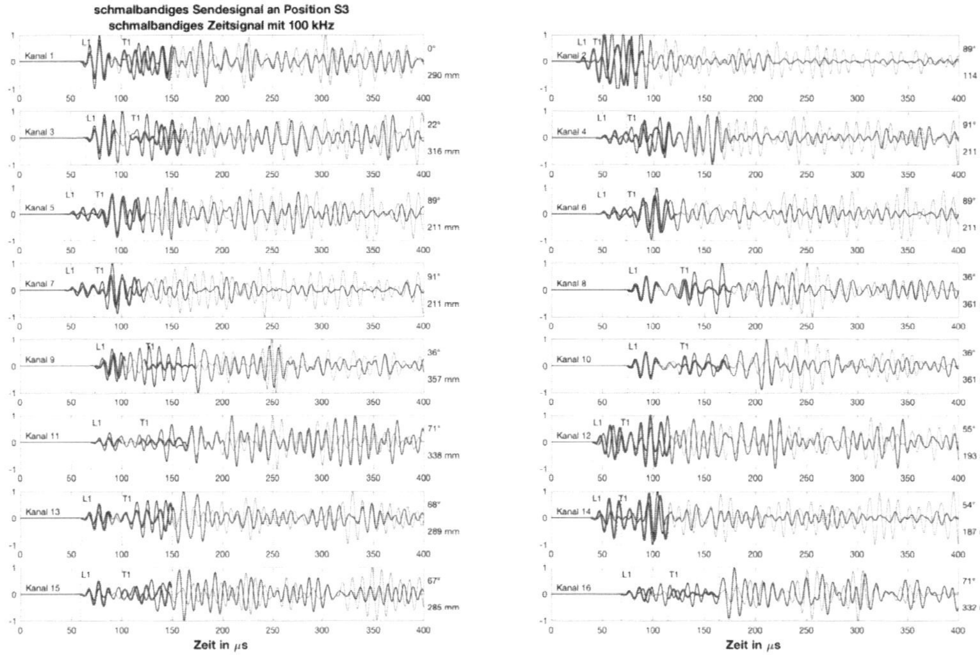

Abb. 9. Gemessene (blau) und berechnete (rot) Wellenformen des schmalbandigen Sendesignals mit 100 kHz mit den Einsatzzeiten der L- und T-Welle (L1 und T1). Die Signale der L- und T-Welle zwischen den vertikalen gestrichelten Linien sind durch eine dicke Linie hervorgehoben.

Bei der Auswertung von weiteren Messungen kann kein direkter Zusammenhang zwischen dem Laufweg oder Einfallswinkel und den Abweichungen zwischen gemessenen und berechneten Einsatzzeitpunkten der L- und T-Wellen festgestellt werden. Sowohl bei geringem Einfallswinkel als auch bei 90° treten an wenigen Signalen Unterschiede in den Einsatzzeitpunkten auf. Bei geringen Entfernungen zwischen Schallquelle und Empfänger treten die Unterschiede vermehrt auf. Von insgesamt 35 Signalen mit einer Entfernung kleiner als 150 mm zeigen nur acht Signale eine gute Übereinstimmung in den Einsatzzeitpunkten. Bei einigen Signalen ist eine Beurteilung aufgrund starker Unterschiede in der Amplitude schwierig. Eine eindeutige Phasenverschiebung ist bei 18 Signalen zu erkennen. Bei diesen Signalen tritt zum Teil eine Phasenverschiebung von bis zu ca. 180° (entspricht ca. $\lambda/2$) auf. Weiterhin wird festgestellt, dass Signale, die von derselben Sendeposition stammen, gleiche Wellenmuster aufweisen. Abweichungen in den Einsatzzeitpunkten treten sowohl bei breit- und schmalbandiger Anregung auf.

5 Einfluss der Spannglieder auf die Wellenausbreitung

Um den direkten Einfluss der Spannglieder auf die Wellenausbreitung zu untersuchen, ist in Abb. 10 das Simulationsergebnis des ganzen Wellenfeldes dargestellt. Gezeigt wird ein Querschnitt in der x-z-Ebene in der Mitte des Modelkörpers als Momentaufnahmen nach vier verschiedenen Zeitpunkten t1 = 30 µs, t2 = 61 µs, t3 = 80 µs und t4 = 102 µs, wobei die Graustufen dem Betrag der Partikelgeschwindigkeit entsprechen. Die Quelle befindet sich an Position S3. Simuliert wird wieder eine punktförmige Normalkraft an der Oberfläche des Modellkörpers. Das Anregungssignal hat eine Grenzfrequenz von 142 kHz. Von der Quelle, die L- und T-Wellen abstrahlt, breiten sich die Wellen zunächst kugelförmig aus. Zum Zeitpunkt t2 trifft die L-Welle auf die gegenüberliegende freie Oberfläche und wird reflektiert. Da sich die T-Welle im Medium langsamer ausbreitet als die L-Welle, nimmt der Abstand zwischen den beiden reflektierten Wellentypen mit der Zeit zu. Aufgrund der vielen Reflexionen der L-Welle an der Oberfläche der Ober- und Unterseite ist das Eintreffen der T-Welle zum Zeitpunkt t4 nicht mehr zu erkennen. Deutlich zu sehen ist in den vier Teilabbildungen, wie die Wellen in der näheren Umgebung der Spannglieder (Kreise) gestreut werden und etwas verzögert den Wellenfronten der einzelnen Phasen folgen. Da es sich bei den Spanngliedern nur um nahezu punktförmige Einzelstreuer handelt, wird dadurch keine weitreichende Störung des Wellenfeldes verursacht.

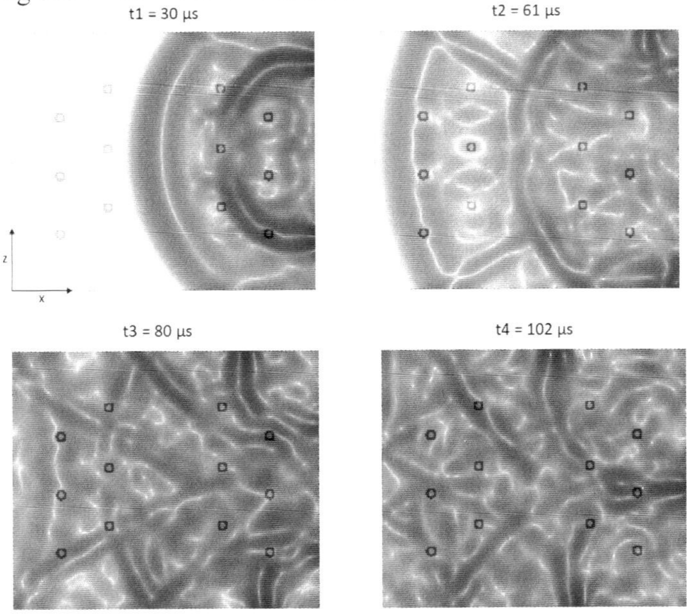

Abb. 10. Simulationsergebnis des ganzen Wellenfeldes in der x-z-Ebene in der Mitte des Modelkörpers als Momentaufnahmen nach vier verschiedenen Zeitpunkten t1 = 30 µs, t2 = 61 µs, t3 = 80 µs und t4 = 102 µs.

Abb. 11 zeigt die berechneten Wellenformen mit (rot) und ohne Spannglieder (blau) eines breitbandigen Zeitsignal mit einer oberen Grenzfrequenz von 142 kHz an Position S3 (vgl. Abb. 8).

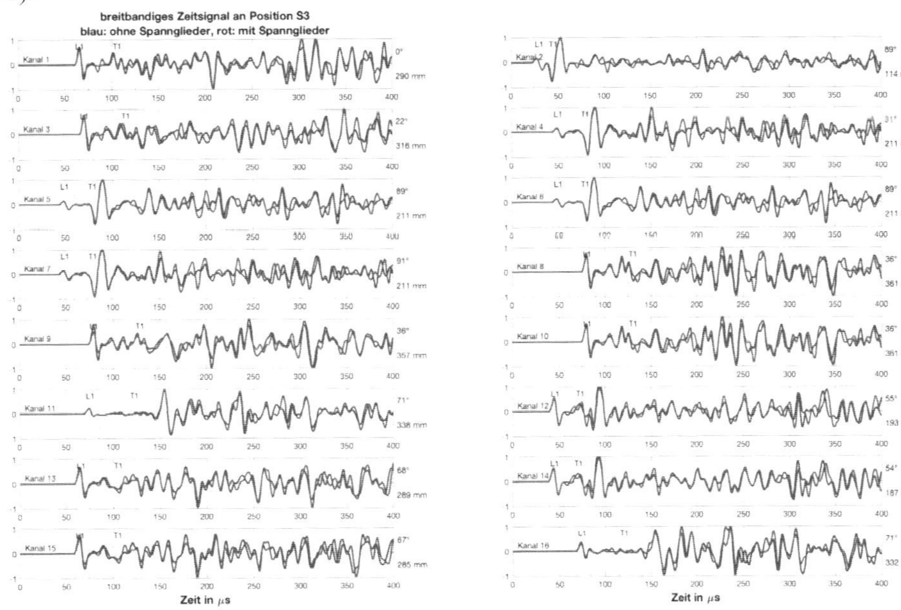

Abb. 11. Berechnete Wellenformen mit (rot) und ohne Spannglieder (blau) eines breitbandigen Zeitsignal mit einer oberen Grenzfrequenz von 142 kHz an Position S3.

Die Abbildung zeigt, dass der Einfluss der Spannglieder bei der direkten L- und T-Welle keinen Einfluss auf Amplitude und Phase hat. Lediglich bei den später eintreffenden Reflexionen an den Oberflächen sind geringe Abweichungen in der Amplitude zu erkennen.

6 Zusammenfassende Diskussion

Die in dieser Arbeit beschriebenen Betrachtungen zur Ausbreitung elastischer Wellen im Frequenzbereich bis ca. 200 kHz tragen zum Verständnis bei, wie die elastischen Wellen bei ihrer Ausbreitung durch das Prüfobjekt verändert werden und wie dies in den beobachteten Signalen zum Ausdruck kommt. Die Komplexität der Wellenausbreitung durch Streuung und Reflexionen an freien Oberflächen und inneren Grenzflächen macht die Interpretation der SE-Signale anspruchsvoll und nicht immer eindeutig. Bei Anwendungen der SEA in bewehrten Spannbeton muss dies zur Verbesserung der Ortungsgenauigkeit berücksichtigt werden.

Es gibt verschiedene Gründe, die als Ursache für die Abweichungen der Einsatzzeitpunkte zwischen Messungen und Simulation infrage kommen. Unter anderem sind Unterschiede zwischen den Signalen möglicherweise durch Einschränkungen bei der Modellerstellung erklärbar. Das Programm lässt nur ein quaderförmiges Modellgebiet zu. So konnte der konische Verlauf der Seitenflächen im Modell nicht berücksichtigt werden. Dadurch entsteht für einige Empfänger eine Abweichung von ca. 1 cm zur jeweiligen Schallquelle. Das entspricht etwa einer viertel Wellenlänge bei der L-Welle mit einer Mittenfrequenz von 142 kHz. Obwohl bei den durchgeführten Messungen breitbandige AE-Sensoren im Frequenzgebiet bis ca. 200 kHz eingesetzt wurden, muss das Übertragungsverhalten der realen AE-Sensoren berücksichtigt werden, um wirklich quantitative Vergleiche zwischen berechneten und gemessenen Zeitsignalen anstellen zu können. Entscheidend ist, dass der akustische Impuls, der vom realen Wandler ins Bauteil abgestrahlt wird, bekannt ist und auch im Modell verwendet wird. Daher macht es bei dem hier realisierten Modell lediglich Sinn, die Ersteinsatzzeitpunkte von L- und T-Welle zu betrachten, denn diese sind nur von den Ausbreitungsgeschwindigkeiten und der Dichte abhängig und weitgehend unabhängig von der Signalform.

Ganz generell muss auch beachtet werden, dass aufgrund der Streuung an den vielen Körnern und Poren im realen Beton eine gewisse Dämpfung und auch Phasenverschiebung der Wellen einhergeht, die im vorliegenden Modell nicht integriert ist. Somit dürften vor allem die Amplituden zu späteren Zeitpunkten bzw. bei größeren Laufwegen im Modell größer sein als bei den Messungen. Es empfiehlt sich daher den homogenen Modellbeton durch eine realistische Sieblinie mit Zuschlagstoffen verschiedener Größe und Form plus makroskopischer Poren zu ersetzen, wie es in der Vergangenheit bereits demonstriert wurde [6]. Damit ist es auch möglich, den Einfluss von lokalen Poren und Körnern im Nahfeld der Quelle systematisch zu untersuchen. Wenn z.B. ein Bleistiftminenbruch in unmittelbarer Nähe einer solchen Pore liegt, wird das Quellereignis merklich verändert [6].

Referenzen

[1] Hentschel, V., Fahrwegstrategie der DB Netz AG - Anlagenverfügbarkeit im Lebenszyklus, 2017.

[2] Manthei, G., Walther, M., Koob, M., Minnert, J., Blatt, M., Schallemissionsprüfung an großmaßstäblichen Laborproben aus Beton, ZfP-Zeitung 174, April 2021, S. 34–41.

[3] Walther, M., Manthei, G., Koob, M., Minnert, J., Anwendung der Schallemissionsanalyse zur Überwachung von Spannbetonschwellen unter statischer und dynamischer Belastung, 22. Kolloquium Schallemission und 3. Anwenderseminar Zustandsüberwachung mit geführten Wellen, Karlsruhe, Berichtsband der DGZfP, 2019.

[4] Manthei, G., Walther, M., Minnert, J., Investigation of Crack Formation During Long-Term Acoustic Emission Measurements on a Reinforced Concrete Railroad Switch Sleeper in the Context of Structural Health Monitoring. In: P. Rizzo and A. Milazzo (Eds.): EWSHM 2022, LNCE 253, Springer Nature Switzerland, 2022, S. 609–618, https://doi.org/10.1007/978-3-031-07254-3_61.

[5] Manthei, G., Walther, M., Minnert, J., Untersuchung der Rissbildung in Gleis- und Weichenschwellen aus vorgespanntem Stahlbeton mit Hilfe der Schallemissionsanalyse, 11. Fachtagung ZfP im Eisenbahnwesen, 10.-12. März, Erfurt, Berichtsband der DGZfP, 2020.

[6] Schubert, F., Köhler, B., Ten Lectures on Impact-Echo, Journal of Nondestructive Evaluation, 27, 5–21, 2008, https://doi.org/10.1007/s10921-008-0036-2.

[7] Schubert, F., Numerical AE3D – Ein freies Simulationstool zur Berechnung und Visualisierung von Schallemissionsproblemen, 21. Kolloquium Schallemission, Fulda, Berichtsband 159 der DGZfP, 2017.

Weiterentwicklung eines zerstörungsfreien Prüfverfahrens zur Charakterisierung von Furnier mit Hilfe von Ultraschallwellen

Mario KÜHMSTEDT [1], Kilian TSCHÖKE [1], Robert KRÜGER [2]
[1] Fraunhofer-Institut für Keramische Technologien und Systeme IKTS, Dresden
[2] Technische Universität Dresden, Professur für Holz- und Faserwerkstofftechnik, Dresden

Kontakt E-Mail: mario.kuehmstedt@ikts.fraunhofer.de

Kurzfassung. Unter anderem durch den Klimawandel und einen nachhaltigen Umgang mit den Ressourcen befördert, hat das Konstruieren mit Holz in den letzten Jahren einen Aufschwung erlebt. Der von Natur aus heterogene, anisotrope Werkstoff Holz mit Wuchsbesonderheiten (Aststellen, Faserorientierung) lässt sich zu Holzwerkstoffen (Furnierlagenverbunde) verarbeiten. Damit ein einzelnes Furnier optimal verbaut werden kann, muss zunächst eine Materialcharakterisierung durchgeführt werden. Resultierend daraus wird das Furnier lastgerecht zu einem Holzwerkstoff verbaut bzw. findet gegebenenfalls eine gezielte Verstärkung von Schwachstellen, vor Einbau, statt.

Die vorliegende Arbeit beschäftigt sich mit der zerstörungsfreien Charakterisierung von Buchenfurnier (0,5 mm Materialstärke) mit geführten Wellen. Gegenstand der durchgeführten Untersuchungen war es, einen Versuchsstand zur Bestimmung der Materialparameter zu konzipieren und aufzubauen. Dabei sollen Elastizitätsmodul und Schubmodul der Buchenfurniere durch das Anwenden von elastischen Wellen im Ultraschall-Frequenzbereich ermittelt werden. Im Frequenzbereich von 200 kHz wurden Ultraschallwellen angeregt und detektiert. Das Senden und Empfangen der Ultraschallwelle wurde mit piezoelektrischen Wandlern realisiert. Zur Ergebnisdarstellung wurden Polardiagramme erstellt, welche die E-Module, Schubmodule und die Faserrichtung in einem 360° Messkreis, in der Furnierebene, darstellen. Die Validierung der Messergebnisse erfolgte durch Zugversuche. Resultierend aus dem Vergleich der Ergebnisse, konnte für bestimmte Winkelbereiche bzgl. der Faserorientierung eine Übereinstimmung der Messergebnisse festgestellt werden. Für die abschließende Beurteilung der Ultraschallmessergebnisse in Faserrichtung, welche nicht mit den Zugversuchen übereinstimmen, sind weitere Untersuchungen notwendig.

Einführung

Das Bauen und Konstruieren mit Holz ist keine Erfindung der Neuzeit. Befördert, unter anderem durch den Klimawandel und einen nachhaltigen Umgang mit den Ressourcen, hat das Konstruieren mit Holz in den letzten Jahren eine Renaissance erlebt. In dem IGF-Vorhabens 21210 BR / 2 „Entwicklung von Verfahren zum lastpfadgerechten Design textilverstärkter Furnierlagenverbundwerkstoffe“ erarbeiteten das Fraunhofer IKTS, die Professur Textile Technologien der TU Chemnitz sowie das Institut für Holztechnologie Dresden (IHD) Methoden, um Holzwerkstoffe für hochbelastete Anwendungen, bspw. im Automobil- oder Sportbereich, zu optimieren und so einen Beitrag zur Reduktion von

Kohlenstoffdioxid zu leisten. Um sich diesem Ziel anzunähern, gilt es den Werkstoff und dessen Besonderheiten zu kennen.
Holz ist ein heterogener, anisotroper Werkstoff mit unterschiedlichen strukturellen Eigenschaften im Querschnitt und in den drei anatomischen Grundrichtungen (longitudinal, radial, tangential). Zusätzlich handelt es sich um einen natürlichen Werkstoff, der aufgrund verschiedenster Einflüsse Wuchsbesonderheiten aufweisen kann. Die Kombination aus Anisotropie, Heterogenität und Wuchsbesonderheiten erschweren eine standardisierte Qualitätskontrolle von natürlich gewachsenem Holz. Dem gegenüber zeichnen sich Holzverbundwerkstoffe durch einen homogeneren Aufbau aus. Beispielsweise werden bei Furnierschichtholz dünne Holzlagen miteinander verklebt, wodurch Fehlstellen wie Astlöcher zufällig über das gesamte Bauteil verteilt werden [1]. Für hochbelastete Bauteile aus Holzverbundwerkstoffen ist jedoch keine zufällige Verteilung von Fehlstellen angestrebt, sondern eine gezielte Verstärkung. Bevor es zu einer solchen Ausbesserung kommen kann, müssen die Fehlstellen zunächst detektiert und charakterisiert werden. Identifizierte Schwachstellen können bspw. durch das gezielte Einbringen textiler Verstärkungen, in Form von Flachs- oder Basaltfasern, kompensiert werden [2].
Die Herausforderung besteht darin, Furniereigenschaften gezielt zu charakterisieren, indem ein zerstörungsfreies Prüfverfahren angewendet wird. Dabei handelt es sich um elastische Wellen im Ultraschallbereich. Anhand von ausgesendeten Messsignalen sollen Materialparameter wie Elastizitäts- oder Schubmodul, sowie der Faserverlauf im Furnier ermittelt werden. Insbesondere die Anwendung von luftgekoppeltem Ultraschall besitzt für die zerstörungsfreien Prüfungen von Holzwerkstoffen großes Potenzial. Für eine Messung muss kein direkter Kontakt zum Probekörper hergestellt werden, da die Luft als Verbindungsmedium fungiert. Dadurch sind hohe Messgeschwindigkeiten möglich, die insbesondere für die industrielle Anwendung von entscheidender Bedeutung sind. In der vorliegenden Arbeit wurde ein Prüfstand zu Luft-Ultraschallmessung an Holz aufgebaut. An diesem Prüfstand werden winkelabhängig Messdaten aufgenommen und die Ergebnisse validiert. Anschließend erfolgt eine Abschätzung der Materialparameter und Diskussion der Ergebnisse.

1. Messtechnik

In Vorversuchen ging es darum, ein Messsetup zu entwickeln, mit dem in anschließenden Hauptversuchen die Charakterisierung des Furniers vorgenommen werden kann. Der Versuchsstand wurde aufgrund der Resultate der Vorversuche stetig weiterentwickelt und verändert, wobei sich das grundlegende Messprinzip (Sende-Empfangsmessung zur Laufzeitermittlung) nicht verändert hat. Parallel zu der Entwicklung des Messsetups wurde daran gearbeitet, wie es möglich ist, die Ergebnisse auszuwerten.

Für das Ziel der Arbeit, das Charakterisieren eines gesamten Furniers hinsichtlich E- und G-Modul, ist es sinnvoll, große Bereiche abzudecken, um umfangreiche Informationen zu den Materialparametern zu erhalten. Die etablierten zerstörungsfreien Messmethoden mit Ultraschall sind für Tiefenmessungen geeignet (Impulsechoverfahren [3]) oder durchschallen senkrecht den gesamten Probenkörper in seiner Materialstärke. Im hier angewendeten Fall der Furnieruntersuchung würde die Durchschallung lediglich Informationen über einen sehr punktuellen Bereich liefern. Die Tiefenmessung mit dem Impulsechoverfahren ist bei den geringen Materialstärken nicht sinnvoll. Aus diesem Grund wurde eine Methode basierend auf geführten elastischen Wellen angewandt, bei der ein Aktor eine Welle anregt, welche sich in der Furnierebene ausbreitet und von einem Sensor empfangen wird. Mit dieser Methode ist es möglich, Informationen von der Laufstrecke zwischen Aktor und Sensor zu erhalten. Für die Anregung der Signale wurde, die am Fraunhofer IKTS entwickelte „MAS"-

Messeinheit (Multi Channel Acoustic Measurment System) verwendet [4]. Die Messeinheit wird von einem Rechner über eine Software gesteuert. In der Software können u. a. die Parameter Anregungsfrequenz, Verstärkung des Signals und die Sendeleistung eingestellt werden. Neben der Verstärkung in der Software gibt es noch einen zusätzlichen Vorverstärker, welcher sich zwischen MAS-Messeinheit und Ultraschallwandler befindet und das empfangene Signal des Sensors verstärkt. Für die Untersuchungen stehen Piezo-Wandler[1] und Luftultraschallwandler[2] bereit. Beide Wandler-Typen können senden und empfangen. Für eine Anwendung des Messprinzips in der Praxis ist es vorteilhaft, wenn eine Messapparatur mit zwei Luftultraschallwandlern ausgestattet ist, um kontaktlose Messungen zu ermöglichen. Die Abbildung 1 zeigt schematisch das angewendete Messsetup und die verwendete Messtechnik.

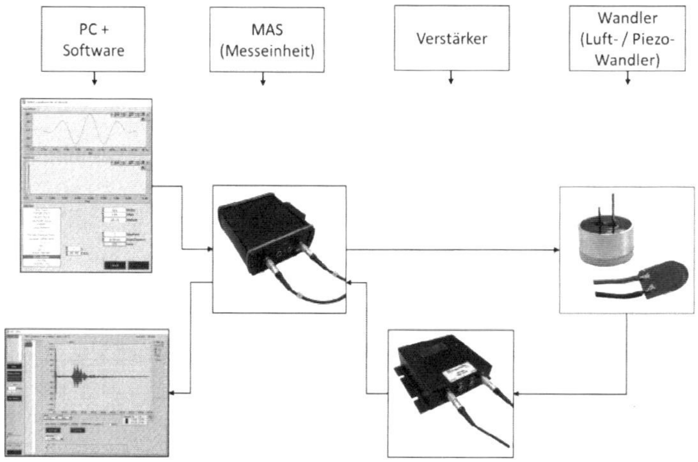

Abbildung 1 – Messsetup mit verwendeter Messtechnik

Mit Vorversuchen sollte das zuvor gezeigte Messsetup auf das Furniermaterial übertragen werden, daher gab es verschiedene Entwicklungsstufen des Messsetups in den Vorversuchen.

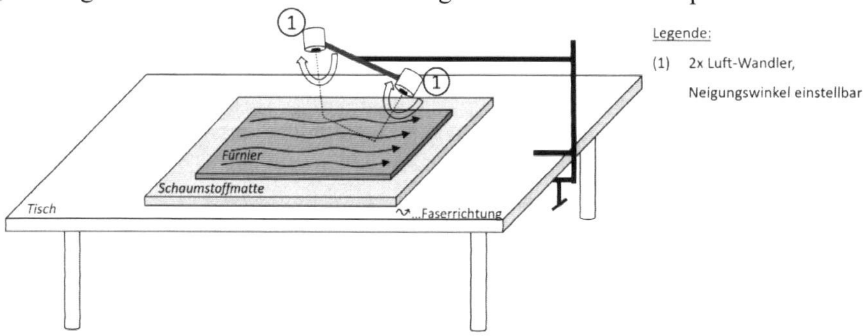

Abbildung 2 – Messsetup mit zwei Luftultraschallwandlern

Die Abbildung 2 zeigt ein Versuchssetup, in dem zwei Luftultraschallwandler verwendet wurden. Der abgebildete Versuchsstand zeigt den optimalen Fall einer zerstörungsfreien Untersuchung, bei dem das Koppelmittel Luft verwendet wird, wodurch es sich um eine kontaktlose und zerstörungsfreie Messung handelt.

---

[1] Das technische Datenblatt ist „https://www.piceramic.de/fileadmin/user_upload/physik_instrumente/files/datasheets/P-876-Datenblatt.pdf" zu entnehmen. Der verwendete Piezo-Wandler entspricht den technischen Daten von P876.SP1 (der verwendete Wandler ist eine Sonderanfertigung für das Fraunhofer IKTS Dresden). (Stand: 07.02.2023)

[2] Das technische Datenblatt ist „https://www.farnell.com/datasheets/3771821.pdf" zu entnehmen. (Stand: 07.02.2023)

Nach der Betrachtung der Ergebnisse erster Versuche war deutlich, dass es nicht möglich ist, zwei Luft-Wandler für die Messungen zu verwenden. Die empfangenen Signale wiesen in Faserrichtung nur geringe Amplituden auf und bei Abweichungen von der Faserrichtung war es nicht möglich, ein Amplitudenausschlag in den Messergebnissen zu identifizieren, trotz größtmöglicher Verstärkungseinstellungen am Messsystem. Die Anregung wurde mit maximal 150 V durchgeführt und einer anschließenden Verstärkung von 40 dB des empfangenen Signals. Hinzu kommt, dass Impedanzunterschiede zwischen Luft und Furnier zu einer signifikanten Signalschwächung führen. Nachfolgend gab es weitere Anpassungen am Versuchsstand, mit dem Ziel größere Amplituden in den Messsignalen zu erhalten. Dabei wurde ein Luft-Ultraschallwandler durch einen Piezo-Wandler ausgetauscht. Der jeweilige Piezo-Wandler befindet sich in diesem Fall direkt auf dem Furnier, wodurch eine verbesserte Signaleinkopplung vorliegt.

Als Ergebnis der Versuchsreihen hat sich ergeben, dass zwei Piezo-Wandler auf dem Furnier appliziert werden müssen, damit in allen Winkeln in der Furnierebene, abweichend zur Faserrichtung, Messsignale detektiert werden können. Die Abbildung 3 zeigt den finalen Versuchsstand mit zwei Piezo-Wandlern, welche mithilfe von handelsüblichen Poster-Powerstrips auf dem Furnier appliziert wurden.

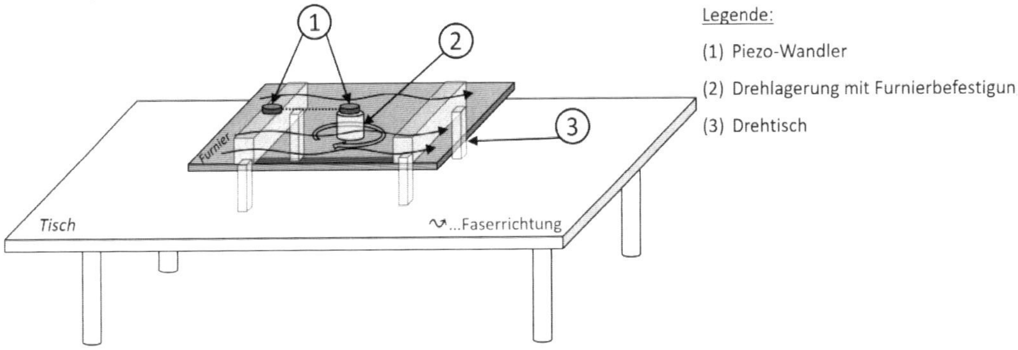

Abbildung 3 – Messsetup für die Durchführung der Hauptversuche

2. Messprinzip

Die Ermittlung des Elastizitätsmoduls, des Schubmoduls sowie der Faserrichtung im Furnier standen im Fokus der Untersuchungen. Für diese mechanischen Kennwerte galt es, ein geeignetes Messprinzip zu ermitteln und umzusetzen. Die zur Verfügung stehende Messtechnik wurde im vorherigen Abschnitt vorgestellt. Die Verwendung der Messtechnik sah wie folgt aus.

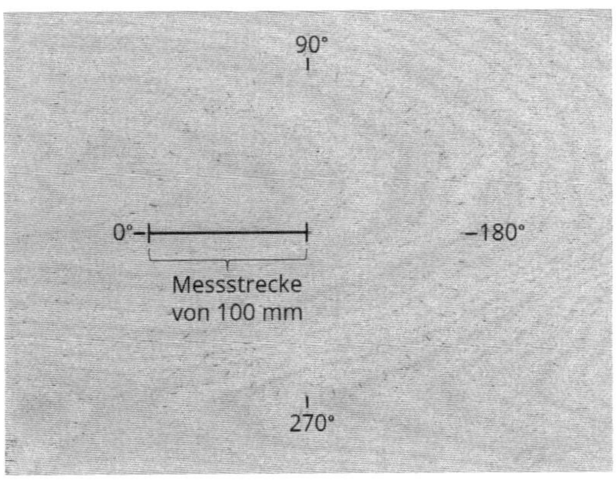

Abbildung 4 – Messkreis auf dem Furnier mit 360° Markierungen in der Furnierebene

Die Abbildung 4 zeigt einen 360°-Messkreis in der Furnierebene. Im Zentrum des Messkreises wurde ein Piezo-Wandler fixiert, der als Aktor verwendet wurde. In einem Abstand von 100 mm befand sich ein zweiter Piezo-Wandler. Der zweite Wandler wurde in 10° Schritten entlang des Messkreises appliziert, wodurch der gesamte 360°-Messkreis mit 36 Einzelmessung vermessen wurde. Die angeregte Ultraschallwelle legte bei jeder einzelnen Messung die Messstrecke von 100 mm zurück und wurde von dem zweiten Wandler detektiert. Für jede Messung wird ein Zeitsignal der sich ausbreitenden Welle aufgezeichnet. Vermessen wurde Furnier der Rotbuche mit einer Materialstärke von 0,5 mm. Als Anregungssignal wurde ein Raised-Cosine mit 3 Schwingungen und einer Mittenfrequenz von 200 kHz verwendet.

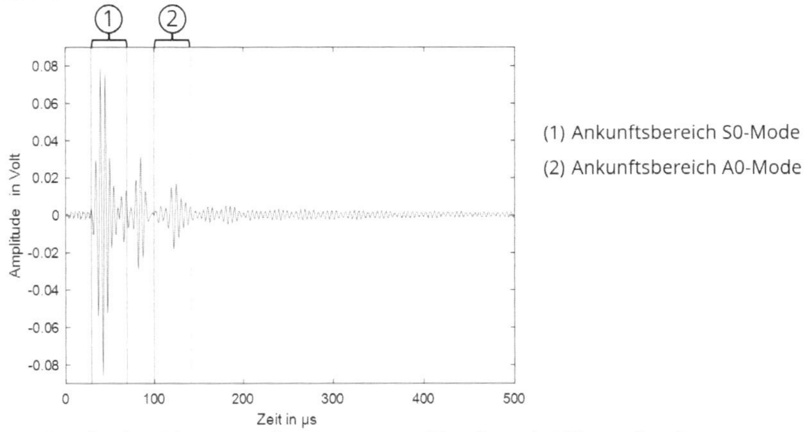

Abbildung 5 – Amplituden Diagramm eines angeregten Signals nach 100 mm Laufweg

Die Laufstrecke der Welle zwischen den beiden Piezo-Wandlern ist mit 100 mm bekannt und anhand des Amplitudenpeaks lässt sich die für die Laufstrecke benötigte Zeit ermitteln. Die Abbildung 5 zeigt ein detektiertes Signal, bei dem die Amplitude über der Zeit aufgetragen ist. Aus analytisch berechneten Dispersionsdiagrammen ist bekannt, zu welchen Zeitpunkten die verschiedenen Wellenmoden ihre Amplitudenpeaks haben, aufgrund unterschiedlicher Gruppengeschwindigkeiten. Die Amplitudenpeaks werden in zeitlichen Ankunftsbereichen gesucht, welche in der Abbildung 5 in den Bereichen 1 und 2 zu sehen sind. Die Bereiche 1 und 2 sind je nach Messwinkel in der Furnierebene angepasst, für einen konkreten Winkel waren die Bereiche konstant. Bei korrekter Modendetektion lässt sich mithilfe der Ultraschallgeschwindigkeit und der Rohdichte das E-Modul und Schubmodul näherungsweise berechnen. Grundlage dieser Berechnung sind die Formeln (1) und (2) [5] [6]. Die Rohdichte der einzelnen Furniere wurde anhand von Probekörpern separat gemessen und nachfolgend als Konstante festgelegt. Der Mittelwert der Rohdichte betrug 565 kg/m^3 und zum Zeitpunkt der Rohdichtebestimmung herrschte ein Klima von 23°C und eine relative Luftfeuchte von 40 %.

$$c_L = \sqrt{\frac{E}{\rho} * \frac{1-\mu}{1-\mu-2\mu^2}} \triangleq \sqrt{\frac{E}{\rho}} \qquad (1)$$

$$c_T = \sqrt{\frac{E}{\rho} * \frac{1}{2(1+\mu)}} \triangleq \sqrt{\frac{G}{\rho}} \qquad (2)$$

c_L ... *Ausbreitungsgeschwindigkeit Longitudinalwelle* — G ... *Schubmodul*
c_T ... *Ausbreitungsgeschwindigkeit Transversalwelle* — ρ ... *Rohdichte*
E ... *Elastizitätsmodul* — μ ... *Poissonzahl*

Die hier aufgeführten Formeln gelten näherungsweise für die Longitudinal- und Transversalwellengeschwindigkeit. Die tatsächlichen Geschwindigkeiten der beiden Wellenformen können je nach angeregter Frequenz abweichen und hängen mit der Anisotropie sowie der Materialstärke des Werkstoffes zusammen. Des Weiteren gelten die Formeln für einen unendlich ausgedehnten Festkörper. Die geringen geometrischen Abmessungen des Furniers widersprechen der Randbedingungen der Formeln. Es wird angegeben, dass zur Reduzierung des störenden Einflusses der Geometrie die Ausdehnung des Probenkörpers in jede Raumrichtung die zweifache Wellenlänge nicht unterschreiten darf [3]. Diese Bedingung lässt sich mit Furnier nicht erfüllen. In Voruntersuchungen war es möglich, durch Anregung mehrerer Frequenzen, ein experimentell bestimmtes Dispersionsdiagramm für eine Stahlplatte mit einer Stärke von 2,5 mm zu erstellen. Ausgehend davon war es möglich, auf Materialparameter zu schließen [7]. Der entwickelte Algorithmus konnte mit dem o. g. Messsetup mit 2 Luft-Wandlern nicht auf den Werkstoff Furnier übertragen werden. Es ergaben sich Probleme beim Detektieren der Amplitudenpeaks, wodurch das Dispersionsdiagramm nicht erstellt werden konnte. Daher fanden die Formeln dennoch Anwendung, um ein grundlegendes Konzept zur Charakterisierung von Furnier zu entwickeln, welches in folgenden Schritten verfeinert werden kann. Des Weiteren galt es herauszufinden, inwiefern die Formeln auf einen solch dünnen Werkstoff angewendet werden können. Eine Validierung der Messergebnisse mit einem etablierten Prüfsystem (Zugversuch) wurde durchgeführt.

3. Ergebnisse

Die Abbildung 6 zeigt die Ergebnisdarstellung eines gemessenen 360°-Messkreises. Das Diagramm auf der linken Seite zeigt die berechneten Elastizitätsmodule und auf der rechten Seite sind die Schubmodule aufgetragen.

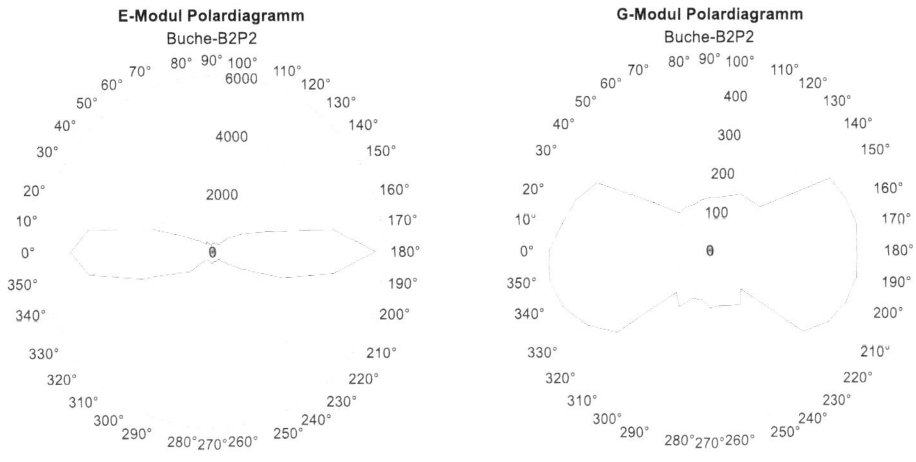

Abbildung 6 – E- und G-Modul Polardiagramme in MPa, 360°-Messkreis in der Furnierebene

Es ist deutlich zu sehen, dass, wie zu erwarten war, in Faserrichtung (0° und 180°) das Buchenfurnier ein wesentlich höheres E-Modul aufweist als senkrecht zur Faserrichtung. In Faserrichtung (180°) wird ein maximales E-Modul von 5713 MPa erreicht. Senkrecht zur Faserrichtung (90°) wird ein E-Modul von 294 MPa erreicht. Die E-Module in Faserrichtung liegen bei allen Messungen deutlich unterhalb der Literaturwerte von ca. 14000 MPa. Die Angaben aus der Literatur beziehen sich auf Vollholz und nicht explizite auf Furnier. Da zu den E-Modulen vergleichende Messungen mit Zugversuchen durchgeführt wurden, soll zur

Validierung der prinzipiellen Machbarkeit der Ultraschallcharakterisierung hier vorrangig auf das E-Modul eingegangen werden.

Die im Zugversuch, mittels Videoextensometer und Kraftmessung, bestimmten Elastizitätsmodule wurden den E-Modulen der Ultraschalluntersuchungen gegenübergestellt. Die Abbildung 7 zeigt die Gegenüberstellung der Ergebnisse für den Winkel von 40° in der Furnierebene. Laut Literatur bedingen Messungen mittels Ultraschalls 10 bis 20 % höhere E-Modul Werte [5]. Dieser Trend lässt sich in allen Diagrammen erkennen. Für die Validierung der Ultraschalluntersuchung ist dieser Trend positiv zu sehen. Die Messergebnisse der Ultraschallmessungen liegen in dem zu erwarteten Toleranzbereich. Zu beachten ist, dass es sich bei der Zugprüfung, im Vergleich zur Ultraschallprüfung, mit einer maximalen Prüfgeschwindigkeit von 0,4 mm/min um eine quasi statische Belastung handelt, wohingegen die Ausbreitung einer elastischen Welle im Ultraschallbereich durch dynamische, hochfrequente Teilchenschwingungen charakterisiert ist.

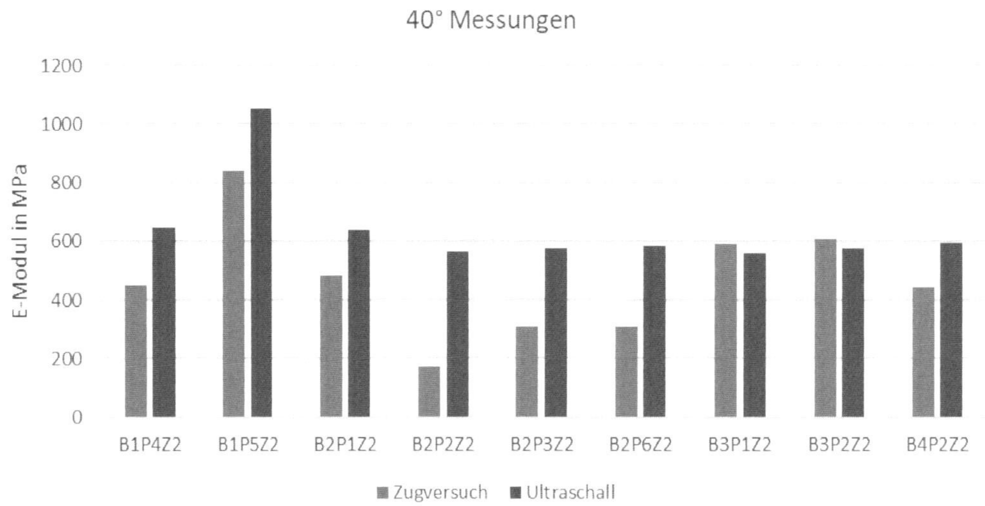

Abbildung 7 – Vergleich Ultraschallmessung und Zugversuch, 40°-Messwinkel in der Furnierebene

In Abbildung 8 sind die Messergebnisse der 0° Messung abgebildet. Abweichend vom bisherigen Trend sind die durch Ultraschall ermittelten E-Module deutlich geringer als die E-Module der Zugversuche. Der, für Rotbuche niedrig einzuordnende, Mittelwert der E-Module der Zugprüfungen beträgt 8637 MPa. Ausgehend von der Tatsache, dass die Furnierproben eine hohe Anzahl von strukturschwächenden Trockenrissen aufweisen, sind die ermittelten E-Module der Zugprüfungen als valide einzuschätzen. Der Mittelwert der E-Module der Ultraschalluntersuchungen beträgt 5428 MPa. Dieser Wert ist, trotz der Strukturschwächungen, als zu gering zu bewerten. Dies gilt insbesondere angesichts der Tatsache, dass bei den restlichen Messwinkeln (Bsp. 40° Messung) die Werte der Ultraschallmessung größer als die der Zugversuche ausfielen.

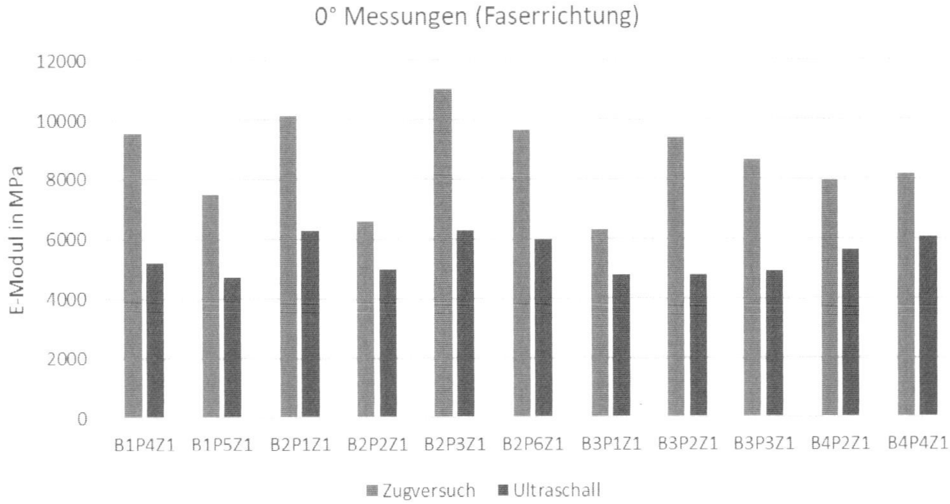

Abbildung 8 – Vergleich Ultraschallmessung und Zugversuch, 0°-Messwinkel in der Furnierebene

Zusammenfassung

Die Charakterisierung von Furnier mittels Ultraschalls ist erfolgreich gezeigt worden [8]. Einschränkungen bestehen darin, wie die elastischen Wellen in das Material eingekoppelt werden und in welchem Winkel zur Faserorientierung gemessen wird. Findet das Einkoppeln und Auskoppeln des Signals über die Luft statt, so wird eine große Verstärkung des Sendesignals benötigt, damit die Impedanzunterschiede (und die damit verbundene Signalschwächung) der verschiedenen Medien ausgeglichen werden. Hinzu kommt, dass bei Messungen, welche abweichend zur Faserrichtung erfolgen, die Ultraschallsignale zusätzlich, aufgrund des anatomischen Aufbaues des Holzes, stark geschwächt werden. Die Messung entlang einer Laufstrecke im Furnier ermöglicht es, einen Mittelwert für E-Modul und Schubmodul über die Laufstrecke zu berechnen. In der Ergebnisdarstellung werden die berechneten Materialparameter in Polardiagrammen dargestellt, die einen Messkreis in der Furnierebene von 360° widerspiegeln. Anhand von Polardiagrammen der maximalen Amplituden lässt sich darüber hinaus die Faserorientierung ablesen. Die Validierung der Ergebnisse der Ultraschallmessung mit der mechanischen Zugprüfung zeigte, dass die berechneten Materialparameter systematisch von den tatsächlichen E-Modulen und Schubmodulen abweichen, was jedoch in Übereinstimmung mit Erkenntnissen in der Literatur steht [5]. Grundsätzlich bietet die Verwendung von Ultraschallwellen ein vielversprechendes zerstörungsfreies Messverfahren für die Charakterisierung von Furnier.

Danksagung

Die vorliegende Arbeit entstand im Rahmen des geförderten IGF-Vorhabens 21210 BR / 2 „Entwicklung von Verfahren zum lastpfadgerechten Design textilverstärkter Furnierlagenverbundwerkstoffe".

Referenzen

[1] K. J. Vössing, *Zerstörungsfreie Prüfung von Holzwerkstoffen mit luftgekoppeltem Ultraschall,* Berlin: Technischen Universität Berlin, 2022.

[2] K. Tschöke, J. Schmidt, P. Baudach, J. Kaufmann, H. Cebulla und R. Scheffler, *Überwindung der natürlichen Inhomogenitäten von Schälfurnieren durch den Einsatz textiler Verstärkungsstrukturen und der Verwendung akustischer Messverfahren,* Tagungsband zur 17. Chemnitzer Textiltechnik-Tagung Textiltechnik als Schlüsseltechnologie der Zukunft, 2022.

[3] A. G. M. Hasenstab, *Integritätsprüfung von Holz mit dem zerstörungsfreien Ultraschallechoverfahren,* Berlin: Fakultät VI der Technischen Universität Berlin, 2006.

[4] „Fraunhofer IKTS," [Online]. Available: https://www.ikts.fraunhofer.de/de/industrieloesungen/zustandsueberwachung/technische_ausstattung.html. [Zugriff am 07 02 2023].

[5] A. Wagenführ und F. Scholz, *Taschenbuch der Holztechnik,* München: Carl Hanser Verlag, 2018.

[6] P. Niemz, *Physik des Holzes,* ETH Zürich: Institut für Baustoffe (IfB), 2004.

[7] Q. Chen, K. Xu und D. Ta, *High-resolution Lamb waves dispersion curves estimation and elastic property inversion,* Elsevier, Ultrasonics Volume 115, 2021.

[8] M. L. Kühmstedt, *Weiterentwicklung eines zerstörungsfreien Prüfverfahrens zur Charakterisierung von Furnier mit Hilfe von Ultraschallwellen,* Technische Universität Dresden: Fakultät Maschinenwesen, Professur für Holztechnik und Faserwerkstofftechnik, 2022.

Erfahrungen zum Dämpfungsverhalten impulsartiger, energiereicher Signale an Spannbetonkonstruktionen

Max KÄDING [1], Gregor SCHACHT [1], Steffen MARX [2]
[1] MKP GmbH, Weimar
[2] Institut für Massivbau, Technische Universität Dresden, Dresden

Kontakt E-Mail: max.kaeding@marxkrontal.com

Kurzfassung. Die Schallemissionsanalyse hat sich im Brückenbau als vielversprechendes Messverfahren für die Überwachung spannungsrisskorrosionsgefährdeter Bauwerke zur Detektion einzelner Drahtbrüche etabliert. Geschickt verteilte Sensoren ermöglichen eine gesamtheitliche Überwachung. Die Verteilung der Sensoren am Bauwerk stellt dabei eine zuverlässige Detektion der Ereignisse sicher und ist damit für den technischen und wirtschaftlichen Erfolg der Messung entscheidend. Hierfür ist es erforderlich, den maximal möglichen Sensorabstand zu bestimmen, welcher von der Charakteristik der Signalquelle, dem Signalübertragungsverhalten des Bauwerks bzw. Materials, sowie den vorherrschenden Nebengeräuschen abhängt.

Der vorliegende Beitrag thematisiert in dieser Kette der Signalübertragung das Ausbreitungsverhalten in großen Spannbetonkonstruktionen. Hierzu werden eigene Experimente vorgestellt, die an zwei Brücken unterschiedlicher Bauweise in-situ und an sechs Brückenträgerelementen von drei Brücken unter laborähnlichen Bedingungen durchgeführt wurden. Letztere wurden bei Rückbauvorhaben gewonnenen. Im Fokus der Untersuchungen stand das frequenzabhängige Dämpfungserhalten für unterschiedliche Signalquellen. Die üblicherweise praktizierte orthogonale Anregung mit einem Rückprallhammer auf der Betonoberfläche wurde mit der Anregung longitudinal zur Spanngliedachse bzw. durch reale Drahtbrüche verglichen. Die Drahtbrüche wurden an den Brückenträgerelementen künstlich provoziert. Aus dem Vergleich der Ergebnisse an den verschiedenen Objekten wurde die Übertragbarkeit von Ergebnissen aus Messungen mit dem Rückprallhammer auf Drahtbrüche untersucht. Es wurde gezeigt, dass die Dämpfungskoeffizienten der Drahtbrüche in verschiedenen Frequenzbereichen zwar stärker streuen, im Median jedoch denen von Rückprallhammerschlägen sehr ähneln. Es wurde weiterhin gezeigt, dass die Dämpfung im Frequenzbereich von 0-10 kHz mit ca. 4,9 dB/m nur etwa halb so groß ist, wie im Bereich von 40-50 kHz mit ca. 10,5 dB/m.

1. Einführung und Motivation

Ein signifikanter Anteil der Brücken unserer Verkehrsinfrastruktur ist in Spannbetonbauweise hergestellt. Viele dieser Bauwerke wurden in den 1950er und 1960er Jahren errichtet und stehen aufgrund zunehmender Beanspruchung am Rande ihrer Belastbarkeit. Im besonderen Maße betroffen sind die Spannbetonbrücken, die mit spannungsrisskorrosionsgefährdetem Spannstahl hergestellt wurden. Bei diesen Bauwerken ist unter bestimmten Voraussetzungen ein schlagartiger Versagensfall möglich. Um die vorhandenen Defizite kompensieren zu können, ist eine gezielte Überwachung erforderlich. Hierfür hat sich das Schallemissionsmonitoring (SEM) zur Detektion von Drahtbrüchen erfolgreich etabliert [1-4]. Der Erfolg einer messtechnischen Dauerüberwachung hängt jedoch in entscheidendem Maße vom Messkonzept und dem Entwurf der Sensoranordnung ab. Im Fall der Schallemissionsanalyse ist hierfür die Kenntnis des material- und bauwerksspezifischen Ausbreitungsverhaltens eine wesentliche Grundlage. Bestenfalls finden zur objektbezogenen Bestimmung Vormessungen in der Planungsphase statt. Ist dies aufgrund des Projektablaufs oder der geplanten Zeitschiene (z. B. bei besonderer Dringlichkeit) nicht möglich, muss auf Erfahrungswerte zurückgegriffen werden.

Das Ausbreitungsverhalten elastischer Wellen im Stahl- und Spannbeton wurde bereits vielfach untersucht. Auf Materialebene wurden bspw. in [5-9] der Einfluss der Betonzusammensetzung (z. B. Zuschlagsart und -größe), von Rissen und von Bewehrung diskutiert. Auf Strukturebene wurden in [10-15] Erfahrungen an Brückenbauwerken dokumentiert und u. a. Dämpfungskoeffizienten exemplarisch für Spanndrahtbrüche und für Rückprallhammerschläge als Referenzquelle bestimmt. Die Analysen erfolgten im Regelfall auf Grundlage der Peak-Amplitude des Zeit-Amplituden-Signals und betrugen zwischen 2,6 und 7,0 dB/m.

Eine detaillierte Analyse der frequenzabhängigen Dämpfung wurde bei diesen Untersuchungen bisher nicht thematisiert und ist daher Gegenstand des vorliegenden Beitrags. Außerdem war der Stichprobenumfang bisheriger Untersuchungen nur moderat. Insbesondere für Spanndrahtbrüche war die Anzahl vorhandener Ereignisse gering. Den vorliegenden Auswertungen liegen hingegen mehrere Hundert Ereignisse zugrunde und bilden die statistisch erforderliche Basis. Als Referenzquelle zum Spanndrahtbruch wird häufig der Rückprallhammer verwendet. Durch dieses Prüfinstrument wird ein starker Aufprall auf die Betonoberfläche erzeugt. Der in das Bauwerk eingeleitete Impuls ist sehr energiereich und an nahezu beliebiger Stelle am Bauwerk reproduzierbar. Mit dem Rückprallhammer werden die Signale normalerweise orthogonal zur Spanngliedachse in die Betonoberfläche eingeleitet, wohingegen sich die Drahtbruchsignale longitudinal im Spannglied ausbreiten. Ein weiterer Untersuchungsschwerpunkt ist daher die Vergleichbarkeit des Ausbreitungsverhaltens dieser beiden Signalquellen und die Übertragbarkeit von Messergebnissen, die mit dem Rückprallhammer gewonnen wurden, auf das im Regelfall unbekannte Drahtbruchereignis. Die Rückprallhammerschläge wurden aus diesem Grund auch longitudinal in das Spannglied eingeleitet und mit den orthogonal an der Betonoberfläche erzeugten Signalen und den Drahtbrüchen verglichen.

2. Experimentelle Untersuchungen an Bauteilen und Messungen an Brücken

2.1 Messungen an Brückenträgern unter Laborbedingungen

Die Messungen an den Brückenträgern wurden alle nach einem ähnlichen Konzept durchgeführt. In ausgewählten Bereichen wurden die Spannglieder bzw. Spanndrähte freigelegt und an diesen die Spanndrähte einzeln getrennt. Die Anordnung der Messstellen erfolgte entlang der Längsachse des jeweiligen Spanngliedes in Bezug auf den Ort des Drahtbruches bzw. der Signaleinleitung mit dem Rückprallhammer. Die Probekörper befanden sich in einem weitestgehend ungeschädigten Zustand und die Signalausbreitung konnte ungehindert entlang des Spannstahls erfolgen. Eine detaillierte Beschreibung der Probekörper und Dokumentation der Versuche ist u .a. in [15, 16] zu finden. Eine überblickende Ausführung sei an dieser Stelle dennoch gegeben:

- Träger einer Hohlkastenbrücke bei Roding:

Beim Rückbau einer Brücke in der Nähe der Stadt Roding wurden zwei Stegsegmente gewonnen (siehe Abbildung 1, links). Das Bauwerk wurde 1965 gebaut. Die untersuchten Probekörper enthielten 21 Spannglieder mit jeweils 42 Drähten. Der Drahtdurchmesser betrug 6 mm. Jedes Element war etwa 7 m lang. Für die Untersuchungen wurden zwei Spannglieder freigelegt und an zwei Stellen jeden Probekörpers geöffnet. An jeder Öffnung wurden die Drähte durchtrennt. Im Bereich der Öffnungen wurden ebenfalls Signale mit dem Rückprallhammer erzeugt (orthogonale Signaleinleitung). Weiterhin wurden mit dem Rückprallhammer an den Stirnseiten der Träger Signale in Längsrichtung in die freien Enden der Spannglieder eingeleitet.

- Typisierte Fertigteilträger (BT500) einer Brücke bei Stolpe:
  Die Brücke bei Stolpe überführte einen landwirtschaftlichen Weg über die A24 und wurde 1981 aus Fertigteilen der Typenserie BT500 mit BSG-50 Spanngliedern der ehemaligen DDR hergestellt. Die Länge des Fertigteils betrug 11 m. Jedes Spannglied bestand aus 16 Drähten. Der verbaute ovale Spannstahl gilt generell als sehr anfällig gegenüber der Spannungsrisskorrosion. Aus diesem Grund wurde das Bauwerk rückgebaut und zwei Träger für die Versuche bereitgestellt. Am ersten Probekörper *a* wurden die Spannglieder an vier Stellen geöffnet. Am zweiten Probekörper *b* wurden acht Trennstellen eingerichtet und Drahtbrüche künstlich erzeugt. Neben den Drahtbrüchen wurden Signale mit dem Rückprallhammer an der Betonoberfläche neben den Öffnungen und an den freien Spanngliedenden in deren Längsrichtung erzeugt.
- Fertigteilträger mit sofortigem Verbund einer Brücke bei Witzenhausen:
  Das dritte Paar Probekörper wurde beim Rückbau einer Nebenstraße über eine Eisenbahnstrecke gewonnen. Die Fertigteilelemente wurden 1962 im Spannbett mit sofortigem Verbund mit einer Länge von 9 m hergestellt. Jeder Träger enthielt 12 gerippte, ovale Spanndrähte. Im Vergleich zu den Probekörpern der anderen Brücken waren die Trägerelemente der Witzenhausener Brücke mit einem profilierten Querschnitt weniger massiv ausgeführt. Je Probekörper wurden fünf Bauteilöffnungen hergestellt, an denen die Drähte getrennt wurden. Auch in diesem Fall wurden mit dem Rückprallhammer Signale im Bereich der Öffnungen und an den Enden der Spanndrähte in deren Längsrichtung erzeugt.

Abb. 1. Die Probeköper wurden beim Rückbau von Bauwerken gewonnen, die nach verschiedenartigen Konstruktionsweisen gefertigt wurden: Hohlkasten mit Spanngliedgruppe (links, Roding), Fertigteil mit Spannglied (Mitte, Stolpe/BT500) und Fertigteil mit Einzeldrähten (rechts, Witzenhausen).

Für die Versuche wurden ein AMSY-6 Messsystem der Firma Vallen Systeme GmbH verwendet. Hauptsächlich wurden Sensoren des Typs VS30 mit einen flachen Frequenzgang im Bereich von 25 bis 80 kHz eingesetzt. Dieser Sensortyp wurde an allen Messpositionen eingesetzt. Das Datenblatt des Sensortyps ist auf der Homepage des Herstellers zu finden. Der analoge Hochpassfilter des Systems AMSY-6 wurde auf eine Grenzfrequenz von 0,5 kHz eingestellt. Es wurde keine weitere analoge oder digitale Filterung vorgenommen.

Eine Herausforderung bei der Erfassung der Drahtbruch- und Rückprallhammersignale ist die hohe Ausgangsamplitude beider Quellen. In geringem Abstand zum Quellort wird der Eingangspegel am Messgerät leicht überschritten, weshalb die Konfiguration der Messkette entsprechend anzupassen ist und die Signale in angemessenem Maß gedämpft werden müssen. Zu diesem Zweck wurden spezielle Dämpfungsglieder eingesetzt, die effektive Dämpfungen von -20 und -40 dB erreichen.

2.2 Messungen an zwei Brücken in-situ

Die Untersuchungen mit dem Rückprallhammer wurden um Messungen an zwei Bestandsbauwerken ergänzt, um hierdurch die Übertragbarkeit der Ergebnisse der Brückenträger auf reale Strukturen abzusichern. Die Bauwerke unterscheiden sich durch ihre geometrischen Abmessungen und ihre Vorschädigung.

Die Stennertbrücke in Hagen-Hohenlimburg überführt die B7 über den Fluss Lenne mit einer Gesamtlänge von 102,70 m (Abbildung 2 links). Der Lastabtrag erfolgt durch drei Hohlkästen, die mit der Fahrbahnplatte verbunden sind. Das Bauwerk wurde 1959 errichtet und der verwendete Spannstahl ist nach [17] als besonders spannungsrisskorrosionsgefährdet eingestuft. Das Bauwerk befindet sich darüber hinaus, dem Alter entsprechend, jedoch in grundsätzlich guten und rissfreien Zustand, so dass eine gezielte Überwachung veranlasst und 2018 u. a. ein SEM-System installiert wurde. Die Sensoren wurden hierfür seitlich an den 50 cm dicken Stegen installiert. Im Zuge der Installation wurden u. a. Messungen zur Bestimmung des Dämpfungsprofils durchgeführt. Im Gegensatz zu den Messungen an den Brückenträgern, bei denen der Ort der Signalemission stationär war, wurden hier die Signale mit dem Rückprallhammer an verschiedenen, variablen Positionen eingeleitet. Die Auswertung erfolgte für einen Sensor und in Bezug auf dessen Position.

Als weiteres Untersuchungsobjekt wurde die Werrabrücke in Walldorf herangezogen (Abbildung 2 rechts). Dieses Bauwerk wurde im Zuge der L2624 in den 1980er Jahren als dreifeldrige Spannbetonkonstruktion mit einer Gesamtlänge von 64,90 m errichtet. Das Bauwerk weist bereits in verschiedenen Bereichen Schäden in Form von Rissbildung auf, die durch eine Treibmineralbildung (Alkali-Kieselsäure-Reaktion) verursacht wurden. Aus diesem Anlass wurden materialtechnische Untersuchungen durchgeführt und weiterhin festgestellt, dass der Überbau mit spannungsrisskorrosionsgefährdetem Spannstahl hergestellt wurde. Um den laufenden Betrieb des Bauwerks abzusichern, wurde 2021 ein

Abb. 2. Stennertbrücke in Hagen (links) und Werrabrücke in Walldorf (rechts).

SEM-System installiert. Ergänzend hierzu finden regelmäßige Sichtprüfungen statt. Auch bei diesem Bauwerk wurden im Zuge der Inbetriebnahme Messungen zur Bestimmung des Dämpfungsprofils durchgeführt. Die Signale wurden mit einem Rückprallhammer an verschiedenen, variablen Positionen eingeleitet und für zwei Sensoren in Bezug auf ihre jeweilige Position ausgewertet.

Die Bauwerke wurden ebenfalls mit Messsystem der Firma Vallen Systeme GmbH ausgestattet. Es wurden Sensoren des Typs VS30 eingesetzt. Für die Untersuchungen wurde der analoge Hochpassfilter des Systems AMSY-6 auf eine Grenzfrequenz von 0,5 kHz eingestellt und keine weitere analoge oder digitale Filterung vorgenommen.

3. Datenaufbereitung

Die experimentellen Untersuchungen haben eine Datenbank mit einer Vielzahl von Einzelsignalen ergeben. Die Anzahl der gemessenen Signale je Bauteil bzw. Bauwerk und Signalquelle sind in Tabelle 1 dokumentiert.

Tabelle 1. Anzahl der gemessenen Signale je Bauteil bzw. Bauwerk und Quelle für den Sensortyp VS30.

Bauteil / Bauwerk	Signalanzahl je Quelle	
	Drahtbruch	**Rückprallhammer**
Roding	388	124
Stolpe	454	867
Witzenhausen	250	1105
Werrabrücke	-	356
Stennertbrücke	-	237

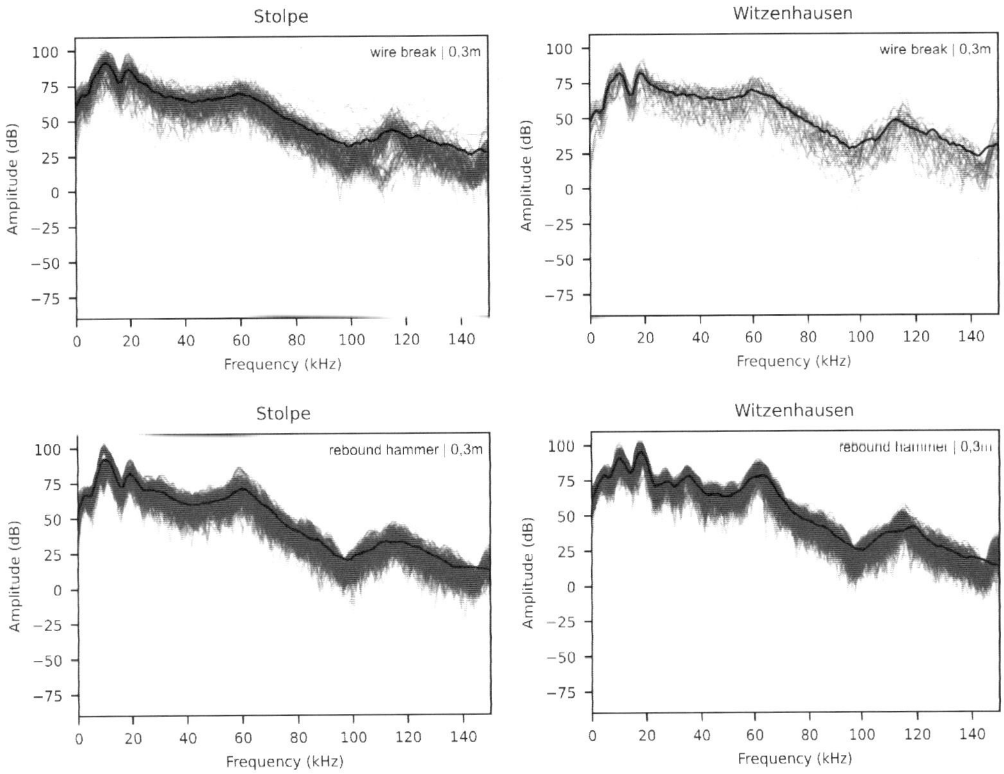

Abb. 3. Frequenzspektren der Drahtbruch- und Rückprallhammersignale (longitudinale Signaleinleitung ins Spannglied) für die Träger *b* der Bauwerke Stolpe und Witzenhausen. Die Signale wurden mit VS30 Sensoren in 0,3 m Abstand zum Quellort gemessen. Die einzelnen Spektren sind überlagert dargestellt. Der Mittelwert ist dunkel hervorgehoben.

Die gemessenen Signale wurden im Zuge der Datenaufbereitung mit gleichen Bearbeitungsschritten programmatisch verarbeitet. Zunächst erfolgte eine Amplitudenanpassung im Zeitbereich entsprechend der verbauten Dämpfungselemente. Hierdurch wurde sichergestellt, dass sich alle Signale auf ein Vorverstärkungsniveau von 0 dB beziehen. Anschließend wurde ein einheitlicher Schwellwert eingeführt und in Bezug auf die erste Schwellwertüberschreitung ein Signalausschnitt mit einem Pre- und Post-Trigger von 200 µs und 1000 µs extrahiert. Der Signalausschnitt wurde durch Resampling (10 MHz) und Fensterung (Hanning) weiterverarbeitet und mittels Fouriertransformation (FFT) in den Frequenzbereich transformiert. Um die Frequenzabhängigkeit der Dämpfung zu untersuchen, wurde das gewonnene Frequenzspektrum in 10 kHz breite partielle Frequenzbänder im Bereich von 0 bis 100 kHz unterteilt. Die Untersuchungsgrenze wurde bei 100 kHz festgelegt, da die Frequenzspektren der gemessenen Signale für die verschiedenen Signalquellen bereits in unmittelbarer Nähe zum Quellort (Abstand ca. 0,3 m) einen deutlichen Abfall im Bereich von ca. 70 bis 100 kHz aufweisen (siehe Abbildung 3). Für jedes Frequenzband wurde die mittlere spektrale Amplitude bestimmt. Diese Werte bilden die Grundlage für die Erstellung der frequenzabhängigen Dämpfungsprofile. In den Abbildungen wurden die mittleren Amplituden in *Dezibel* über die jeweilige Position der Sensoren aufgetragen. Die Streuung der Einzelmessungen wurden berücksichtigt, in dem für jedes Frequenzband das 95 % Konfidenzintervall mit ausgewertet und dargestellt wird. Für die fünf Frequenzbänder bis 50 kHz wurden aus den Mittelwerten weiterhin die Dämpfungskoeffizienten mittels linearer Regression bestimmt und tabellarisch dokumentiert.

4. Ergebnisse

4.1 Spanndrahtbrüche an Brückenträgern

Die Spanndrahtbrüche wurden an den ausgebauten Trägern der Brücken in Stolpe, Roding und Witzenhausen erzeugt. Je Bauwerk wurden zwei Träger gewonnen. Abbildung 4 zeigt die Amplitudenverläufe über die Entfernung zur Signalquelle und ist in entsprechende Teilbilder nach Bauwerk (siehe Titel) und Trägernummer (Träger a/b: engl. „girder a/b“) aufgeteilt.

Im Allgemeinen weisen die dargestellten Amplitudenverläufe mit wachsender Entfernung zur Signalquelle einen abfallenden Trend auf. Im Bereich der niedrigen Frequenzen ist diese Abnahme erwartungsgemäß am geringsten. Der Zusammenhang ist bei manchen Trägern sogar nahezu linear ausgeprägt. Mit zunehmender Frequenz ist auch eine zunehmende Dämpfung erkennbar. Diese ist im Abstand zur Quelle bis ca. 3 m häufig deutlich stärker ausgeprägt als danach. Der Verlauf der Kurven nähert sich in diesen Fällen einer horizontalen Konstante an, was darauf hindeutet, dass die Frequenzanteile nahezu vollständig herausgefiltert wurden.

Die Ausgangsamplituden an der Position mit geringster Entfernung zur Signalquelle verteilen sich bei allen Trägern in ähnlicher Weise. Die höheren Frequenzen weisen meist deutlich niedrigere Amplitude auf als die niedrigeren Frequenzen. Dies spiegelt die bereit in Abbildung 3 festgestellt Beobachtungen wider und zeigt, dass Drahtbrüche vorrangig tiefe Frequenzen anregen [15]. Eine Ausnahme ist für den Träger *a* der Brücke in Stolpe festzustellen. Die Amplitude des Spektrums von 0-10 kHz ist deutlich reduziert. Eine konkrete Erklärung kann nicht gefunden werden.

In Tabelle 2 sind die Dämpfungskoeffizienten im Frequenzbereich bis 50 kHz dokumentiert. Für das niedrigste Frequenzband betragen diese ca. 4,5 dB/m für die Träger der Brücken in Stolpe und Witzenhausen. Für die Träger der Brücke in Roding sind die Werte

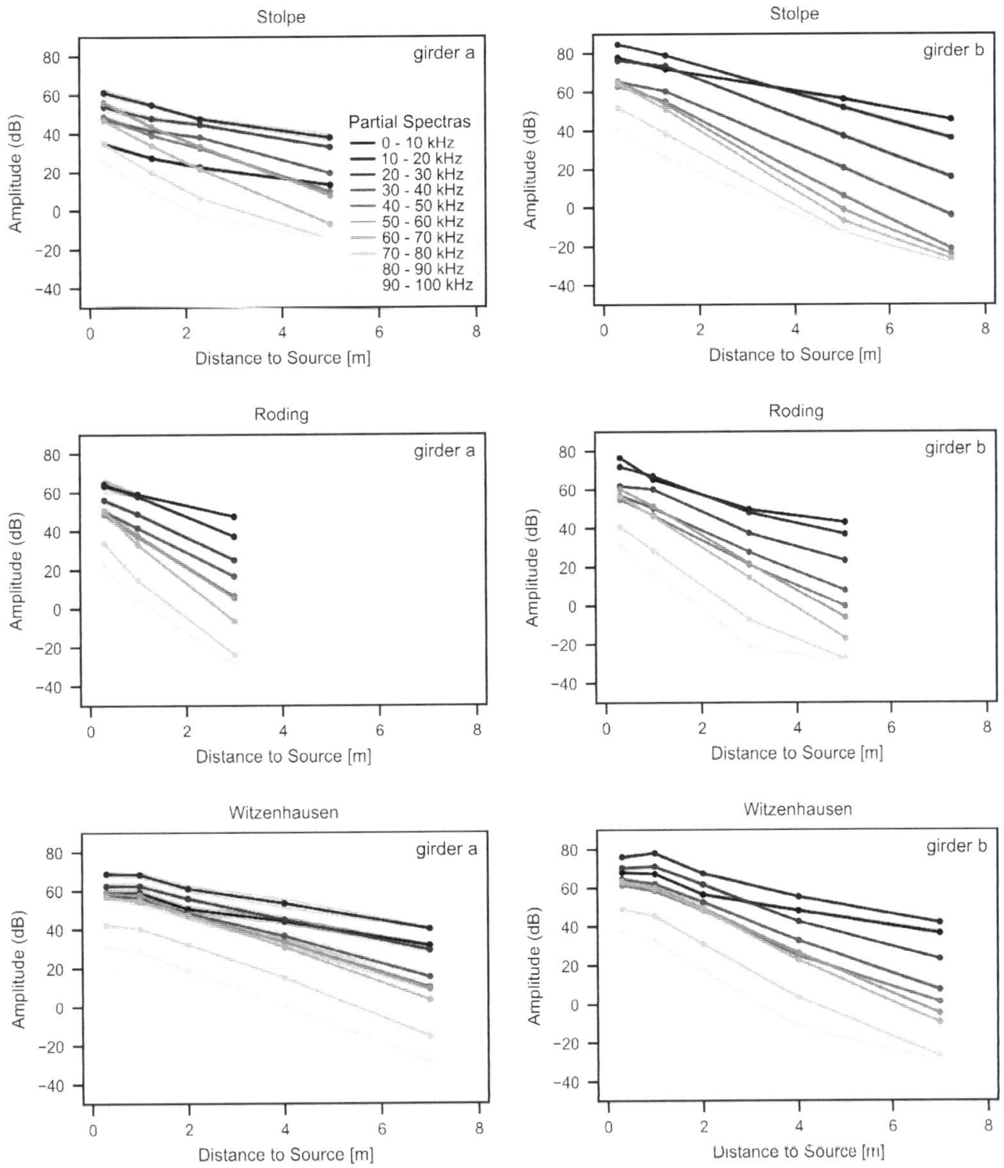

Abb. 4. Frequenzabhängige Dämpfungsprofile der Spanndrahtbrüche für die Träger *a* und *b* der Brücken Stolpe, Roding und Witzenhausen, gemessen mit VS30 Sensoren.

Tabelle 2. Dämpfungskoeffizienten der Brückenträger Stolpe, Roding und Witzenhausen im jeweiligen Frequenzband für den Spanndrahtbruch.

Frequenzband	**Stolpe**		**Roding**		**Witzenhausen**	
	Träger a	**Träger b**	**Träger a**	**Träger b**	**Träger a**	**Träger b**
0- 10 kHz	-4,44 dB/m	-4,49 dB/m	-5,90 dB/m	-6,88 dB/m	-4,20 dB/m	-4,84 dB/m
10- 20 kHz	-4,90 dB/m	-7,03 dB/m	-10,10 dB/m	-7,61 dB/m	-4,38 dB/m	-5,53 dB/m
20 - 30 kHz	-4,38 dB/m	-8,94 dB/m	-11,55 dB/m	-8,68 dB/m	-5,18 dB/m	-7,55 dB/m
30 - 40 kHz	-5,96 dB/m	-10,14 dB/m	-12,49 dB/m	-10,58 dB/m	-6,43 dB/m	-8,81 dB/m
40 - 50 kHz	-8,23 dB/m	-12,32 dB/m	-15,67 dB/m	-11,85 dB/m	-7,12 dB/m	-9,37 dB/m

deutlich größer und steigen auch mit zunehmender Frequenz stärker an. Die Querschnittsabmessungen dieser Träger waren am größten und nicht so filigran, wie bspw.

die Witzenhausener Träger. Der massive Querschnitt enthielt außerdem viele Spannglieder, die möglicherweise als Streukörper wirksam waren und daher zu einer stärkeren Dämpfung geführt haben.

4.2 Rückprallhammerschläge an Brückenträgern

Mit dem Rückprallhammer wurden die Signale an jedem Träger sowohl auf der Betonoberfläche orthogonal zur Spanngliedachse als auch an den freien Schnittflächen der Spannglieder bzw. Spanndrähte longitudinal zur Spanngliedachse erzeugt. In Abbildung 5 sind die Ergebnisse für einen Träger (*b*) je Bauwerk dargestellt. Das linke Teilbild repräsentiert jeweils das Dämpfungsprofil für die longitudinale Signaleinleitung

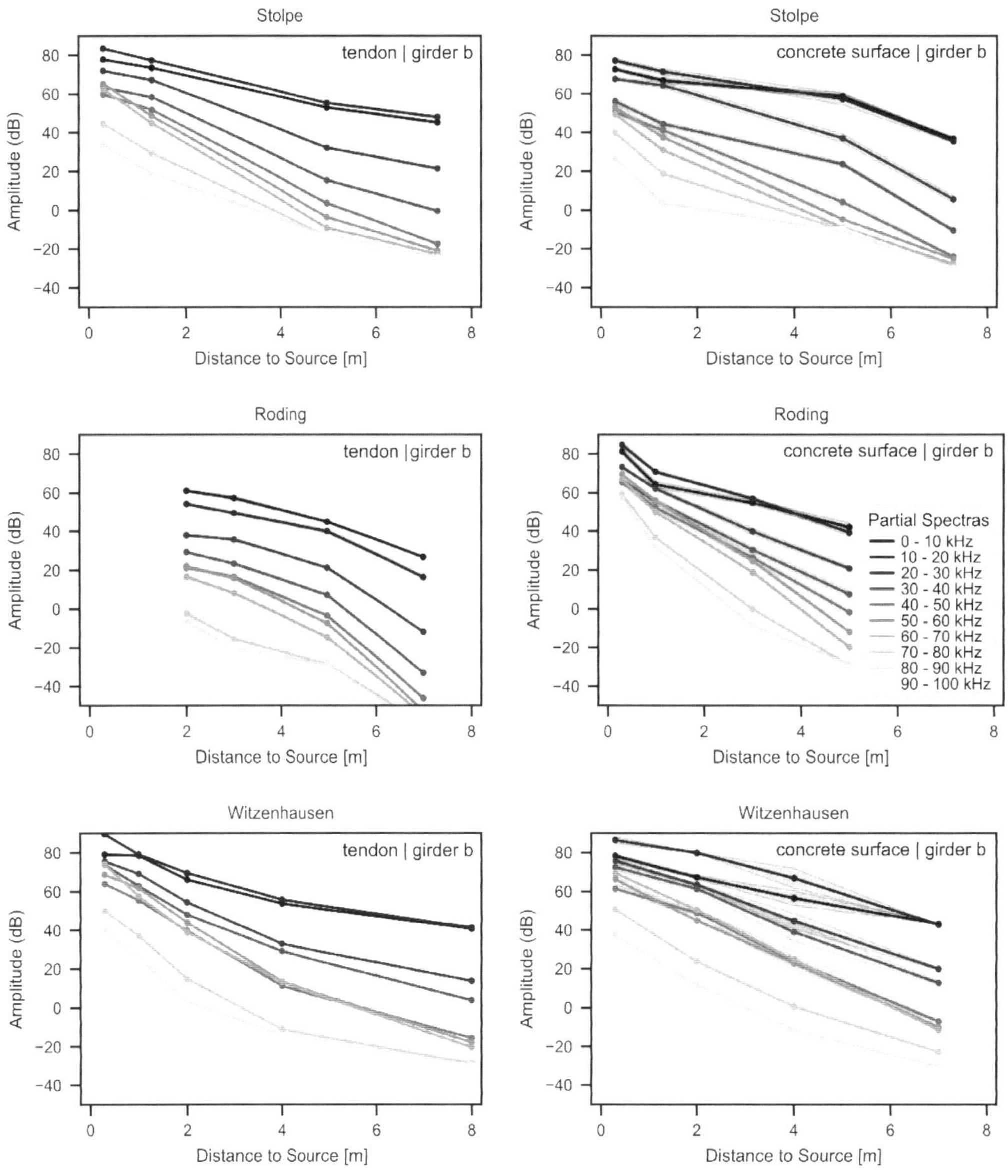

Abb. 5. Frequenzabhängige Dämpfungsprofile der Rückprallhammerschläge für die Träger *b* der Brücken Stolpe, Roding und Witzenhausen, gemessen mit VS30 Sensoren. Die Signale wurden longitudinal in Spanngliedachse (Teilbilder links, engl.: *tendon*) und orthogonal zur Betonoberfläche (Teilbilder rechts, engl.: *concrete surface*) eingeleitet.

am Spannglied und das rechte Teilbild die orthogonale Signaleinleitung an der Betonoberfläche.

Die in Abbildung 5 dargestellten Kurvenverläufe für die longitudinale und orthogonale Anregung unterscheiden sich zwar qualitativ voneinander und sind offensichtlich nicht identisch, dennoch kann kein allgemeingültiger und signifikanter Unterschied im Dämpfungsverhalten erkannt werden. Für die Witzenhausen Träger sind die Dämpfungskoeffizienten sogar quantitativ nahezu identisch. Aus diesem Grund werden in Tabelle 3 nur die Koeffizienten für die Signaleinleitung auf der Betonoberfläche angegeben, da diese im Hinblick auf praktische Anwendungen relevanter sind. Im Vergleich zu den Spanndrahtbrüchen kann anhand dieser Werte festgestellt werden, dass die Anregung an der Betonoberfläche tendenziell größere Dämpfungen zur Folge hat. Für die niedrigen Frequenzen sind die Abweichungen jedoch grundsätzlich gering. Diese Beobachtung kann auf die Richtungswirkung der Signalemission zurückgeführt werden. Weiterhin findet die Signalausbreitung bei der Entstehung im Spannglied im Stahl statt, welcher grundsätzlich bessere Ausbreitungseigenschaften aufweist als Beton. Es ist denkbar, dass das Spannglied in diesem Fall als Wellenleiter wirkt.

Tabelle 3. Dämpfungskoeffizienten der Brückenträger Stolpe, Roding und Witzenhausen im jeweiligen Frequenzband für den Betonoberfläche.

Frequenzband	Stolpe	Roding		Witzenhausen	
	Träger b	Träger a	Träger b	Träger a	Träger b
0- 10 kHz	-4,61 dB/m	-6,96 dB/m	-7,42 dB/m	-4,62 dB/m	-5,21 dB/m
10- 20 kHz	-5,58 dB/m	-11,70 dB/m	-9,04 dB/m	-5,15 dB/m	-6,64 dB/m
20 - 30 kHz	-8,71 dB/m	-12,59 dB/m	-11,01 dB/m	-6,64 dB/m	-8,45 dB/m
30 - 40 kHz	-8,78 dB/m	-13,48 dB/m	-12,45 dB/m	-7,76 dB/m	-9,16 dB/m
40 - 50 kHz	-10,56 dB/m	-17,64 dB/m	-14,01 dB/m	-9,01 dB/m	-10,47 dB/m

4.3 Rückprallhammerschläge an Brücken

Im Gegensatz zu ganzen Brückenbauwerken haben die unter Absatz 4.2 diskutierten Träger deutlich kleinere Dimensionen. Die bisherigen Betrachtungen wurden daher um Messungen an zwei Brücken erweitert. Die Werrabrücke ist eine ca. 10 m breite Plattenbalkenkonstruktion mit einer massiven Querschnittshöhe von 1,05 m. Die Stennertbrücke besteht aus einem Hohlkastenquerschnitt mit ca. 0,6 cm breiten und über die Länge des Bauwerks in ihrer Höhe variablen Stegen, an denen die Sensoren appliziert sind.

In Abbildung 6 sind die frequenzabhängigen Dämpfungsprofile für die beiden Bauwerke abgebildet. An der Werrabrücke wurden zwei Messreihen ausgewertet (Kanal 5 und 6). Die Kurvenverläufe der Werrabrücke sind im Vergleich zur Stennertbrücke deutlich unstetiger. Besonders deutlich wird dies durch den sprunghaften Abfall am Kanal 6 in ca. 3 m Entfernung zur Quelle und das Wiederansteigen der Amplituden ab ca. 5 m Entfernung zur Quelle für Frequenzen unterhalb von 30 bzw. 40 kHz. Eine mögliche Ursache hierfür kann die Vorschädigung des Betons durch Risse als Folge der Treibmineralbildung (AKR) sein. Risse unterbinden insbesondere die Übertragung hoher Frequenzanteile wodurch zumindest der lokal sehr abrupte Abfall am Kanal 6 zu erklären wäre. Es kann jedoch auch die konstruktive Ausbildung des Tragwerks und die Veränderung der Bewehrungsführung mit zunehmendem Abstand zur Quelle hierfür die Ursache sein und veränderte Signallaufwege zur Folge haben. Die Messstellen befanden sich bei der Werrabrücke in Feldmitte, in einem Bereich, in dem an der Brückenunterseite viel Bewehrung zu erwarten ist. Mit zunehmender Entfernung in Richtung der Pfeiler ist mit einer Reduktion der Bewehrungsmenge zu rechnen. In den Stegen der Stennertbrücke kann hingegen von einer

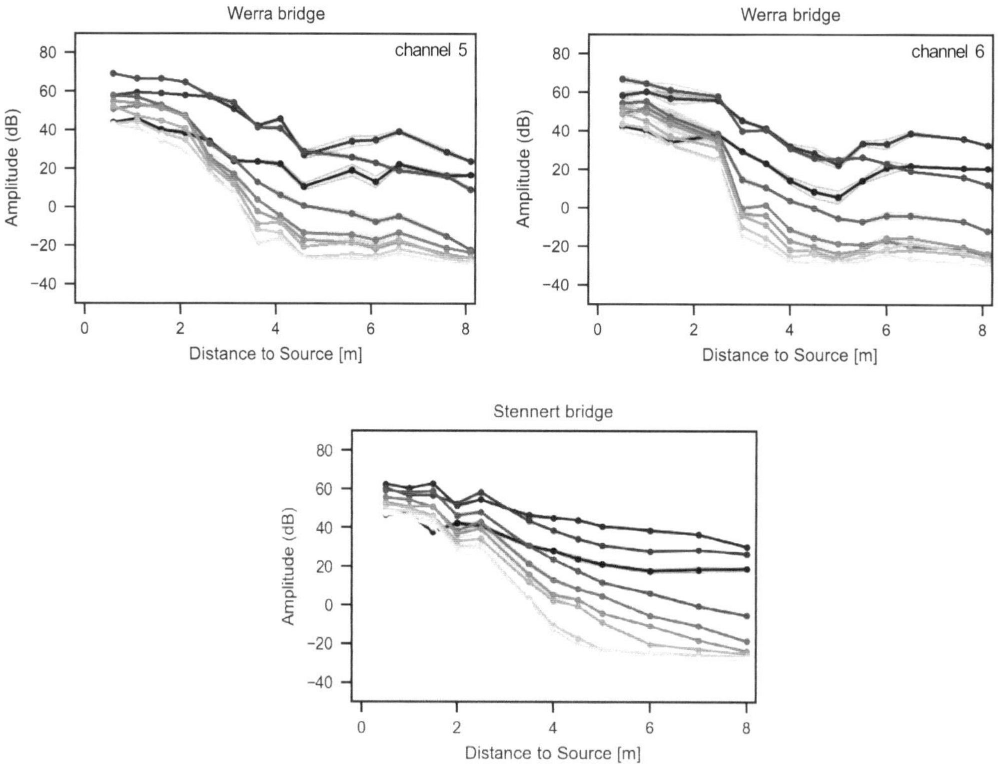

Abb. 6. Frequenzabhängige Dämpfungsprofile der Rückprallhammerschläge an der Werrabrücke für zwei Sensorpositionen und der Stennertbrücke für eine Sensorposition.

vergleichsweise konstanten Bewehrungsführung ausgegangen werden. Beide Erklärungsansätze können jedoch nicht hinreichend verifiziert werden.

Im Vergleich zu den Messungen an den Trägern liegen die Ausgangsamplituden der verschiedenen Frequenzbänder bei den Messungen an den beiden Brücken dicht zusammen. Eine ähnliche Verteilung wurde nur an dem Träger *b* der Brücke Roding beobachtet (siehe Abbildung 5). Die Träger der Brücke Roding haben die größten Abmessungen, sind am stärksten bewehrt (Spannglieder und Bewehrungsstäbe) und ähneln der massiven Struktur der Brücken am meisten. Es wird daher vermutet, dass oberflächennahe Spannglieder und Bewehrungsstäbe für eine verstärkte Rückstreuung der hohen Frequenzanteile sorgen.

In Tabelle 4 sind die mittleren Dämpfungskoeffizienten für beide Bauwerke zusammengetragen. Letztlich unterscheiden sich die Ergebnisse der Werrabrücke für Kanal 5 und der Stennertbrücke nur geringfügig voneinander. Die Ergebnisse für Kanal 6 sind im niedrigen Frequenzbereich deutlich günstiger, was auf die zunehmenden Amplituden ab einer Entfernung von ca. 5 m zurückgeführt werden kann.

Tabelle 4. Dämpfungskoeffizienten von in-situ Messungen an der Werrabrücke und Stennertbrücke.

Frequenzband	Werrabrücke		Stennertbrücke
	CHAN5	CHAN6	
0- 10 kHz	-4,14 dB/m	-2,88 dB/m	-4,44 dB/m
10- 20 kHz	-4,92 dB/m	-3,40 dB/m	-4,30 dB/m
20 - 30 kHz	-8,68 dB/m	-7,78 dB/m	-5,26 dB/m
30 - 40 kHz	-11,25 dB/m	-8,49 dB/m	-9,82 dB/m
40 - 50 kHz	-11,62 dB/m	-9,36 dB/m	-10,88 dB/m

4.4 Zusammenführung der Ergebnisse

Die in Tabelle 2 bis 4 aufgeführten Dämpfungskoeffizienten wurden zur verbesserten Übersichtlichkeit in eine Boxplots überführt und sind in Abbildung 7 jeweils für den Drahtbruch und den Rückprallhammer bei orthogonaler Anregung auf der Betonoberfläche in den Frequenzbändern dargestellt. Die Abbildung verdeutlicht, dass die Dämpfungen der Drahtbrüche im Vergleich zum Rückprallhammer deutlich stärker streuen. Dies ist möglicherweise darauf zurückzuführen, dass die Randbedingungen während eines Drahtbruches sehr komplex sind. Die Signale sind folglich kaum reproduzierbar und haben auf natürliche Weise eine hohe Varianz. Demgegenüber unterscheiden sich die Mediane der Dämpfungskoeffizienten für die beiden Signalquellen kaum. Im Frequenzband von 0-10 kHz beträgt dieser ca. 4,9 dB/m und steigt im Frequenzband von 40-50 kHz auf ca. 10,5 dB/m. Die höheren Frequenzen werden demnach durchschnittlich etwa doppelt so stark gedämpft. Im Hinblick auf praktische Anwendungen und zur Gewährleistung möglichst großer Sensorabstände, ist die Fokussierung der Messungen auf den niederfrequenten Bereich aus diesem Grund eindeutig vorzuziehen. Weiterhin ist zu bedenken, dass die Untersuchungen nur den Signalanfang als Ausschnitt der gesamten Transienten berücksichtigen. Es ist möglich, dass im restlichen Teil der Transienten noch größere Amplituden auftreten. Die Auswertung von Zeitbereichs-Features, wie der Peak-Amplitude, kann daher abweichende und ggf. sogar günstigere Dämpfungskoeffizienten ergeben.

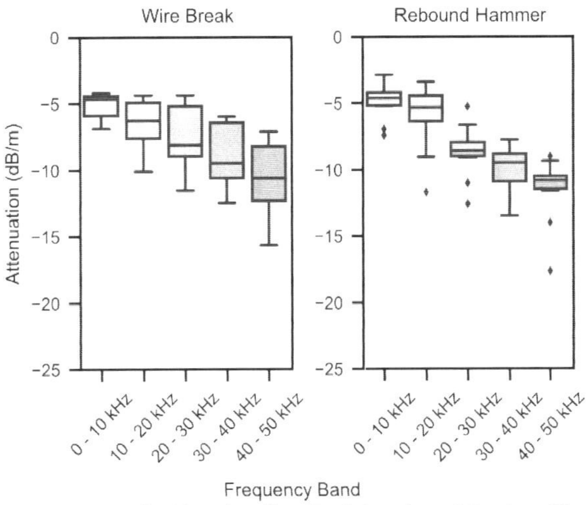

Abb. 7. Dämpfungskoeffizienten für die Signalquellen Drahtbruch und Rückprallhammer (Betonoberfläche) in den jeweiligen Frequenzbändern.

5. Zusammenfassung

Das Schallemissionsmonitoring hat sich zur Überwachung von Spannbetonbrücken zur Detektion von Spanndrahtbrüchen infolge von Spannungsrisskorrosion etabliert und findet vielfach Anwendung. Eine entscheidende Grundlage für den Erfolg solcher Maßnahmen ist eine geeignete, auf das Bauwerk zugeschnittene Sensorverteilung, welche mit hoher Wahrscheinlichkeit die Erfassung aller relevanten Signale ermöglicht. Das Ausbreitungsverhalten der elastischen Wellen im Bauwerk und insbesondere deren Dämpfung sind hierbei grundlegende Einflussfaktoren. Der vorliegende Beitrag thematisierte aus diesem Grund das Dämpfungsverhalten großer Spannbetonkonstruktionen. Es wurden sechs Brückenträger von drei Brücken zerstörend untersucht. An diesen Trägern wurden Drahtbrüche künstlich erzeugt und zum Vergleich Messungen mit dem Rückprallhammer als Referenzquelle durchgeführt. Mit dem Rückprallhammer wurden die

Signale einerseits longitudinal in das Spannglied, und andererseits orthogonal an der Betonoberfläche eingeleitet. Die Untersuchungen mit dem Rückprallhammer wurden um Messungen an zwei Bestandsbauwerken ergänzt. Die Bauwerke unterscheiden sich durch ihre geometrischen Abmessungen und ihre Vorschädigung. Ein Bauwerk weist Schäden (Risse) infolge von Treibmineralbildung auf, das andere ist ungeschädigt.

Die gemessenen Einzelsignalen wurden zu frequenzabhängigen Dämpfungsprofilen verarbeitet. Es wurde ein Untersuchungsbereich von 0 bis 100 kHz definiert, in zehn Frequenzbänder unterteilt und die jeweiligen Amplituden über die Entfernung zwischen Signalquelle und Sensor aufgetragen. Für die Kurven von 0 bis 50 kHz wurden weiterhin die linearen Dämpfungskoeffizienten bestimmt. Im Ergebnis können folgende Aspekte festgehalten werden:

- In Brücken und brückenähnlichen Strukturen sind frequenzabhängige Effekte deutlich erkennbar. Frequenzen oberhalb von 50 kHz werden bis zu einer Entfernung von ca. 3 m zur Quelle stark gedämpft. In größeren Entfernungen flacht der Kurvenverlauf ab und weist auf eine Auslöschung dieser Frequenzanteile hin. Frequenzen unterhalb von 50 kHz tendieren für die untersuchten Entfernungen von bis zu 8 m zu linearen Profilen.
- Die Dämpfungskoeffizienten streuen in den untersuchten Frequenzbändern für Spanndrahtbrüche deutlich stärker als für Rückprallhammerschläge. Es wird vermutet, dass die komplexen Randbedingungen bei einem Spanndrahtbruch auf „natürliche Weise“ eine hohe Varianz zur Folge haben. Die Mediane sind für die beiden Signalquellen betragsmäßig jedoch sehr ähnlich. Im Frequenzband von 0-10 kHz betragen diese ca. 4,9 dB/m und steigen im Frequenzband von 40-50 kHz auf ca. 10,5 dB/m. Frequenzen im Bereich von 40-50 kHz werden demnach durchschnittlich etwa doppelt so stark gedämpft wie im Bereich von 0-10 kHz.
- Die gute Vergleichbarkeit des Dämpfungsverhaltens des Spanndrahtbruchs und des Rückprallhammers sowohl bei longitudinaler als auch bei orthogonaler Signaleinleitung legt nahe, dass die Ergebnisse von Rückprallhammermessung gut auf Spanndrahtbrüche übertragen werden können und auch für diese Signalquelle Gültigkeit besitzen.
- In geringer Entfernung zum Quellort liegen die Amplituden der verschiedenen Frequenzbänder bei den Messungen mit Rückprallhammerschlägen an den beiden Brücken dicht zusammen. Eine vergleichbare Verteilung ist bei den äquivalenten Messungen (orthogonale Signaleinleitung an der Betonoberfläche) nur an dem Träger *b* der Brücke Roding zu beobachten. Für alle anderen Messungen an den Brückenträgern (Spanndrahtbrüche, Rückprallhammerschläge mit longitudinaler Signaleinleitung ins Spannglied oder orthogonaler Signaleinleitung an der Betonoberfläche) wurde eine stärkere Streuung der Ausgangsamplituden festgestellt. In diesen Fällen wurden hohe Frequenzen im Vergleich zu niedrigen Frequenzen weniger intensiv angeregt. Die Träger der Brücke Roding haben die größten Abmessungen, sind am stärksten bewehrt (Spannglieder und Bewehrungsstäbe) und ähneln der massiven Struktur der Brücken am meisten. Es wird daher vermutet, dass oberflächennahe Spannglieder und Bewehrungsstäbe für eine verstärkte Rückstreuung der hohen Frequenzanteile sorgen.

Referenzen

[1] Schacht G, Käding M, Bolle G, Marx S. Konzepte für die Bewertung von Brücken mit Spannungsrisskorrosionsgefahr. Beton- und Stahlbetonbau 2019;114(2):85–94.

[2] Brandenburg LS. B1 Brücke Altstädter Bahnhof, Bauwerksuntersuchungen vor dem Rückbau. Hoppegarten; 2021.

[3] Sodeikat C, Groschup R, Knab F, Obermeier P. Acoustic Emission in der Bauwerksüberwachung zur Feststellung von Spannstahlbrüchen. Beton- und Stahlbetonbau 2019;114(10):707–23.
[4] Löhr M, Saloga K. Überwachung auf Spanndrahtbrüche an der Elsenbrücke in Berlin mittels der Schallemissionsanalyse (AT). ZfP-Zeitung 2022;178: 30-34.
[5] Landis E, Shah S. The influence of microcracking on the mechanical behavior of cement based materials. Advanced Cement Based Materials 1995;2: 105–118.
[6] Köppel S. Schallemissionsanalyse zur Untersuchung von Stahlbetontragwerken (Ph.D. thesis), 2002.
[7] Schechinger B. Schallemissionsanalyse zur Überwachung der Schädigung von Stahlbeton (Ph.D. thesis), Zürich: vdf, Hochsch.-Verl. an der ETH; 2006.
[8] Lovejoy SC. Development of acoustic emissions testing procedures applicable to conventionally reinforced concrete deck girder bridges subjected to diagonal tension cracking. Dissertation: Oregon State University, Corvallis, Oregon, 2006.
[9] Wu X, Yan Q, Hedayat A, Wang X. The influence law of concrete aggregate particle size on acoustic emission wave attenuation. Scientific Reports 2021; 11(1): 1–14 — ISBN 0123456789.
[10] Yuyama S, Yokoyama K, Niitani K, Ohtsu M, Uomoto T. Detection and evaluation of failures in high-strength tendon of prestressed concrete bridges by acoustic emission. Constr Build Mater 2007;21(3):491–500, Fracture, Acoustic Emission and NDE in Concrete (KIFA-4).
[11] Cullington D, MacNeil D, Paulson P, Elliott J. Continuous acoustic monitoring of grouted post-tensioned concrete bridges. NDT E Int 2001;34(2):95–105.
[12] Fricker S. Schallemissionsanalyse zur Erfassung von Spanndrahtbrüchen bei Stahlbetonbrücken (Ph.D. thesis), Zürich: ETH; 2009, http://dx.doi.org/10.3929/ethz-a-006027529.
[13] Pirskawetz S., Schmidt S, Steinbock O. Rückbau der Brücke Altstädter Bahnhof, Brandenburg/Havel – Detektion von Spanndrahtbrüchen mit Schallemissionsanalyse. In: Krieger, Jürgen and Isecke, B. (Hrsg.): 5. Brückenkolloquium - Fachtagung über Beurteilung, Planung, Bau, Instandhaltung und Betrieb von Brücken. Esslingen: Technische Akademie Esslingen, 2022, 549-553.
[14] Oh T, Min K, Min K, Lee J, Kim H, Kim M. Experimental Investigation on Effective Distances of Acoustic Emission in Concrete Structures. Applied Sciences 2020;10: 6051.
[15] Käding M, Schacht G, Marx S. Acoustic Emission analysis of a comprehensive database of wire breaks in prestressed concrete girders. Engineering Structures 2022; 270: 114846.
[16] Käding M, Schacht G, Marx S. Schallemissionsmonitoring zur Spanndrahtbruchdetektion. In: Bergmeister, K. ; Fingerloos, F. ; Wörner, J.-D. (Hrsg.): Beton-Kalender 2023 : Wilhelm Ernst & Sohn Verlag, 2022 — ISBN 978-3-433-03376-0, 978.
[17] BmVBS - Bundesministerium für Verkehr, Bau und Stadtentwicklung: Handlungsanweisung zur Überprüfung und Beurteilung von älteren Brückenbauwerken, die mit vergütetem, spannungsrisskorrosionsgefährdetem Spannstahl erstellt wurden (Handlungsanweisung Spannungsrisskorrosion), 2011.

Überwachung von Abrasion in doppelwandigen Rohrleitungen mit Schallemissionsanalyse und geführten Wellen

Tobias GAUL [1], Kilian TSCHÖKE [1], Alexander PIETZSCH [1], Lars SCHUBERT [1], Thomas KIPPERT [2]

[1] Fraunhofer-Institut für Keramische Technologien und Systeme (IKTS), Dresden

[2] KRONOS TITAN GmbH, Leverkusen

Kontakt E-Mail: tobias.gaul@ikts.fraunhofer.de

Kurzfassung. Bei der Produktion von Titandioxid werden doppelwandige Rohrleitungen in der Herstellungslinie verwendet. Das abrasive Titandioxid wird dabei in der inneren Rohrleitung transportiert, während die äußere Rohrleitung ein Medium zur Kühlung der inneren Rohrleitung führt. Im Herstellungsprozess kommt es durch die abrasive Wirkung des titanhaltigen Pulvers zu Wanddurchbrüchen und einem Vermischen der Medien aus der inneren und äußeren Rohrleitung. Eine zerstörungsfreie Prüfung der inneren Rohrleitung ist mit dem Stand der Technik nur im ausgebauten Zustand an den Randbereichen eines Rohrabschnittes möglich und liefert keine zuverlässigen Aussagen über den innenliegenden Bereich.

In einem mehrmonatigen Feldversuch wurde an zwei Rohrabschnitten das Potential von Messverfahren basierend auf geführten elastischen Wellen zur frühzeitigen Erkennung von Abrasion und Wanddurchbrüchen untersucht. Dabei wurde ein Rohrabschnitt mit einem Schallemissionsmesssystem und ein Rohrabschnitt mit einem Messsystem für geführte Wellen instrumentiert.

Das verwendete Schallemissionssystem befand sich an der äußeren Rohrleitung und hat kontinuierlich Schallemissionssignale aufgezeichnet. Für die Bewertung der Abrasion wurden unterschiedliche Schallemissionsparameter wie Events, Hits, Energie und Frequenzinhalt betrachtet und ihre Anwendbarkeit für die untersuchte Aufgabe bewertet. Eine Überwachung der inneren Rohrleitung erfolgte mittels aktiv angeregter geführter Wellen, welche über Wellenleiter eingekoppelt wurden. Dabei konnte gezeigt werden, dass die voranschreitende Abrasion mit einer wanddickeabhängigen Ausbreitungsgeschwindigkeit korreliert. Mit klassischen NDT-Prüfmethoden wurde die Messkampagne begleitet und die Ergebnisse abschließend validiert.

1. Einleitung und Motivation

Die großflächige Überwachung von Korrosion und Abrieb stellt in vielen industriellen Bereichen immer noch eine Herausforderung dar. Der Transport von korrosiven oder abrasiven Materialien führt zu einem kontinuierlichen Verschleiß der Rohrleitung, welcher durch wiederkehrende Ultraschallwanddickenmessungen überwacht wird. Besonders aggressive Prozesse können dazu führen, dass ein unzulässiger Verschleiß einer Rohrleitung oder eines Behälters zwischen zwei Messzyklen auftritt.

Bei der KRONOS TITAN GmbH werden zur Herstellung von Titandioxid doppelwandige Rohre verwendet. Der untersuchte Rohrleitungsabschnitt ist Teil eines

Kühlsystems zur Abkühlung des Produkts nach der Verbrennung. Das abrasive Medium wird im inneren Rohr transportiert, während das äußere Rohr zur Kühlung des inneren Mediums verwendet wird. Dabei soll der Abrieb an der inneren Rohrleitung frühzeitig erkannt werden, um eine Wanddurchdringung und Vermischung beider Medien zu vermeiden. Eine zerstörungsfreie Prüfung der Wanddicke des Innenrohres ist derzeit nur im ausgebauten Zustand des Rohrleitungsabschnittes möglich. Dazu muss der ausgebaute Rohrleitungsabschnitt in regelmäßigen Abständen an zugänglichen Stellen geprüft werden.

Im Rahmen einer Machbarkeitsstudie wurden zwei verschiedene akustische Methoden zur Überwachung des Wandabtrags untersucht. Beide Methoden basieren auf geführten elastischen Wellen, wobei sie sich in Anregung und Auswertung unterscheiden. Bei der passiven Methode (Acoustic Emission, kurz AE) werden elastische Wellen im Prozess erzeugt und durch den voranschreitenden Abrieb beeinflusst, während die aktive Methode (Acousto Ultrasonic, kurz AU) geführte Wellen anregt und die Laufzeiten zwischen benachbarten Sensoren auswertet. Insbesondere die AE-Prüfung wird seit vielen Jahren in verschiedenen industriellen Bereichen zur Überwachung von Schädigungsprozessen an kritischen Anlagen eingesetzt [1, 2, 3]. Auch beim aktiven Einsatz geführter Wellen existieren unterschiedliche Konzepte zur Wanddickenmessung [4, 5, 6]. Aufgrund der geometrischen Randbedingung des Messobjekts und des verwendeten Wellenmodes wurde in dieser Machbarkeitsstudie eine Bestimmung der Laufzeit untersucht.

Für die eingesetzten Verfahren entstanden während der Messung unterschiedliche Herausforderungen. Zur aktiven Anregung von geführten Wellen auf dem Innenrohr musste der zu überwachende Bereich konstruktiv angepasst werden. Bedingt durch den Eingriff in das Kühlkonzept der Rohrleitung stehen nur wenige Messstellen zur Verfügung. Dem gegenüber werden die passiven Messungen auf der äußeren Rohrleitung aufgenommen. Entstehende Schallemissionen auf dem Innenrohr müssen durch das Kühlmedium an die Sensoren auf dem Außenrohr übertragen werden. Dabei ist eine Unterscheidung zwischen Signalen von Außen- und Innenrohr und eine korrekte Ortung entscheidend.

2. Durchgeführte Messungen und Ergebnisse

2.1 Messaufbau

Die Messsysteme für aktive und passive Messungen wurden an einem 6 m langen Rohrabschnitt hinter der Brennkammer installiert. Für beide Verfahren wurde jeweils ein eigenständiger Rohrabschnitt mit einer Lange von 3 m vorgesehen. Beide Rohrabschnitte sind in Abb. 1 dargestellt. Über einen Zeitraum von 4 Monaten wurden periodisch Messdaten an den installierten Sensoren aufgenommen.

Für die aktiven und passiven Messungen kam das am Fraunhofer IKTS entwickelte MAS2-System [7] mit Vorverstärkern vom Typ PreAmp MCE 6.3 und einer Verstärkung von 40 dB zum Einsatz.

Bei den passiven Messungen wurden insgesamt 14 Sensoren verwendet, welche sich auf der Oberfläche des äußeren Rohres befanden. Über einer Länge von 3 m verteilen sich 7 Sensorringe mit jeweils 2 Sensoren, welche abwechselnd um 90° zueinander verdreht sind. Mit Sensoren vom Typ KAR601S erfolgt die Aufzeichnung und Ortung der Schallemissionssignale in verschiedenen Ortungsebenen.

Die aktiven Messungen wurden mit drei Aktor-Sensor-Paaren durchgeführt. Diese Paare haben jeweils einen Abstand von 1100 mm zueinander und sind über einen Wellenleiter an die Oberfläche des inneren Rohrers angeschweißt. Der Wellenleiter ist so dimensioniert, dass sich die Oberflächentemperatur von 160°C auf 35°C am Ende des Wellenleiters verringert. Somit können herkömmliche piezoelektrische Keramiken zum Senden und Empfangen verwendet werden. Am Ende des Wellenleiters dient ein

Piezostapel PICA P-010.00P von PICeramic als Aktor und eine Keramikscheibe als Sensor. Beide Keramiken sind in einem druckfesten Gehäuse vor mechanischen Einflüssen geschützt und können auch im Explosionsschutzbereich verwendet werden. Um den Wellenleiter herum wurde ein Trichter zwischen Innen- und Außenrohr geschweißt, sodass kein Kühlmittel aus der Rohrleitung entweichen kann.

Abb. 1: Rohrabschnitte mit installierter Messtechnik für aktive (oben) und passive (unten) Messungen

2.2 AE-Ergebnisse

Die Datenerfassung erfolgte durch 14 AE-Sensoren, die paarweise über 7 Sensorringe am Rohr angebracht waren. Durch Abrollen der Rohroberfläche entstehen 4 Ortungsebenen, welche eine flächige Ortung der Schallereignisse ermöglichen und jeweils ein Viertel der Rohroberfläche abdecken. Ein Schallereignis wird einer der vier Ebenen zugeordnet, in der sich der auslösende AE-Sensor möglichst mittig befindet. Eine detaillierte Beschreibung zur Ortung der Ergebnisse findet sich auch in [3].

Zur Ortung wird der asymmetrische A0-Wellenmode verwendet, welcher im niederfrequenten Bereich eine größere Amplitude als der S0-Mode aufweist. Zusätzlich wurden symmetrische Moden durch einen dynamischen Bandpassfilter unterdrückt. Als Schallgeschwindigkeit für die Lokalisierung wurde 3000 m/s angenommen. Die Lokalisierung und Parameterberechnung basiert auf den aufgezeichneten Zeitsignalen, wobei Stillstandszeiten und An- und Abfahrprozesse der Anlage aussortiert wurden. Aus den Schallemissionsereignissen wurden zur Auswertung und Korrelation die Parameter Events, die Signalenergie bezogen auf den Quellort und die kumulative Energie der Schallemissionsereignisse berechnet.

Ausgehend von diesen Parametern wurde untersucht, inwieweit die AE-Daten genutzt werden können, um die Schallemissionsereignisse und damit die Orte eines möglichen Wandabtrags, in Längs- und Querrichtung des Rohrs zu lokalisieren. Abb. 2 zeigt die Anzahl der aufgetretenen Schallereignisse entlang der Rohrlängsachse, aufsummiert über die Umfangsposition. Eine besonders große Anzahl von Ereignissen ist im Abschnitt bei X=2300 mm zu beobachten, die bereits in den ersten Wochen sichtbar sind. Generell ist nach der ersten Inspektion nach 6 Wochen eine Zunahme der AE-Ereignisse zu beobachten. Dabei wurden durch den Anlagenbetreiber Betriebsparameter angepasst, was neben dem voranschreitendem Wandabtrag zu zusätzlichen Schallemissionen führen kann.

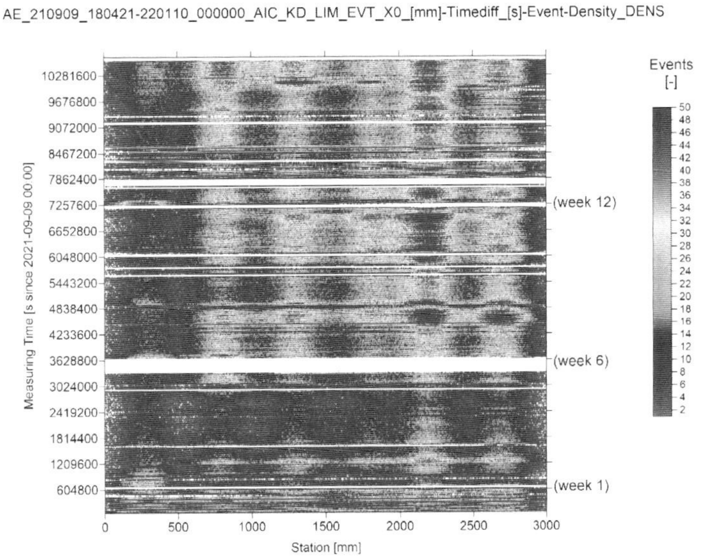

Abb. 2: AE-Events im gesamten Messzeitraum in Abhängigkeit der georteten Position auf der Rohrlängsache

Neber der Betrachtung von Häufigkeit und Verteilung der Schallereignisse wurde im Folgenden untersucht, an welcher Stelle in Umfangsrichtung des Rohres Ereignisse mit den höchsten Energien auftreten. Zu diesem Zweck wurde die X-Koordinate in Abb. 2 in festgelegten Bereichen gemittelt. Die Energie der akustischen Signale in Abschnitten von je 500 mm Länge wurden addiert und über ihre Umfangskoordinate aufgetragen.

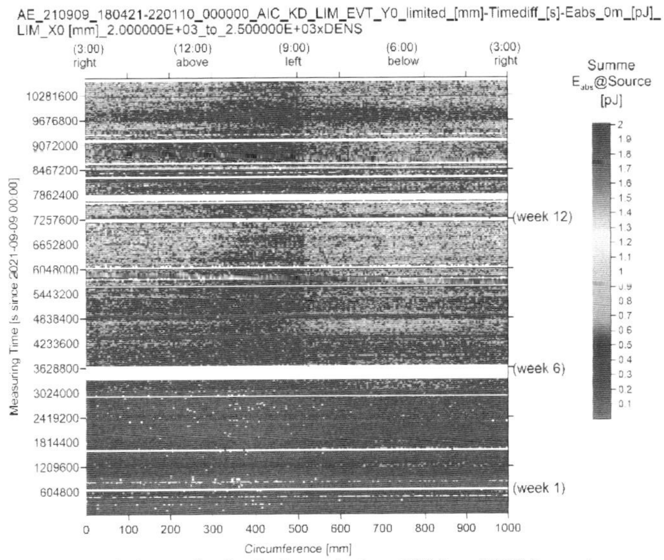

Abb. 3: Kumulierte AE-Energie im Rohrabschnitt zwischen 2000 und 2500 mm im gesamten Messzeitraum in Abhängigkeit vom Rohrumfang

Die Darstellung in Abb. 3 zeigt das Ergebnis für den besonders aktiven Teilabschnitt zwischen der X-Koordinate von 2000 mm bis 2500 mm. Es ist zu erkennen, dass die größten Energien an einer Umfangsposition zwischen 800 und 200 mm auftreten, was dem oberen Viertel der Rohrleitung mit der Schweißnaht entspricht. Weiterhin nimmt die summierte Energie im Verlauf der Messung bis Woche 12 kontinuierlich zu. Nach 12 Wochen fand eine weitere Inspektion mit Ausbau der Rohrleitung statt. Durch den Wiedereinbau und Anpassung der Prozessparameter kommt es zunächst zu einer geringeren Schallaktivität. Diese nimmt jedoch bis zur Außerbetriebnahme der Rohrleitung wieder kontinuierlich zu und weist auf eine fortschreitende Abrasion hin. Das tatsächliche Ausmaß des Wandabtrags konnte an dieser Stelle nicht untersucht werden, da diese Bereiche (im Gegensatz zum Einlaufbereich am Stutzen) für ZfP-Messungen nicht zugänglich sind.

2.3 AU-Ergebnisse

Bei der Auswertung der aktiv angeregten Wellen wird die Dispersion der geführten Wellen ausgenutzt, um die Wandstärke der Rohrleitung zu ermitteln. Mit bekanntem Abstand zwischen je zwei Aktor-Sensor-Paaren und bekannter Anregungsfrequenz kann aus der gemessenen Ausbreitungsgeschwindigkeit die Wanddicke ermittelt werden. Die dafür notwendige Dispersionskurve wurde im Vorfeld mit dem eingesetzten Material Inconel 600 berechnet und an einem ausgebauten Passstück bei Raumtemperatur verifiziert. Die verwendeten Materialparameter sind in Tabelle 1 dargestellt. Des Weiteren wurden mit temperaturabhängigen Materialkennwerten Dispersionskurven für unterschiedliche Oberflächentemperaturen der Rohrleitung berechnet. Daraus konnte eine Dispersionskurve für die Betriebstemperatur der Rohrleitung mittels Interpolation ermittelt werden, welche die Wanddickenbestimmung bei beliebigen Temperaturen ermöglicht.

Bei der Berechnung der Ausbreitungsgeschwindigkeit muss zusätzlich der Wellenleiter berücksichtig werden. Der Wellenleiter wurde ebenfalls aus Inconel 600 gefertigt. In diesem breitet sich eine nicht-dispersive Wellenform mit konstanter Geschwindigkeit aus, welche im Vorfeld im Labor für unterschiedliche Temperaturen ermittelt wurde. Bedingt durch die Oberflächentemperatur der inneren Rohrleitung bildet sich im Wellenleiter eine Temperaturverteilung aus. Zur Vereinfachung wurde für die Geschwindigkeit im Wellenleiter ein Mittelwert aus der Geschwindigkeit bei der Temperatur am Fußpunkt und am Kopf gebildet. Diese Geschwindigkeit wurde als durchschnittliche Ausbreitungsgeschwindigkeit im gesamten Wellenleiter angenommen.

Tabelle 1: Zur Berechnung der Dispersionskurve verwendete Materialparameter für Inconel 600 (Werkstoffnummer 2.4816)

Temperatur [°C]	E-Modul [GPa]	G-Modul [GPa]l	Poissonzahl [-]
22	214	80,8	0,324
100	210	79,6	0,319
200	205	78,0	0,314
300	199	76,2	0,306

Im Betrieb der Rohrleitung wurden über 17 Wochen hinweg Messungen durchgeführt. Dabei erfolgte eine Messung alle 4 h, sodass 6 Messwerte je Tag ermittelt werden konnten. Die Messungen erfolgten mit Frequenzen zwischen 60 und 100 kHz, welche bei den verwendeten Wanddicken die größte Änderung in der Gruppengeschwindigkeit mit abnehmender Wandstärke aufweisen. In diesem Messzeitraum erfolgten weiterhin zwei Inspektionen, wobei das Passstück ausgebaut und visuell inspiziert wurde. In den Ein- und Auslassbereichen des Passstückes wurden zusätzlich Ultraschallwanddickenmessungen durchgeführt. Durch die begrenzte Zugänglichkeit konnten Messungen nur bis zu einem Abstand zum Stutzen von 30 cm durchgeführt werden und geben keine zuverlässige Aussage über die Wanddicke im mittleren Teil der Rohrleitung.

Abb. 4 zeigt die berechnete Wanddicke für alle Messfrequenzen über dem gesamten

Messzeitraum. In der Darstellung wird für jeden Tag ein Messpunkt der Wandstärke je Frequenz abgebildet. Dieser ergibt sich aus dem Mittelwert der Wandstärken aller an einem Tag durchgeführten Messungen. Die Ergebnisse zeigen frequenzabhängig eine Ausgangswanddicke zwischen 5,9 und 6,2 mm, was im Bereich der Wandstärke des Innenrohres von 6 mm liegt. Bis zur 2. Inspektion bleibt die Wanddicke annähernd konstant und reduziert sich danach, bis zum Austausch der Rohrleitung, stetig auf einen Wert unter 5,5 mm. Nach einer Inspektion traten sprunghafte Änderungen der Wanddicke auf, deren Grund nicht abschließen geklärt werden konnten.

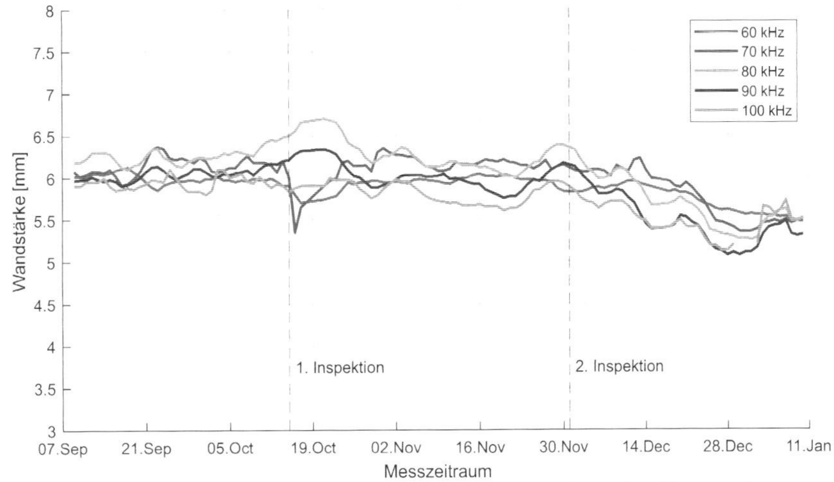

Abb. 4: Tageweise gemittelte Werte der berechneten Wanddicke für alle Messfrequenzen

In Abb. 5 sind die Ergebnisse der Wandstärkenbestimmung tageweise für die ausgewählte Frequenz von 60 kHz als Box-Whisker-Plot dargestellt. Dabei beschreibt der rote Strich den Median der Wanddicke über alle Messergebnisse eines Tages. Die blaue Box wird aus den Werten des oberen (75%) und unteren (25%) Quantils gebildet. Die roten Kreuze beschreiben Ausreißer, welche deutlich von den Ergebnissen der anderen Messungen abweichen. Die zunächst ermittelten Abweichungen zwischen erwarteter theoretischer Geschwindigkeit und der tatsächlich gemessenen Geschwindigkeit betragen weniger als 1%. Die Messungen können somit als stabil betrachtet werden. Die Ergebnisse zeigen, dass über den Messzeitraum von 4 Monaten eine Reduktion der Wandstärke von 6 mm auf 5,5 mm ermittelt wurde. Dabei streuen die Ergebnisse bis zur ersten Inspektion um bis zu ±0,2 mm und verringern sich nach der ersten Inspektion auf maximal ±0,1 mm. Da die Messung als stabil betrachtet wird, können Änderungen nach der zweiten Inspektion auf einen voranschreitenden Wandabtrag zurückgeführt werden.

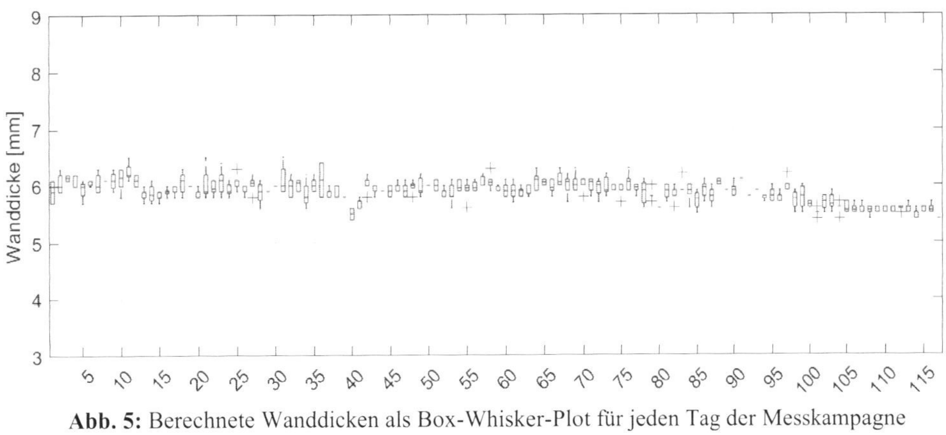

Abb. 5: Berechnete Wanddicken als Box-Whisker-Plot für jeden Tag der Messkampagne

3. Diskussion der Ergebnisse

Die Ergebnisse der aktiven und passiven Messungen deuten auf eine Veränderung der Rohrleitung über den Messzeitraum hin. Während sich Events und Signalenergie für die passiven Messungen mit zunehmendem Verschleiß erhöhen, ändert sich bei den aktiven Messungen die Ausbreitungsgeschwindigkeit der verwendeten A0-Mode, was in direktem Zusammenhang mit der Änderung der Wandstärke steht.

Die dargestellten AE-Diagramme zeigen eine Zunahme von Ereignis- und Energiedichte über den Messzeitraum. In axialer Richtung ist der Bereich zwischen 2200 mm < X < 2400 mm besonders signifikant und zeigt über die gesamte Dauer der Messkampagne die höchste Anzahl von AE-Ereignissen. Die Energie der Burstsignale ist am Eingang des Rohres am höchsten. Bei der Auswertung der Energie der Burstsignale über die Umfangsrichtung ist eine stetige Zunahme der kumulierten Energie zwischen der "12 Uhr" und "3 Uhr"-Position zu erkennen. Dabei tritt diese Zunahme neben dem Ein- und Auslassbereich auch in den dazwischenliegenden Abschnitten auf. Mit fortschreitender Messdauer nimmt die Energie der Schallereignisse kontinuierlich zu. Besonders nach der 2. Inspektion in Woche 12 wird dies deutlich, was neben einem kontinuierlichen Wandabtrag auch auf eine Veränderung im Prozess oder in der Anlage hinweist. Dies deutet darauf hin, dass Ereignisse mit hohen Energien auf höheren Abrieb oder Verschleiß im Rohr hinweisen.

Reihe	15.10.21	01.12.21	09.01.22
R1	5,05 mm	4,30 mm	3,58 mm
R2	5,45 mm	4,93 mm	4,43 mm
R3	5,35 mm	5,48 mm	5,08 mm
R4	5,83 mm	5,58 mm	5,30 mm
R5	5,83 mm	5,53 mm	5,25 mm
R6	5,73 mm	5,50 mm	5,20 mm
R7	5,80 mm	5,45 mm	5,18 mm
R8	5,75 mm	5,43 mm	5,15 mm

Tabelle 2: Gemittelte Wanddicke an den Messpositionen zu den drei Inspektionszeitpunkten

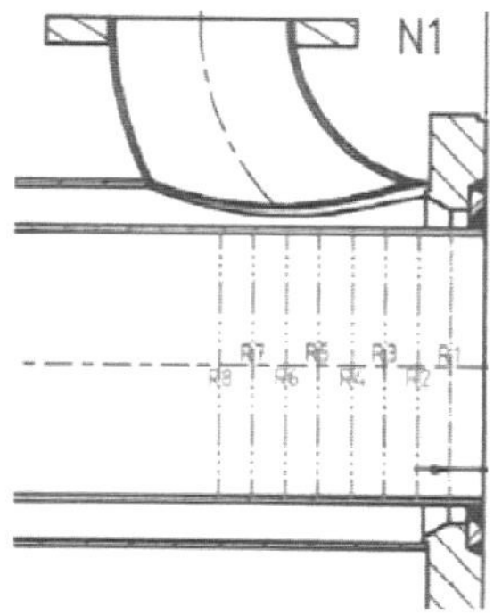

Abb. 6: Positionen der Ultraschallmessungen

Die Wandstärke der Rohrleitung betrug zu Beginn des Tests an allen Punkten 6 mm. Nach 6, 12 und 17 Wochen wurden im Rahmen der Routineinspektion Ultraschallwanddickenmessungen im Bereich des Zulaufs durchgeführt. Dabei wurde die Wanddicke wiederholt in verschiedenen Reihen (R1–R8) an mehreren Positionen gemessen. In Tabelle 2 sind die Messwerte der Inspektionen gemittelt über mehrere Messpunkte zusammengefasst. Über den Messzeitraum kann im Einlassbereich eine stetige Wanddickenabnahme beobachtet werden. Nach 17 Wochen betrug die mittlere Wanddicke der Messreihe R1 3,58 mm und die Rohrleitung wurde getauscht, da die minimale Wanddicke von 2,9 mm an einer Position der Reihe R1 das kritische Maß zum Weiterbetrieb unterschritten hat.

Es ist zu beobachten, dass der größte Wandabtrag am Anfang des Rohres am Zufluss auftritt und mit zunehmender X-Koordinate abnimmt. Abb. 7 vergleicht die gemittelte Restwanddicke am Ring R1 mit den akustischen Summenenergien der gesamten Rohrleitung. Dabei weist eine Interpolation der Summenenergie über der Wanddicke einen exponentiellen Verlauf auf. Eine Auswertung des Anstiegs der einzelnen Abschnitte ergibt einen Änderungsrate zwischen 80.000 pJ und 90.000 pJ pro mm Wandabtrag. Dieser Wert kann jedoch nicht verallgemeinert werden und hängt vom verwendeten Messsystem und den spezifischen Mess- und Datenauswerteeinstellungen ab.

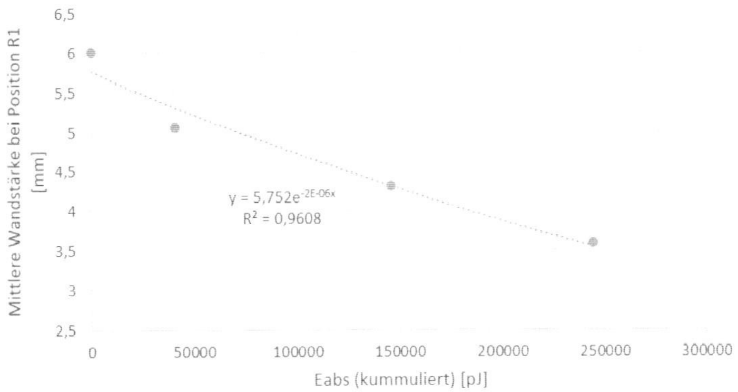

Abb. 7: Korrelation zwischen der gemittelten Wanddicke an Position R1 und der Summe der kumulierten Energie alle AE-Ereignisse

Zusätzlich zu den Wanddickenmessungen am Rohreingangsstutzen wurde nach Außerbetriebnahme der Rohrleitung für die innenliegende Rohrleitung eine Phased-Array-Prüfung über den Umfang und die gesamte Länge durchgeführt. Dies ermöglicht einen Vergleich mit denen im Betrieb ermittelten Messwerten. Abb. 8 zeigt die Einbausituation an der inneren Rohrleitung und die Ergebnisse der Phased-Array-Prüfung. Das Innenrohr ist mit einer Längsnaht verschweißt, welche sich bezogen auf die Sensorpositionen auf 1-Uhr-Positon befindet. Durch den produktionsbedingten Drall, mit dem das Produkt durch die Rohrleitung befördert wird, kommt es entlang der Längsnaht immer wieder zu Verwirbelungen und es wird der größte Wandabtrag im Bereich der Schweißnaht erwartet.

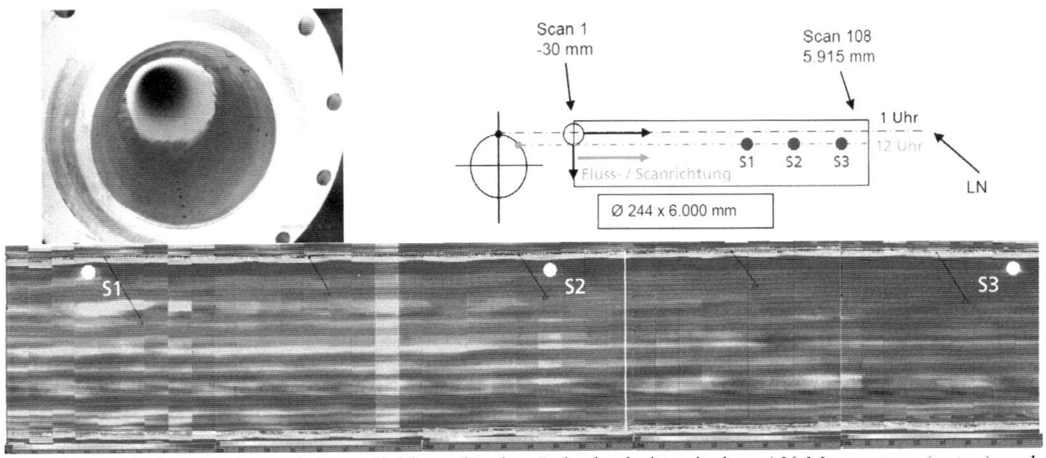

Abb. 8: Ergebnisse der Phased-Array-Prüfung für den Rohrabschnitt mit dem AU-Messsystem (unten) und Foto der inneren Rohrleitung (oben links) mit prinzipieller Messanordnung

Dies konnte durch die Phased-Array-Prüfung bestätig werden, wobei im Betrieb eine Verringerung der Restwanddicke zwischen 3,8 und 4,6 mm entstanden ist. Dicht neben der Schweißnaht tritt bereits ein geringerer Wandabtrag auf. Auf der 12-Uhr-Position, welche auch mit Sensoren instrumentiert wurde, beträgt dieser zwischen 5,0 und 5,5 mm. Im Phased-Array-Plot sind auch die Positionen der geschweißten Wellenleiter zu erkennen. Verglichen mit den Ergebnissen der aktiven Messungen kann für den 12-Uhr-Pfad eine Übereinstimmung beobachtet werden. Abhängig von der Messfrequenz wird in der letzten Woche der Messkampange eine Wanddicke zwischen 5,3 und 5,5 mm ermittelt. Im Gegensatz zur Phased-Array-Prüfung wird jedoch die Dicke über die Messstrecke integral ermittelt. Lokale Wanddickenänderungen, welche größer oder kleiner sein können, werden über die Messstrecke gemittelt. Durch die Abrasion wird entlang der Rohrlängsachse ein gleichmäßiger Abtrag erwartet, was mit der Phased-Array-Prüfung bestätigt werden konnte. Aufgrund der verwendeten Sensoranordnung konnte die Wanddickenänderung nur über die

Längsachse und nicht über die Umfangsrichtung ermittelt werden. Durch die Anbringung der Sensoren am Innenrohr und dem damit verbundenen Eingriff in das Kühlkonzept der Rohrleitung, sollte die Anzahl der Sensoren so gering wie möglich gehalten werden.

4. Zusammenfassung

In dieser Machbarkeitsstudie wurde an einem doppelwandigen Rohrabschnitt der Wandabtrag am Innenrohr mit Schallemissionsanalyse und aktiv angeregten geführten Wellen überwacht. Parallel dazu wurde während regulären Inspektionszyklen der Wanddickenabtrag am Einlassstutzen mit konventionellen Ultraschallwanddickenmessungen ermittelt. Trotz der indirekten Messung der Schallemissionen am Außenrohr ist die Anwendung der AE-Technik möglich. Während des Messzeitraums wurden zahlreiche AE-Ereignissen aufgezeichnet. Zunehmende AE-Anzeigen und -Energien im gesamten Rohr deuten auf eine Wanddickenreduktion hin, die durch konventionelle Wanddickenmessungen bestätigt werden konnte. Ebenso lassen sich indirekt aus den AE-Daten Veränderungen im Betrieb der Anlage oder des Prozesses ablesen. Durch die Auswertung der Energieniveaus konnte eine zunehmende Wanderosion festgestellt werden. Im vorliegenden Fall stieg die kumulierte Schallemissionsenergie um 80-90 nJ je Millimeter Wanderosion.

Die parallel dazu durchgeführten Messungen mit aktiv angeregten geführten Wellen ermöglichen ebenfalls die Überwachung der Wanddicke. Der instrumentierte Rohrabschnitt neben der Schweißnaht weist über die Länge einen gleichmäßigen Abtrag auf, welcher besonders in den letzten sechs Wochen der Messkampagne auftrat. Alle verwendeten Messfrequenzen zeigen einen fallenden Trend der Wanddicke um 0,5 mm, welcher in der Größenordnung durch nachgelagerte Ultraschallwanddickenmessungen auf dem Messpfad bestätigt werden konnte. Bedingt durch die verwendete Anordnung ergibt sich die Wanddicke dabei integral über die Ausbreitungsstrecke zwischen den Sensoren.

Referenzen

[1] B. Weihnacht, T. Klesse, R. Neubeck und L. Schubert, „Monitoring of hot Pipes at the power plant Neurath using guided waves,“ *Sensors and Smart Structures for Civil, Mechanical, and Aerospace Systems,* 2013.

[2] K. Tschöke, T. Gaul, A. Pietzsch, E. Schulze und L. Schubert, „On the Application of Actively and Passively Excited Guided Elastic Waves for the Monitoring of Fiber-Reinforced Plastics,“ *MPDI Aerospace,* pp. 1-12, 2020.

[3] K. Tschöke, A. Pietzsch, T. Kippert und L. Schubert, „Acoustic Emission Monitoring of abrasion and corrosion in double-walled pipelines,“ *35th EWGAE,* 2022.

[4] N. Meyendorf, B. Frankenstein und L. Schubert, „Structural health monitoring for aircraft, ground transportation vehicles, wind turbines and pipes - prognosis,“ *World Conference on Non-Destructive Testing (WCNDT),* 2012.

[5] R. Howard und F. Cegla, „Detectability of corrosion damage with circumferential guided waves in reflection and transmission,“ *NDT and E International,* pp. 108-119, 2017.

[6] S. Heinlein, S. Mariani, J. Milewczyk, T. Vogt und P. Cawley, „Improved thickness measurement on rough surfaces by using guided wave cut-off frequency,“ *NDT and E International,* 2022.

[7] M. Sause, S. Schmitt, H. Trattning, D. Altmann, A. Pietzsch, M. Stephan und L. Schubert, „Vergleich von Messsystemen zur Schallemissionsprüfung von Faserverbundwerkstoffen,“ *22. Kolloquium Schallemission und 3. Anwenderseminar Zustandsüberwachung mit geführten Wellen,* März 2019.

SHM: Spanndrahtbruchdetektion mittels Schallemissionsanalyse – dargestellt an verschiedenen Bauwerken

Sebastian SCHMIDT [1]
[1] Bilfinger Noell GmbH, Würzburg

Kontakt E-Mail: sebastian.a.schmidt@bilfinger.com

Kurzfassung

Ein Großteil der Bestandsbrücken in Deutschland wurde in der Mitte des vergangenen Jahrhunderts erbaut und erreicht nun das Ende ihrer geplanten Lebensdauer. Zudem wurden in den Spannbetonbrücken dieser Baujahre Spannstähle verbaut, welche anfällig für Spannungsrisskorrosion sind. Ein Versagen der Spanndrähte kündigt sich nicht an. Die Überwachung der Spannglieder und ihrer einzelnen Litzen gestaltet sich mit herkömmlichen Methoden schwierig oder liefert nur Momentaufnahmen des Bauwerkszustandes.
Die Möglichkeiten und Vorteile der SEP bei der Überwachung von Spanngliedern werden anhand der Ergebnisse von mehreren SHM-Projekten dargestellt.
Durch die Energie von Drahtbrüchen ist es möglich, dass ein einzelner Sensor einen weiten Bereich abdecken kann, sodass auch nicht oder schwer zugängliche Bereiche überwacht werden können. Es kann der exakte Zeitpunkt der Änderung des Tragwerks bestimmt und direkte Maßnahmen ergriffen werden. Die vollständig automatisierte Auswertung setzt im Schadensfall umgehend einen Alarm ab und bereitet die Messdaten für den Betreiber in einem Interface auf.

BiLFINGER
Structural Health Monitoring
Bilfinger Noell GmbH: Timo Kraus
02.02.2023

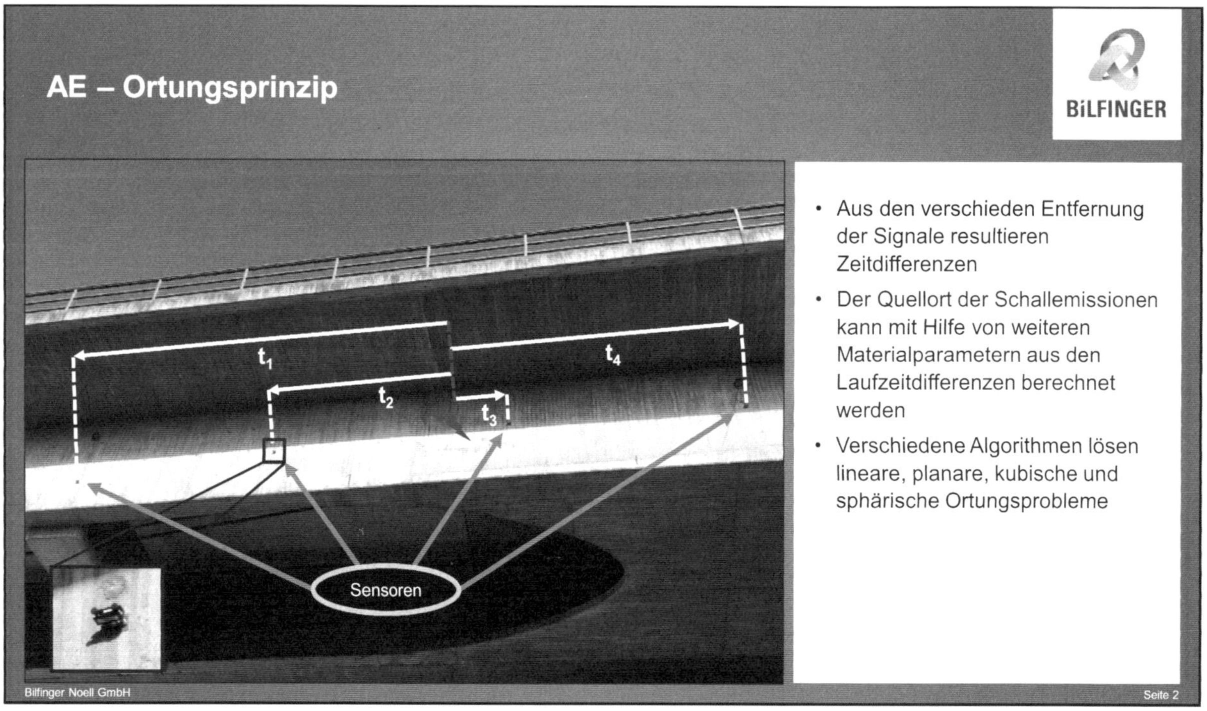
AE – Ortungsprinzip
BiLFINGER
t1
t2
t3
t4
Sensoren
• Aus den verschieden Entfernung der Signale resultieren Zeitdifferenzen
• Der Quellort der Schallemissionen kann mit Hilfe von weiteren Materialparametern aus den Laufzeitdifferenzen berechnet werden
• Verschiedene Algorithmen lösen lineare, planare, kubische und sphärische Ortungsprobleme
Bilfinger Noell GmbH
Seite 2

AE - Drahtbruchvideo

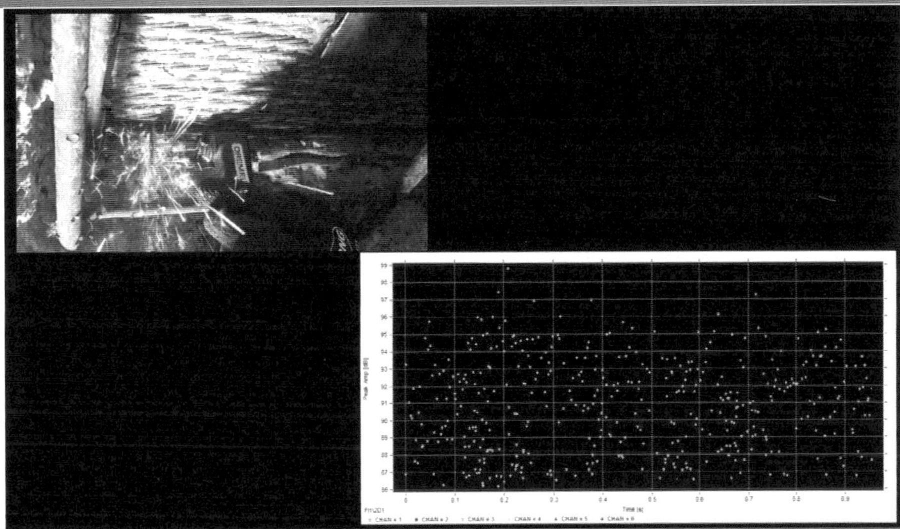

Bilfinger Noell GmbH

Seite 3

AE – Dauermonitoring Projekte

- Thalaubachtalbrücke, seit 2017
- Salzbachtalbrücke, 2019 bis 2020
- Brücke am Altstädter Bahnhof, 2020 bis 2021
- Köhlbrandbrücke, seit 2020
- Quenzbrücke, seit 2021
- EÜ Neckarelz, seit 2022
- AK A1/A44, seit 2022
- **Mühlendammbrücke, seit 2022**
- **Luegbrücke, seit 2022**
- **DLF Funkhaus, seit 2022**
- **Altstadtringtunnel München, seit 2022**

Bilfinger Noell GmbH

Seite 4

Mühlendammbrücke Berlin(Spanngliedüberwachung)

SHM – Structural Health Monitoring

BiLFINGER

Bauwerkszustand: 3

Gesamtlänge: 108 m

Fahrzeuge pro Tag: ca. 80.000

Errichtungsjahr: 1968

Ziel: Konstruktion leidet unter Korrosion. Überwachung der Spannglieder im Beton.

Projektdauer: bis Renovierung, geplant 2023

Material: Spannbetonträger

Aufgabe: Erkennung von Litzenbrüchen in den Spannseilen im Betonträger

Anzahl der Sensoren: 96

Bilfinger Noell GmbH

Seite 5

Mühlendammbrücke - Montage

BiLFINGER

1. Betonoberfläche abrasiv entfernen (Glätten, Reinigen der Oberfläche)
2. Bohren
3. Metallplatte anschrauben
4. Reinigen
5. Heißkleber als Koppelmittel
6. Magnethalterung mit Sensor platzieren

Bilfinger Noell GmbH | 11. April 2019

Seite 6

Mühlendammbrücke - Bauwerksprüfung

BILFINGER

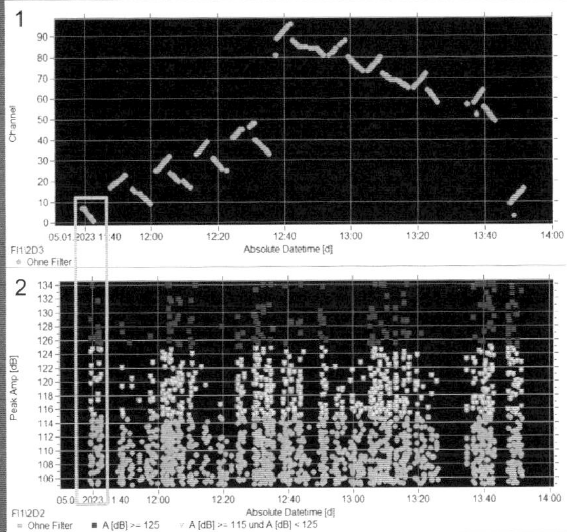

Das Diagramm 1 zeigt die getroffenen Sensoren aufgetragen über die Zeit. Das Diagramm 2 zeigt die Amplitude (dB) der Schallemissionsereignisse aller Sensoren über die Zeit.

Anzeichen auf Bauwerksprüfung:

- Sensoren werden oft hintereinander getroffen
- Amplitude der getroffenen Sensoren hoch

→ Deutet auf einen Geologenhammer hin

Der blau markierte Bereich in Diagramm 1 und 2 wird in der nächsten Folie vergrößert dargestellt.

Bilfinger Noell GmbH Seite 7

Mühlendammbrücke - Bauwerksprüfung

BILFINGER

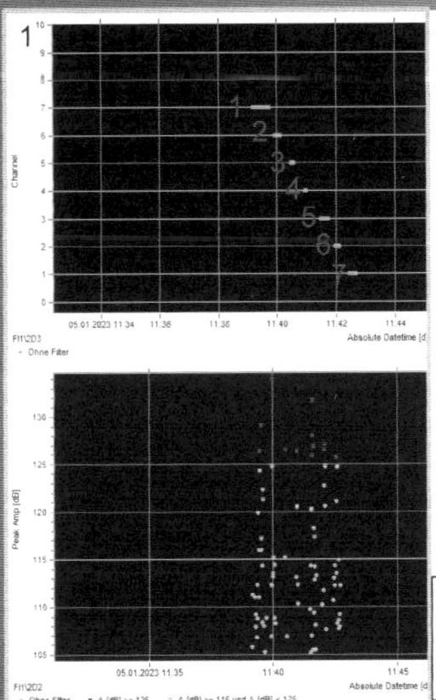

Das Diagramm 1 zeigt beispielsweise den Beginn der Prüfung (Position 1). Hierbei ist ersichtlich, dass Sensor 7 mehrmals getroffen wird.

2

DateTime [d]	MSEC [ms µs]	CHAN	A [dB]
05 01 2023 11 39 18	100.2344	7	108
05 01 2023 11 39 19	513.3949	7	109
05 01 2023 11 39 20	61.2429	7	107
05 01 2023 11 39 22	82.2780	7	109
05 01 2023 11 39 23	481.2730	7	112
05 01 2023 11 39 24	16.6164	7	120
05 01 2023 11 39 26	57.5437	7	111
05 01 2023 11 39 26	855.2971	7	116
05 01 2023 11 39 27	905.5004	7	126
05 01 2023 11 39 28	456.5594	7	124
4 11 39 Alarm Event detected			
05 01 2023 11 39 31	911.0410	7	129
05 01 2023 11 39 32	544.3362	7	117
05 01 2023 11 39 33	87.4900	7	116
05 01 2023 11 39 34	452.1605	7	114
05 01 2023 11 39 35	118.8234	7	108
05 01 2023 11 39 35	865.9173	7	122
05 01 2023 11 39 37	325.7694	7	121
05 01 2023 11 39 38	85.3567	7	108
05 01 2023 11 39 41	72.7512	7	105
05 01 2023 11 39 44	71.4441	7	109
05 01 2023 11 39 55	243.7915	6	107
05 01 2023 11 39 56	15.0691	6	112
05 01 2023 11 39 57	494.8845	6	112
05 01 2023 11 39 58	193.8873	6	125

Datenausschnitt 2 zeigt den getroffenen Sensor (Chan) und die dazugehörige Amplitude.

- Amplitude beginnt bei einem kleineren Wert (108 dB)
- Steigt auf 129 dB an
- Fällt wieder auf 109 dB

→ Die Schallemissionsquelle bewegt sich zuerst auf den Sensor zu und im Anschluss wieder vom Sensor weg.

→ Nach den Signalen in der Nähe von Sensor 7 nimmt Sensor 6 Schallereignisse auf.

→ Somit lässt sich der Weg der vermutlichen Prüfung nachvollziehen (siege Lageplan 3, 1-7)

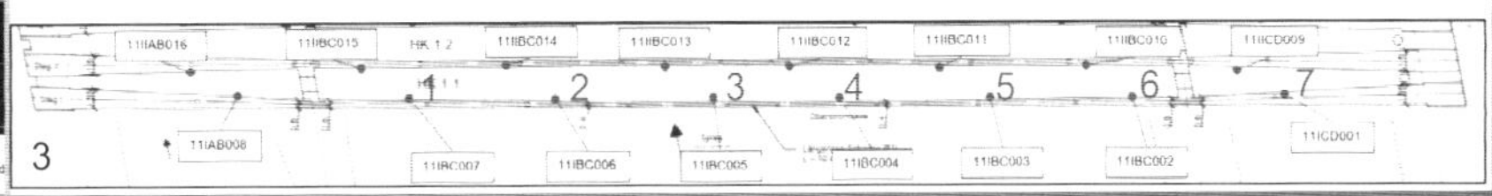

Bilfinger Noell GmbH Seite 8

Mühlendammbrücke – Änderung der Verkehrsführung

BILFINGER

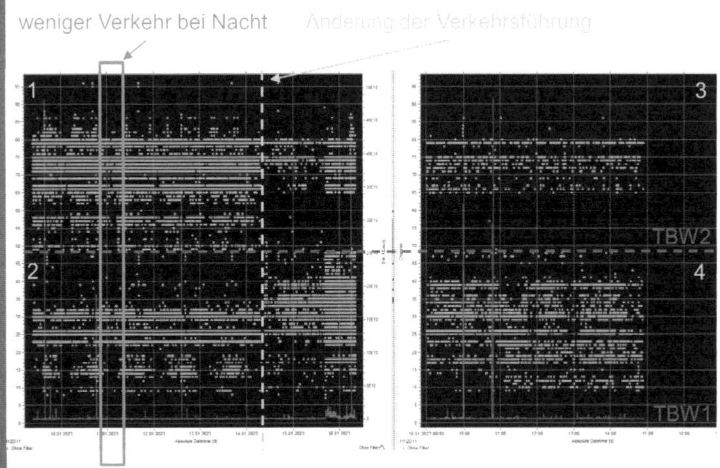

Das Diagramm zeigt die getroffenen Sensoren aufgetragen über die Zeit.

Bereich 1 und 2:
- Vor Änderung der Verkehrsführung
- Mehr Hits in TBW1 als in TBW2

Bereich 3 und 4:
- Nach Änderung der Verkehrsführung
- Mehr Hits in TBW2 als in TBW1

→ **Änderung der Verkehrsführung lässt häufiger Sensoren in TBW2 anschlagen als in TBW1**

Luegbrücke Brennerautobahn A13 (Spanngliedüberwachung)

SHM – Structural Health Monitoring

BILFINGER

Bauwerkszustand:

Gesamtlänge: 1805 m

Fahrzeuge pro Tag:

Errichtungsjahr: 1968

Ziel: Überwachung der Spannglieder im Beton an den Auflagepunkten.

Projektdauer:

Material: Spannbeton

Aufgabe: Erkennung von Litzenbrüchen in den Spannseilen im Beton

Anzahl der Sensoren: 36

Luegbrücke Brennerautobahn A13 (Spanngliedüberwachung)

BILFINGER

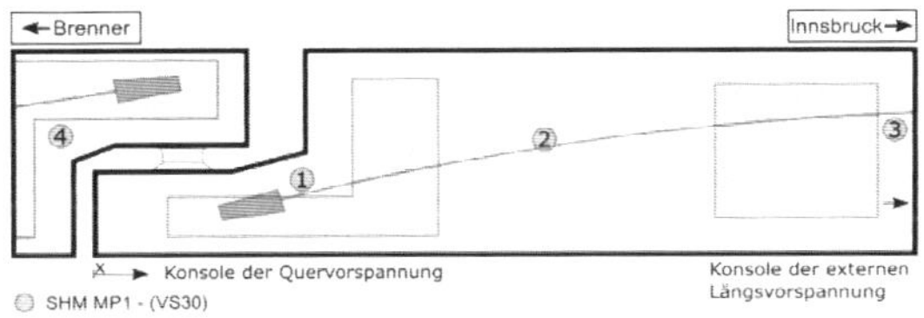

Bilfinger Noell GmbH | 11. April 2019

Seite 11

DLF Köln (Spanngliedüberwachung)

SHM – Structural Health Monitoring

BILFINGER

Bauwerkszustand:

Gesamthöhe: 102 m

Deutschlandfunk Hochhaus

Errichtungsjahr: 1973

Ziel: Überwachung der Spannglieder im Beton.

Projektdauer:

Material: Spannbetonträger

Aufgabe: Erkennung von Litzenbrüchen in den Spannseilen im Betonträger an dem das Hochhaus aufgehangen ist

Anzahl der Sensoren: 24

Bilfinger Noell GmbH

Seite 12

DLF Köln - Sensorpositionen

BiLFINGER

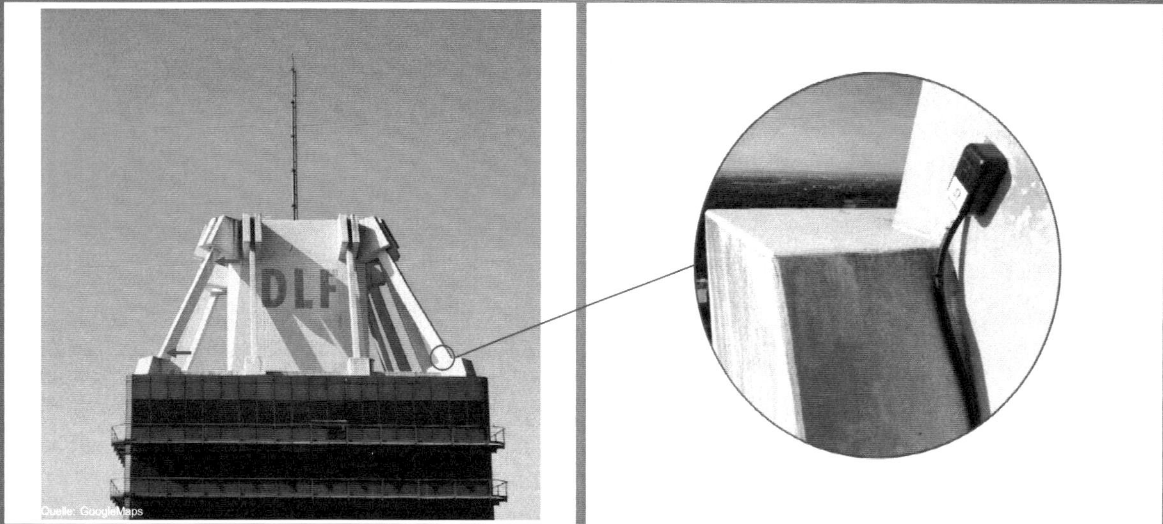

Altstadtringtunnel München (Spanngliedüberwachung)

SHM – Structural Health Monitoring

BiLFINGER

Bauwerkszustand:

Gesamtlänge: 610 m

Fahrzeuge pro Tag: ca. 60.000

Errichtungsjahr: 1972

Ziel: Überwachung der Spannglieder in der Spannbetondecke

Projektdauer: 2022-2030

Material: Spannbetondecke

Aufgabe: Erkennung von Litzenbrüchen in den Spannseilen im Beton

Anzahl der Sensoren: 248

Allstadtringtunnel München

BiLFINGER

Bilfinger Noell GmbH | 11. April 2019

Seite 15

Richtlinie „Detektion von Spanndrahtbrüchen mit Schallemission“

Stephan PIRSKAWETZ [1]
[1] BAM, Berlin

Kontakt E-Mail: stephan.pirskawetz@bam.de

Kurzfassung. Ein großer Teil unserer Brücken wurden in den 1950er bis 1970er Jahren als Spannbetonbrücken gebaut. Mit der damals noch relativ jungen Technologie entstanden elegante, teilweise gewagte Bauwerke mit großen Spannweiten, welche die Vorteile der Materialien Stahl und Beton geschickt kombinieren. Die Standsicherheit einiger dieser Brücken ist heute gefährdet. Die Ursachen liegen in der enorm gewachsenen Belastung durch Schwerverkehr, teilweise ungenügender Wartung und in konstruktiven und Materialschwächen, die der mangelnden Erfahrung mit der Technologie in der Bauzeit geschuldet sind. Ein neuralgischer Punkt der Bauwerke sind die in den Beton integrierten Spannglieder. Infolge von Korrosion und Ermüdung können Elemente der Spannglieder reißen, wodurch die für das Tragwerk notwendige Spannung und somit die Tragfähigkeit reduziert werden. Nicht bei allen Brücken kündigen sichtbare Risse im Beton oder auffällige Verformungen den Tragfähigkeitsverlust bzw. das finale Versagen rechtzeitig an.

Die Schallemissionsanalyse ist die derzeit einzige Methode, das Reißen einzelner Spannstähle zuverlässig und mit wirtschaftlich vertretbarem Aufwand zu detektieren. Trotzdem es schon einige Spannbetonbauwerke gibt, die mit Schallemissionsanalyse überwacht werden, ist das Verfahren noch wenig bekannt. Außerdem fehlen technische Richtlinien, was die Ausschreibung und Vergabe von entsprechenden Aufträgen und die Bewertung der Angebote sehr erschwert. Um sowohl Baulastträger als auch Dienstleistungsanbieter in den Vergabeverfahren und im Betrieb der Monitoringsysteme zu unterstützen, hat sich eine Gruppe von Experten aus den Bereichen Bauingenieurwesen und Schallemission zum Entwurf einer Richtlinie „Detektion von Spanndrahtbrüchen mit Schallemission“ zusammengefunden. Mit diesem Beitrag wird die Richtlinie vorgestellt, deren Bearbeitung bis zur SCHALL 23 abgeschlossen sein soll.

Einführung

Über Untersuchungen zur Detektion von Spanndrahtbrüchen in Spannbetonbrücken mit Sachallemissionsanalyse wird spätestens seit Beginn der 2000er Jahre berichtet. So veröffentlichten Cullington et al. [1] 2001 Untersuchungen über den ersten Einsatz eines akustischen Monitoringsystems in Großbritannien am Railway Viaduct Huntingdon. 2006 berichteten Yuyama et al. [2] über Schallemissionsmessungen zur Spanndrahtbruchdetektion an einer Brücke in Tokio. Die Spannbetonbrücke Ponte Moesa in Roveredo/Kanton Graubünden (Schweiz) wurde 2004 mit akustischen Sensoren überwacht. Mit der Auswertung der Ergebnisse und weiteren Versuchen an dieser Brücke wurden von Fricker

[3], [4] die Grundlagen für die heute verwendeten Methoden zur Detektion von Spanndrahtbrüchen mit Schallemission gelegt.

Derzeit werden in Deutschland ca. zehn Spannbetonbauwerke, hauptsächlich Brücken, mit Schallemissionsanalyse überwacht; eine Zusammenstellung aller Projekte existiert allerdings nicht. Trotz dieser laufenden oder der erfolgreich abgeschlossenen Monitoringprojekte, wie z.B. Elsenbrücke in Berlin, Brücke am Altstädter Bahnhof in Brandenburg/Havel [5], [6], Stennert Brücke in Hagen-Hohenlimburg [7], Altstadtringtunnel in München [8], stehen einige Baulastträger dem Verfahren skeptisch gegenüber. Gründe hierfür sind geringe die Bekanntheit des Verfahrens sowie das Fehlen technischer Richtlinien oder Merkblätter zum Monitoring von Spannbetonbrücken mit Schallemission. Dadurch werden die Ausschreibung und Vergabe von entsprechenden Aufträgen und die Bewertung der Angebote erschwert.

Um sowohl Baulastträger als auch Dienstleistungsanbieter in den Vergabeverfahren und im Betrieb der Monitoringsysteme zu unterstützen, hat sich eine Gruppe von Experten zum Entwurf einer DGZfP-Richtlinie mit dem Arbeitstitel „Detektion von Spanndrahtbrüchen mit Schallemission" zusammengefunden. Beteiligt sind Vertreter von Baulastträgern, Ingenieurbüros, Messgeräteherstellern und Bundesbehörden.

1. Richtlinie „Detektion von Spanndrahtbrüchen mit Schallemission"

Die folgenden Abschnitte entsprechen den Kapitelüberschriften der Richtlinie. Die Inhalte der Kapitel werden zusammengefasst.

1.1 Vorwort

Im Vorwort der Richtlinie werden der Anwendungsbereich beschrieben und die Adressaten genannt:

„Dieses Dokument beschreibt das Verfahren Schallemissionsanalyse zur Detektion von Spanndraht-brüchen in Spannbetonbrücken im Rahmen einer kontinuierlichen Überwachung. Die Überwachung mit Schallemission liefert eine Aussage über die Anzahl von Spanndrahtbrüchen innerhalb des Überwachungszeitraumes und innerhalb der Reichweite der installierten Sensoren. Mit dem Verfahren können die Spanndrahtbrüche lokalisiert werden. Auf Basis einer weitgehend automatisierten Datenanalyse stehen Informationen über Drahtbrüche kurzfristig nach dem Ereignis zur Verfügung.

Der Anwendungsbereich des Dokuments umfasst Brücken- und Ingenieurbauwerke mit Spanndrähten mit sofortigem oder nachträglichem Verbund. Spannsysteme ohne Verbund fallen nicht in den Anwendungsbereich. Die beschriebenen Verfahren können auf Spannsysteme ohne Verbund übertragen werden. Mit dem Verfahren Schallemissionsanalyse ist es nicht möglich Spanndrahtbrüche zu finden, die vor dem Beginn der Überwachung entstanden sind.

Das Dokument richtet sich an Baulastträger, Anbieter und Betreiber von Monitoringsystemen auf Basis der Schallemissionsanalyse sowie Ingenieurbüros, welche die Ergebnisse der Überwachung bewerten und Maßnahmen daraus ableiten. Es gibt Hinweise zur Planung, Ausschreibung, Installation und zum Betrieb von Monitoringsystemen zur Detektion von Spanndrahtbrüchen mit Schallemission sowie zur Überprüfung der Funktion installierter Systeme. Zur Funktionskontrolle werden Signale mit der Referenzquelle am Bauwerk ausgelöst. Diese Signale sind zu detektieren, innerhalb der vorgegebenen Genauigkeit zu lokalisieren und die vorgegebenen Alarmkette muss angestoßen werden."

1.2 Begrifflichkeiten, Definitionen und Abkürzungen

Hier werden Begriffe definiert bzw. erläutert, die für die Anwendung der Richtlinie wichtig sind.

1.3 Überwachung von Spanndrahtbrüchen mit Schallemission

In diesem Kapitel werden zunächst der Anlass zur Überwachung von Spannbetonkonstruktionen sowie die Problemstellung beschrieben. Der Anwendungsbereich wird präzisiert. Anschließend wird das Verfahren Schallemissionsanalyse mit Fokus auf die Anwendung an Spannbetonbauwerken erläutert. Weiterhin werden die Anforderungen an die Messtechnik und Datenanalyse definiert und die wichtigen Parameter in einer Tabelle zusammengefasst. Schließlich wird auf die Grenzen der Messmethode eingegangen.

1.4 Umsetzung an Brückenbauwerken und Leistungsbeschreibung

Hier geht es um technische und organisatorische Fragen. Beschrieben werden verschiedene Brückenquerschnitte und dazu passende Sensoranordnungen. Weiterhin wird der Weg von der Feststellung der Notwendigkeit eines Monitorings bis zur Planung, Installation und Betrieb des Monitoringsystems erläutert. Die vor einer Installation notwendigen Messungen werden im Absatz „Objektbezogene akustische Analyse“ genannt und in den Anhängen beschrieben. Detailliert wird auf den Aufbau und Inhalt einer Leistungsbeschreibung zur Ausschreibung des Monitorings eingegangen. Besonders wichtige Punkte in diesem Kapitel sind die Funktionskontrolle des installierten Systems und die Abnahmekriterien.

1.5 Qualifikation des Anbieters

Ein kurzes, aber sehr wichtiges Kapitel. Es wird empfohlen, Expertisen aus den Bereichen Schallemissionsanalyse und Spannbetonbau zusammenzuführen. Personal mit der entsprechenden Qualifikation muss über den gesamten Monitoringzeitraum zur Verfügung stehen. Die Qualifikation für die Schallemissionsseite kann entweder durch den Nachweis von vergleichbaren Referenzprojekten und Erfahrungszeiten oder durch Benennung von, nach einem offiziellen System zertifiziertem, Personal erfolgen.

1.6 Prozess der Messdatenanalyse und Berichterstellung

In diesem Kapitel werden die Schritte der Analyse von Schallemissionsdaten näher beschrieben, um fachfremdes Personal mit dem Ablauf und den Begrifflichkeiten vertraut zu machen. Der Ablauf der Datenanalyse mit Zuordnung der Verantwortlichkeiten werden dargestellt.

1.7 Anhänge

In den Anhängen werden die im Vorfeld für die Planung eines Schallemissionssystems zur Detektion von Spanndrahtbrüchen notwendigen Messungen beschrieben. Dazu gehören die Bestimmung der Hintergrundgeräusche und der Dämpfung sowie, wenn möglich, die Detektion von Schallemissionen aus provozierten Spanndrahtbrüchen während einer Spanndrahtentnahme. Basierend auf diesen Messungen werden die Ermittlung des k-Wertes und die Festlegung der maximal möglichen Sensorabstände beschrieben.

Die in den Anhängen sehr detailliert festgelegte „objektbezogene akustische Analyse“ bildet die Grundlage für die Planung, Ausschreibung und Kalkulation eines

Monitoringsystems. Sie ist aufwendig und kann nicht von jedem potenziellen Anbieter individuell durchgeführt werden. Die in den Anhängen aufgeführten Messungen sollen deshalb so standardisiert durchgeführt und dokumentiert werden, dass damit allen Markteilnehmern die Planung eines Überwachungssystems zur Detektion von Spanndrahtbrüchen ermöglicht wird. Die Firma, welche diese vorbereitenden Messungen durchführt, soll mit diesem Vorgehen keinen Wettbewerbsvorteil erlangen und nicht vom Bieterverfahren für das Monitoringsystem ausgeschlossen werden können. Dafür müssen die Unterlagen, die durch die Vormessungen erarbeitet wurden, im Vergabeverfahren allen Bietern vollständig und allumfänglich zur Verfügung gestellt werden.

Zusammenfassung

Die vorgestellte Richtlinie richtet sich an Baulastträger, bauwerksbetreuende Ingenieurbüros sowie Dienstleister, die Monitoringsysteme Detektion von Spanndrahtbrüchen auf Basis der Schallemissionsanalyse installieren und betreiben. Sie soll die Planung und Ausschreibung der Monitoringsysteme vereinfachen und transparenter machen. Es werden Mindestanforderungen an die Messtechnik und die Qualifikation des Personals sowie Abnahmekriterien und Maßnahmen zur regelmäßigen Funktionskontrolle vorgeschlagen.

Referenzen

[1] Cullington, D.W.; Paulson P.; Elliott P. (2001) Continuous Acoustic Monitoring of Grout-ed Post-Tensioned Concrete Bridges. NDT&E International (Non Destructive Test & Evaluation) V34, N°2, March 2001, pp. 95–106.

[2] Yuyama, S.; Yokoyama, K.; Niitani, K.; Ohtsu, M.; Uomoto, T. (2007). Detection and evaluation of failures in high-strength tendon of prestressed concrete bridges by acoustic emission. Journal of Construction and Building Materials, Volume 21, Issue 3, March 2007, Fracture Acoustic Emission and NDE in Concrete (KIFA-4), pp. 491–500.

[3] Fricker, S.; Vogel, T. (2006): Überwachung von Drahtbrüchen bei Stahlbetonbrücken (Monitoring of Wire-breaks of prestressed concrete bridges). Proceedings, Fachtagung Bauwerksdiagnose, Praktische Anwendung Zerstörungsfreier Prüfungen, Berlin, 23.-24. Feb. 2006.

[4] Fricker, S. (2009): Schallemissionsanalyse zur Erfassung von Spanndrahtbrüchen bei Stahlbetonbrücken. Dissertation, ETH Zürich, https://doi.org/10.3929/ethz-a-006027529

[5] Landesbetrieb Straßenwesen (Hrsg.) (2021): B1 - Brücke Altstädter Bahnhof in Brandenburg an der Havel – Bauwerksuntersuchungen vor dem Rückbau. Hoppegarten: 2021

[6] S. Pirskawetz, O. Steinbock, F. Hille, S. Schmidt, D. Hofmann, 2022. Erfahrungen aus dem Rückbau der Brücke am Altstädter Bahnhof in der Stadt Brandenburg Teil 2: Schadensmonitoring bei zerstörenden Versuchen, Beton- und Stahlbetonbau 117 (2022), Heft 8, DOI: 10.1002/best.202200052

[7] Käding, M., Schacht, G., Marx, S., & Bolle, G. (2020). Continuous Acoustic Monitoring of a Prestressed Concrete Bridge in Germany. 5th International Conference on Smart Monitoring, Assessment and Rehabilitation of Civil Structures, August 2019 in Potsdam, Germany. e-Journal of Nondestructive Testing. 25(1). https://www.ndt.net/?id=24897

[8] Sodeikat, C.; Groschup, R.; Knab, F.; Obermeier, P. (2019) Acoustic Emission in der Bauwerksüberwachung zur Feststellung von Spannstahlbrüchen. Beton- und Stahlbetonbau 114 , H. 10 , S. 707– 723. https://doi.org/10.1002/best.201900041

VORTRAG 8

24/7 Large Area Corrosion Monitoring

T. Vogt[1], D. Alleyne[1]
[1]Guided Ultrasonics Ltd, London, Großbritannien

Evolving world demands require new mechanical integrity solutions. The risk and subsequent consequences of unanticipated corrosion wall loss resulting in the release of hydrocarbon is every operators worst scenario. Employing risk assessments and intervention-based measurements exclusively, combined with limited site access, current travel restrictions, costs of labor, and site hazards, can place high consequence areas – especially those over or adjacent to water resources – in jeopardy. In this presentation we will discuss the latest advances that combine high-accuracy point measurement with long-range pipe change monitoring using permanently installed sensors. This provides 24/7 overwatch of critical areas, removing the threat of hydrocarbon release, allowing for informed planning and intervention maintenance. Real-world applications involving planning where to place sensors and cost-benefit relationships will be discussed.

Echtzeitfähige Analyse hochfrequenter Ultraschalldaten zur Überwachung von Fertigungsprozessen

Quy Raven LUONG [1], Thomas SCHLECH [1], Florian F. LINSCHEID [1], Marcel ACHZET [1], Markus G. R. SAUSE [1]
[1] Universität Augsburg, Augsburg

Kontakt E-Mail: quy.luong@mrm.uni-augsburg.de

Kurzfassung. Für eine effiziente Entwicklung von Software zur Auswertung großer Datenmengen, die typischerweise bei der Überwachung von Prozessen anfallen, wird das sogenannte Ultra High Ultrasonics Framework, kurz UHU, entwickelt [1]. Ziel dieses Frameworks ist es, den Auswertungsprozess bestehend aus der Datenerfassung, Feature-Extraktion und Datenfusion für Daten verschiedener Art zu vereinheitlichen. Dadurch soll sowohl die Entwicklung von Auswerteroutinen und Auswertungssoftware erleichtert, als auch die Übertragbarkeit ähnlicher Konzepte für verschiedene Anwendungen ermöglicht werden. Das Framework übernimmt hierbei die Verwaltung und das Auslesen der Dateien, das Vorverarbeiten der Signale sowie das Extrahieren von Signalcharakteristiken, welche vom Endbenutzer selbst definiert werden können. Das Framework wird bereits für die Auswertung von Körperschallsignalen, Daten von Kraft-Momenten-Sensoren sowie Beschleunigungs- und Maschinendaten eingesetzt. Es ist dabei so ausgelegt, dass es die Möglichkeit bietet, beliebige weitere Messsysteme und Messprinzipien für verschiedene Anwendungen entsprechend kombinieren zu können. Im Kontext der Prozessüberwachung ist insbesondere die Echtzeitauswertung der Daten von großem Interesse, die gerade bei hochfrequenten Daten wie z.B. aus der Körperschallanalyse eine Herausforderung darstellt. Daher wurden in dieser Arbeit Multithreading- und Multiprocessing-Techniken angewendet, um eine echtzeitfähige Auswertung hochfrequenter Daten, wie den Körperschallsignalen, zu ermöglichen. Hierzu wurden verschiedene Strategien basierend auf der Parallel Computing Toolbox von MATLAB getestet. Erhöhte Rechenzeiten aufgrund des zusätzlichen Kommunikationsaufwands und Optimierungen im Auswertungsprozess wurden dabei berücksichtigt. Durch das Parallel Computing können mehrere Datensätze gleichzeitig ausgewertet und folglich der Gesamtdurchsatz an verarbeiteten Daten drastisch erhöht werden.

1. Einführung

Die Neu- oder Weiterentwicklung von Systemen zur Prozess- oder Zustandsüberwachung stellt häufig einen sehr zeitaufwändigen und kostspieligen Prozess dar, da für die Entwicklung solcher Systeme die passenden Sensoren gewählt und eingesetzt werden müssen sowie eine darauf abgestimmte Auswertesoftware geschrieben werden muss. Durch eine Standardisierung des Auswertungsprozesses, welcher die Datenaufnahme, die Signalvorverarbeitung sowie die Feature-Extraktion des Signals beinhaltet, soll die

Entwicklung neuer Überwachungssysteme vereinfacht und beschleunigt werden. Hierzu wurde ein Framework unter dem Namen Ultra-High-Ultrasonics, kurz UHU, entwickelt, welches diese Standardisierung umsetzen soll [2].

Des Weiteren stellt sich als Folge der zunehmenden Digitalisierung und Automatisierung vieler Fertigungsprozesse die Herausforderung, wie mit großen Mengen erfasster Daten, kurz Big Data [3], umzugehen ist und wie Überwachungssysteme inklusive deren Datenverarbeitung den Ansprüchen verschiedener Prozesse bezüglich deren Echtzeitfähigkeit gerecht werden können. Letzteres ist hierbei von besonderem Interesse, da dies nicht nur schnelle Adressierungen und datenbasierte Lösungen von Problemen erlaubt, sondern dem Nutzer auch ein besseres Verständnis des jeweiligen Prozesses durch Überwachung von Echtzeit-Vorgängen ermöglicht. Außerdem soll die Echtzeitfähigkeit mittelfristig die Möglichkeit bieten, die Informationen des Überwachungssystems zurück in die Anlagensteuerung oder Regelung des Prozesses zu bringen. Die großen Mengen auszuwertender Daten erschweren jedoch die echtzeitfähige Analyse, was bei komplexeren, multisensorischen Systemen ein noch größeres Problem darstellt. Um die Echtzeitfähigkeit solcher Systeme zu gewährleisten, werden deshalb Techniken der parallelen Verarbeitung mittels der Parallel Computing Toolbox von MathWorks [4] angewendet. Hiermit sollen die in Echtzeit verarbeitbare Datenmengen erhöht werden. Dies wird in dieser Arbeit anhand mehrerer kontinuierlich erfasster Ultraschalldaten demonstriert.

2. Ultra-High-Ultrasonics-Framework

Das Ultra-High-Ultrasonics-Framework dient der Standardisierung der Auswertung verschiedenster Signale und wurde von Linscheid und Sause [2] für die Auswertung von Signalen der Schallemission, Prüfung mit geführten Wellen, Körperschall- sowie Modalanalyse in der Programmiersprache MATLAB designt. Das Framework ist so ausgelegt, dass die Auswertekonzepte auf weitere Messsysteme erweitert und generalisiert werden können. Durch die Erweiterung können auch Beschleunigungsdaten, Maschinendaten und Signale von Kraft-Momenten-Sensoren eingelesen und ausgewertet werden. Das Framework beschränkt sich daher nicht nur auf die Auswertung von ultraschallbasierten Daten.

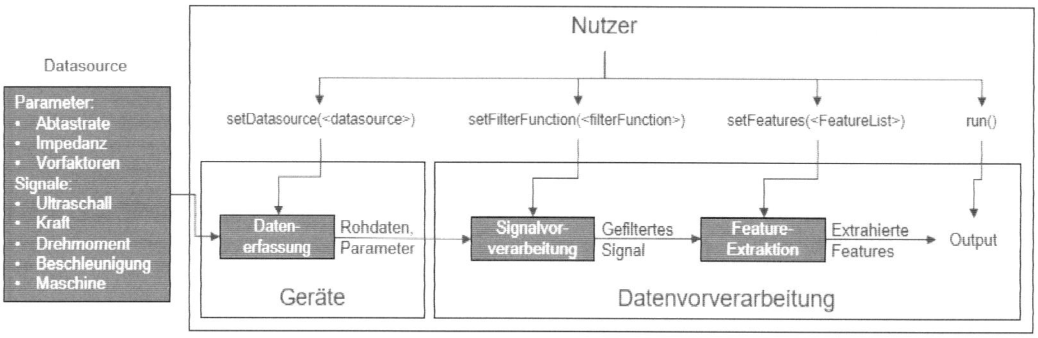

Abb. 1. Struktur des Frameworks

Die Struktur des Frameworks setzt sich aus drei Ebenen zusammen und ist in Abbildung 1 dargestellt. Es unterteilt sich in die Geräte-, Datenverarbeitungs- und Nutzerebene, welche zueinander wichtige Schnittstellen definieren und implementieren.
Die Geräteebene ist dabei verantwortlich für das Aufnehmen bzw. Einlesen der Daten und stellt diese anschließend der Datenvorverarbeitung bereit. Sie übermittelt zusätzlich relevante Informationen wie Abtastrate, Impedanz, Verstärkungs-, Umrechnungsfaktoren und weitere

Parameter an die Datenvorverarbeitung, die für die Auswertung benötigt bzw. vorausgesetzt werden.
Die Datenvorverarbeitungsebene übernimmt aktuell die Signalvorverarbeitung und Feature-Extraktion der von der Geräteebene übermittelten Daten, um die Signale für die nachfolgende Verarbeitung z.B. mittels Methoden der künstlichen Intelligenz zu konditionieren. Innerhalb dieser Ebene können zusätzliche Funktionen für die Feature-Extraktion nach Bedarf vordefiniert werden.
Die Nutzerebene erlaubt, die gesamte Auswertepipeline nach den eigenen Wünschen zu konfigurieren und so dem jeweiligen Prozess anzupassen. Hierfür ist dem Endnutzer die Möglichkeit gegeben, die benötigten Features entsprechend zu wählen, die als Funktion in der Datenvorverarbeitung vordefiniert wurden, und zusätzlich eine beliebige Filterfunktion für die Signalvorverarbeitung zu definieren. Auch die Auswahl und Kombination verschiedener Sensoren kann in der Nutzerebene durchgeführt werden.
Die Entwicklung eines Überwachungssystems für einen neuen Prozess beschränkt sich somit im Wesentlichen auf die Nutzerebene. Sollen neue Sensoriken in das System eingebaut werden, so findet die Entwicklung zusätzlich auf der Geräteebene statt. Im Gegensatz dazu ist die Datenvorverarbeitung in sich abgeschlossen und beinhaltet fest definierte Schnittstellen zu der Geräteebene, sodass die Datenvorverarbeitungsebene für beliebige Prozesse und Sensoren ohne oder mit geringen Veränderungen beibehalten werden kann. Der Entwicklungsaufwand begrenzt sich daher maßgeblich auf die Geräte- und Nutzerebene und wird somit im Vergleich zu einer kompletten Neuentwicklung verringert. Dadurch wird die Softwareentwicklung für ein Überwachungssystem erleichtert und beschleunigt.

In Hinblick auf Echtzeitanalysen wird das Framework nun mit Methoden der parallelen Datenverarbeitung ausgestattet, um die Berechnungszeit zu verringern bzw. die Menge auswertbarer Daten in einem gegebenem Zeitrahmen so zu erhöhen, dass Echtzeitanforderungen an das System erfüllt werden können.

3. Technik

3.1 Parallel Computing

Im Rahmen der Prozessüberwachung spielt die Echtzeitauswertungen für viele Prozesse eine bedeutende Rolle und wird auch in Zukunft weiter an Relevanz gewinnen. Durch die Entwicklung von immer komplexeren und ausgereifteren Prozessen reichen für die Prozessüberwachung relativ einfache Sensorsysteme nicht immer aus und erfordern stattdessen ein komplexeres Netzwerk an Sensoren. Zeitgleich steigen aber auch die Anforderungen an solcherlei Systeme, da vermehrt eine echtzeitfähige Nutzung der Daten angestrebt wird. Die dadurch erhöhten Anforderungen und Mengen erfasster Daten stellen zugleich jedoch eine Herausforderung dar, da diese, ohne Datenverlust in Kauf zu nehmen, in begrenzter Zeit ausgewertet werden müssen.

Um eine echtzeitfähige Analyse zu erreichen, müssen einige Punkte berücksichtigt und von entsprechenden Methoden Gebrauch gemacht werden [5]. Dazu zählt unter anderem die Parallelisierung, die in MATLAB in der von MathWorks entwickelten Parallel Computing Toolbox enthalten ist und im Folgenden eingesetzt wird. Die grundlegende Idee ist hierzu in Abbildung 2 dargestellt. Programme, die in MATLAB geschrieben werden, werden vorwiegend in serieller Verarbeitung durchgeführt. Der gesamte Rechenaufwand wird in solchen Fällen von nur einem CPU-Kern abgearbeitet, während die restlichen Kerne untätig bleiben. Durch Methoden der parallelen Verarbeitung lässt sich ein großer Teil des Arbeitsaufwands auf die zusätzlichen Kerne verteilen, wodurch sich eine insgesamt höhere Auslastung der CPU-Kerne erreichen lässt und infolgedessen die Rechenzeit verringert wird bzw. eine Verarbeitung von noch größeren Datenmengen in gleicher Zeit erreicht werden kann.

Abb. 2. Serielle und datenparallele Verarbeitung von Signalen. Bei der seriellen Verarbeitung wird der gesamte Arbeitsaufwand auf einen Kern beschränkt. Die datenparallele Verarbeitung ermöglicht die Verteilung des gesamten Arbeitsaufwands auf mehrere Kerne.

Für die Implementierung der parallelen Verarbeitung existierten in MATLAB zum einem das sogenannte Multithreading und zum anderem das Multiprocessing. Die in Abbildung 2 dargestellte Methode verwendet das Multiprocessing zur Umsetzung einer datenparallelen Verarbeitung, sodass jeder Kern die erstellte Auswertepipeline auf seine erhaltenen Daten unabhängig von den restlichen Kernen anwendet.

Ansätze mit Multithreading zur Umsetzung einer aufgabenparallelen Verarbeitung wurden ebenfalls bei der Datenvorverarbeitung bzw. bei der Feature-Extraktion getestet. Die Kerne übernehmen hierbei nur einen bestimmten Satz an Befehlen, sodass eine Datenmenge von allen Kernen gleichzeitig nach Features extrahiert wird. Dieser Ansatz wurde am Ende jedoch verworfen, da sich keine Verbesserungen in der Rechenzeit ergaben. Grund ist eine insgesamt geringere Parallelisierbarkeit der gesamten Auswertepipeline und der damit verbundene Kommunikationsoverhead, welcher beim Initiieren einer parallelen Verarbeitung stets generiert wird und das Programm zusätzlich Ressourcen kostet. Dieser Overhead wird erst durch das Parallelisieren eines genügend hohen Rechenaufwands gerechtfertigt, was für die Feature-Extraktion allein nicht der Fall ist. Aus diesem Grund wurde ein datenparalleler Ansatz mit Multiprocessing gewählt.

Die alleinige Verarbeitung der Daten stellt allerdings an dieser Stelle noch keine Analyse dar, da die Ergebnisse dem Anwender bzw. dem Client zusätzlich noch zur Verfügung gestellt werden müssen. Das Multiprocessing ist allerdings mit zusätzlichem Aufwand verbunden, der explizit berücksichtigt bzw. optimiert werden muss. Die Ursache des Aufwands ist, dass die eingesetzten Kerne ihren jeweils eigenen Speicher reserviert bekommen, auf welche der Client keinen direkten Zugriff hat. Die Ergebnisse der Datenverarbeitung müssen daher vom Kern zum Client als weiteren Schritt konkret kommuniziert werden, wodurch zusätzlicher Kommunikationsoverhead entsteht. Erst nach dieser Kommunikation können die Ergebnisse im Client schließlich datenfusioniert für anschließende Aktionen wie Visualisierungen, Einspeisung in Diagnose- und Prognosemodelle oder zur Rückführung in die Prozessanlage genutzt werden.

3.2 Bewertung der Echtzeitfähigkeit

Die Anforderungen von Echtzeitsystemen sind in der Regel prozessabhängig. Im Rahmen dieser Arbeit wird die Echtzeitfähigkeit so definiert, dass das System in der Lage ist, die von den Sensoren erfassten Daten innerhalb einer vorgegebenen zeitlichen Anforderung zu verarbeiten, wobei die Datenverarbeitung ohne weitere Zwischenschritte direkt nach der Datenaufnahme erfolgen soll. In diesem Fall sind die Anforderungen so gewählt, dass die Berechnungszeit eines Datenblocks nicht länger dauern darf als der Zeitabstand zwischen zwei Datenblöcken, die vom Sensor aufeinanderfolgend erfasst werden. Hierdurch soll sichergestellt werden, dass die Datenvorverarbeitung stets vor der nächsten Datenaufnahme bereits abgeschlossen ist und folglich kein Datenverlust für eine weiterhin funktionierende echtzeitfähige Verarbeitung in Kauf genommen werden muss.

Um eine Analyse noch vor der ersten Anwendung als echtzeitfähig zu bewerten, wird die Auswertepipeline auf bereits lokal abgespeicherte Daten angewendet. Außerdem werden die Ergebnisse nach jedem verarbeiteten Datenblocks auf der Festplatte für zukünftige Zwecke abgespeichert. Da die Daten direkt in MATLAB eingelesen werden können und nicht erst von einem Messgerät mit einer fixen Rate an den Rechner gesendet werden müssen, verkürzt sich die gesamte Rechenzeit aufgrund wegfallender Wartezeiten. Endet also die Auswertung der gesamten Datenmenge in kürzerer Zeit als deren zeitliche Signallänge, so deutet dies auf eine Echtzeitfähigkeit der Analyse hin. Im anderen Fall ist sie auszuschließen, da die Ergebnisse nicht rechtzeitig berechnet und an den Client übermittelt werden können.

Die Echtzeitfähigkeit der Analyse wurde im Folgenden anhand mehrerer Körperschallsignale im Ultraschallbereich getestet, welche an dieser Stelle Signale simulieren sollen, die typischerweise bei Fertigungsprozessen wie beispielsweise dem Bohren/Fräsen mit einer CNC-Maschine oder bei beliebigen anderen Prozessen anfallen können und mit Hilfe von Ultraschallsensoren kontinuierlich erfasst werden. Zur Bewertung der Echtzeitfähigkeit wurden mehrere solcher Signale mit eine Abtastrate von 1 MHz und einer zeitlichen Gesamtlänge von 200 s erstellt bzw. aufgenommen. Für die Messung wurde hierbei das PROfile Ultrasonics-Messsystem der Firma BCMtec GmbH verwendet, wobei die Messwerte als int16-Werte in einer Binärdatei abspeichert wurden. Diese Signale bzw. Dateien wurden anschließend abschnittsweise bzw. in Form von Datenpaketen mit einer zeitlichen Länge von 0,1 ms chronologisch eingelesen, vorverarbeitet und kontrolliert an den Client zurückgesendet, um die Ergebnisse zu visualisieren. Die Berechnungszeit zur gesamten Analyse des Signals wurde abschließend erfasst und ist in Abbildung 3 beispielhaft gegenübergestellt. An dieser Stelle ist anzumerken, dass bei der Datenverarbeitung lediglich eine absolute Datenmenge betrachtet wird. Die Datenmenge kann daher beispielsweise auch als ein Signal mit einer Gesamtdauer von 40 s bei einer Abtastrate von 5 MHz gesehen werden. Sofern die Berechnungszeit die Gesamtsignaldauer abhängig einer festgelegten Abtastfrequenz nicht übersteigt, ist ein echtzeitfähiges System erstmal nicht auszuschließen.

Analysiert wurden bis zu sechs Körperschallsignale, wobei die Berechnungen mit einem sechskernigen AMD-Ryzen-5500U Prozessor durchgeführt wurde. Zu sehen ist, dass die Berechnungszeit mit jedem weiteren Körperschallsignal zunimmt. Beim Multiprocessing nehmen die Berechnungszeiten mit jedem weiteren Signal allerdings langsamer zu als bei der seriellen Verarbeitung. Im Idealfall würde man erwarten, dass die Zeiten konstant bleiben. Doch durch den bereits erwähnten Kommunikationsoverhead ist eine Zunahme der Berechnungszeit unausweichlich und führt im schlimmsten Fall dazu, dass die parallele Verarbeitung trotz der höheren CPU-Auslastung insgesamt langsamer abläuft als der serielle Prozess. Dies erfolgt in diesem Fall, wenn die Ergebnisse unmittelbar nach jeder Verarbeitung eines Datenpakets zurückgesendet werden. Um dieses Problem zu beheben, wird daher diese Rücksenderate der Ergebnisse kontrolliert reduziert, indem die Ergebnisse vom jeweiligen Kern temporär zwischengespeichert und erst nach einer festgelegten Anzahl an verarbeiteten Datenpaketen von ihm an den Client schließlich zurückkommuniziert werden. Dadurch lässt sich der Kommunikationsoverhead enorm reduzieren und Multiprocessing ermöglicht geringere Berechnungszeiten als die serielle Verarbeitung. Zu berücksichtigen ist jedoch, dass die Daten für die Analyse im Client abgelegt sein müssen. Eine Einschränkung der Kommunikation ist daher auch mit einer Abnahme der Analyserate verbunden, wobei dies für jeden Prozess einzeln zu bewerten ist. Für einfache bzw. langsame Anwendungen wie das Visualisieren der Auswertungen kann dies beispielsweise vernachlässigt werden. Für andere Anwendungen, die sehr schnelle Prozessantworten in hoher Frequenz erwarten, kann dies hingegen möglicherweise zum Problem werden.

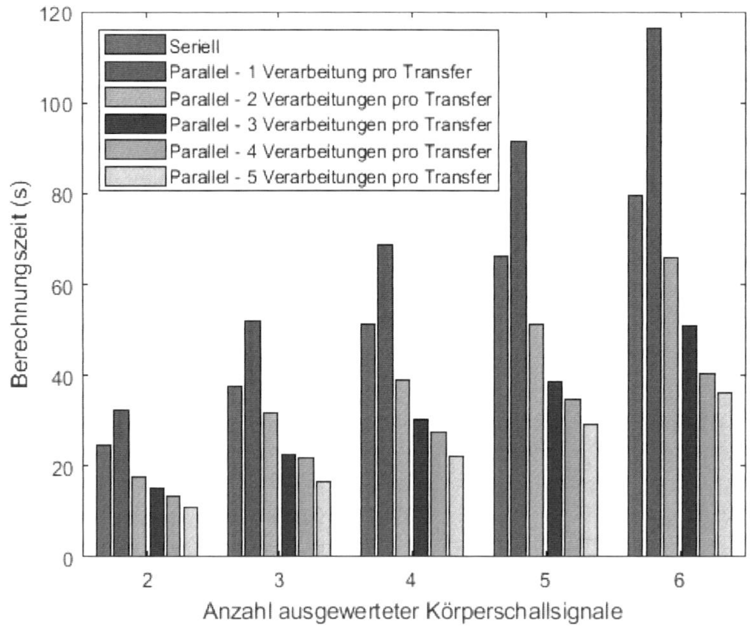

Abb. 3. Vergleich der Berechnungszeit der seriellen und parallelen Verarbeitung von Körperschallsignalen mit einer Größe von jeweils 400 MB. Multiprocessing ermöglicht unter der Vorrausetzung, dass der Kommunikationsoverhead eingeschränkt wird, geringere Berechnungszeiten bzw. höhere Verarbeitungsraten.

4. Echtzeitfähige Analyse

Im Folgenden wird eine echtzeitfähige Analyse demonstriert, welche Datenerfassung, Signalvorverarbeitung sowie Feature-Extraktion umsetzt und schließlich die Ergebnisse an den Benutzer visuell übermittelt.

Zur einfachen Demonstration wird hierzu ein Ultraschallsignal mit einer Abtastrate von 1 MHz bzw. Datenrate von 2 MB/s erfasst und mit einem einfachen Frequenzfilter vorverarbeitet.

Die Feature-Extraktion berechnet aus dem Signal ausgewählte Signalcharakteristiken wie das quadratische Mittel, die Energie des Signals, die Schwerpunktfrequenz, die Peak-Frequenzen und die prozentuale Verteilung der Energie im Frequenzbereich [6]. Die berechneten Features können im Anschluss visualisiert oder weiterverarbeitet werden. Letzteres ermöglicht es, die gewonnenen Signalcharakteristiken in leicht interpretierbare Informationen umzuwandeln, um beispielsweise Aussagen über die bearbeiteten Werkstoffe selbst zu machen oder Anomalien in Prozessen zu erkennen [7], zu klassifizieren und zu quantifizieren.

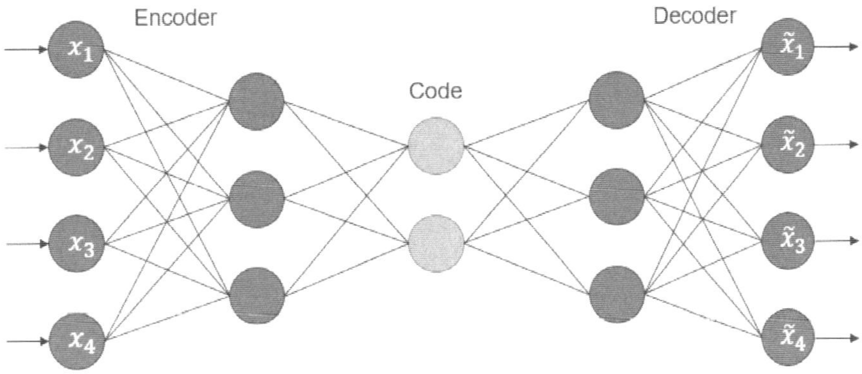

Abb. 4. Struktur eines Autoencoders

Eine der Methoden, die zur Detektion von Anomalien im Signal eingesetzt werden kann, ist ein sog. Autoencoder wie in Abbildung 4 dargestellt. Hierzu werden die berechneten Features als Trainingsdaten für ein neuronales Netz verwendet, wobei die Ergebnisse des Autoencoders den Eingangsdaten entsprechen. Durch die Verengung des neuronalen Netzes in den Hidden Layers werden die eingegebenen Features auf eine kleinere Datenmenge reduziert bzw. enkodiert. Das neuronale Netz erlernt dadurch relevante Muster aus dem Signal zu extrahieren. Die Dekodierung dieser Datenmenge stellt im Idealfall das Eingangssignal als Ausgangssignal schließlich wieder her. In der Realität weicht das Ergebnis jedoch immer vom Input ab. Diese Abweichung ist dabei umso größer, je mehr sich das Eingangssignal von dem angelernten Muster bzw. rekonstruierten Ausgangssignal unterscheidet, und kann daher als Maß zur Detektion einer Anomalie eingesetzt werden [8,9] wie im Folgenden dargestellt.

Das Analyseprinzip ist beispielsweise für die Zustandsüberwachung nutzbar und wird am Beispiel eines Fräsprozesses demonstriert. Hierzu wurde ein Ultraschallsignal mit einer Datenrate von 2 MB/s bzw. Abtastrate von 1 MHz in Zeitabständen von 100 ms verarbeitet und dessen berechneten Features als Input für einen Autoencoder verwendet. Trainiert wurde der Autoencoder mittels Signale, die bei der Fräsbearbeitung mit einem nicht verschlissenen Werkzeug erfasst wurden. Die Trainingsdaten umfassen hierbei sowohl die gefrästen Bahnen als auch den Leerlaufprozess. Als Beispiel für eine werkzeugseitige Anomalie wurde der Autoencoder anschließend auf ein Signal bei gleichen Prozessparametern, jedoch verschlissenem Werkzeugzustand angewendet

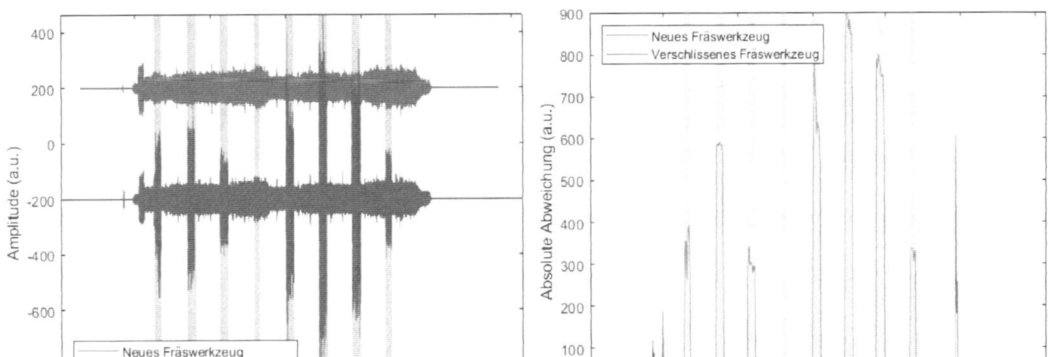

Abb. 4. Detektion einer werkzeugseitigen Anomalie mittels Autoencoder. Die Verwendung eines beschädigten Fräswerkzeugs kann mit Hilfe des Autoencoders als Anomalie sichtbar gemacht werden.

In Abbildung 4 sind auf der linken Seite die beiden Körperschallsignale gezeigt, die beim Fräsen einer Aluminiumplatte mit einem neuen Fräswerkzeug bzw. mit einem verschlissenem Fräswerkzeug (mit abgebrochener Klinge) aufgenommen und zum Trainieren bzw. Testen des Autoencoders als Input eingesetzt wurden. Die Zeiten, zu denen die Fräsbearbeitung stattfand, wurden mit einem grünen Hintergrund manuell markiert.
Rechts in der Abbildung ist der absolute Fehlerwert des Ergebnisses dargestellt. Dieser ist bei der Verwendung eines neuen Werkzeuges gering, da der Autoencoder auf solche Signale gezielt antrainiert ist. Im Fall eines verschlissenen Werkzeuges steigt der Fehlerwert hingegen drastisch an. Über die Wahl eines geeigneten Schwellwert können diese Fehlerwerte daher zum Unterscheiden zwischen Anomalie und Nichtanomalie dienen.

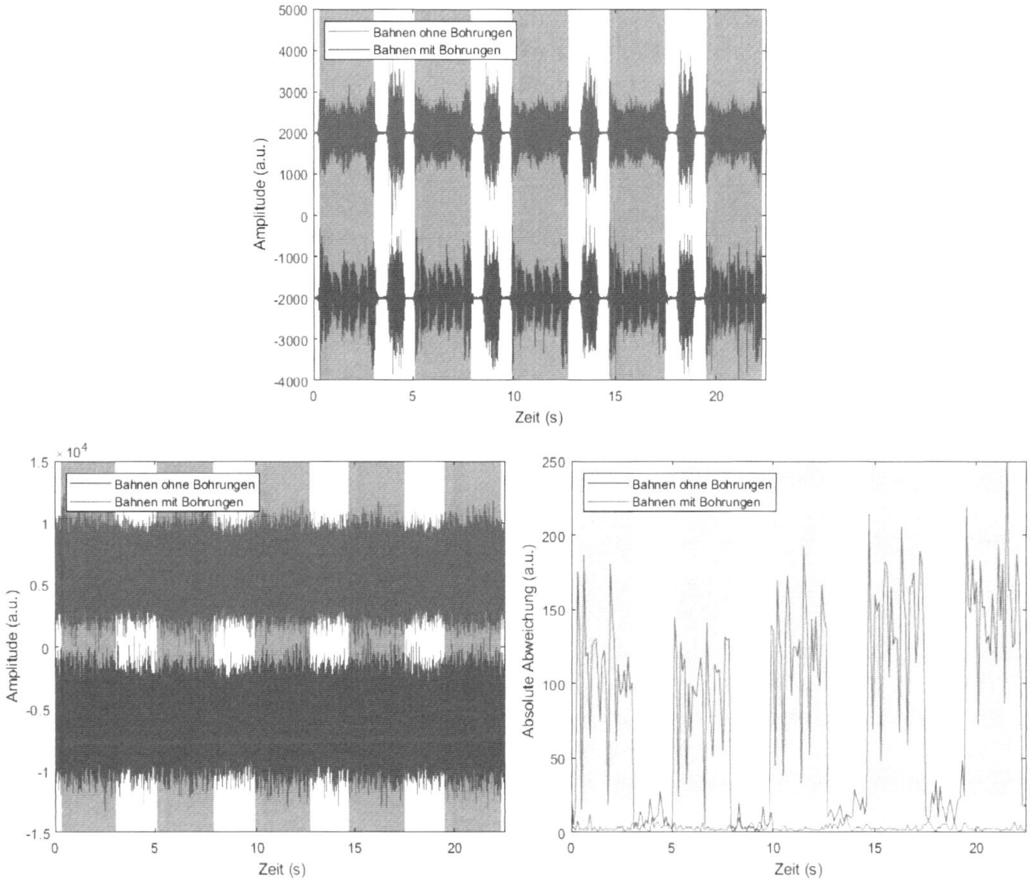

Abb. 5. Detektion einer werkstoffseitigen Anomalie. Oben ist ein Körperschallsignal eines Sensors abgebildet, welches am Spanntisch integriert ist. Unten links ist ein Körperschallsignal eines Sensors abgebildet, welches an der Spindel der CNC-Maschine befestigt ist und dessen Signalcharakteristiken für den Autoencoder verwendet wurden. Unten rechts sind die Rekonstruktionsfehler des Autoencoders zu sehen.

Das gleiche Prinzip kann auch zur Detektion einer werkstoffseitigen Anomalie genutzt werden [10]. Hierzu wurden erneut Körperschallsignale mit einer Abtastrate von 1 MHz bei dem Fräsen einer Aluminiumplatte aufgenommen, wobei in diesem Fall Löcher als Anomalien dienen sollen und zuvor in die geplanten Fräsbahnen gebohrt wurden. Durch die Löcher ergeben sich kurze Unterbrechungen des Bearbeitungsvorgangs wie im oberen Diagramm von Abbildung 5 zu sehen ist. Die Signale stammen hierbei von einem am Spanntisch montierten Sensor und dienen an dieser Stelle ausschließlich zur Visualisierung des Prozesses. Der interessante Sensor, der für die Analyse verwendet wird, ist im

Experiment an der Spindel der CNC-Maschine montiert. Dessen Körperschallsignale sind im unteren linken Diagramm dargestellt. Die Erkennung einer Anomalie mit dem bloßen Auge ist anhand des Signals praktisch unmöglich. Diese Signale wurden nach ihren Signalcharakteristiken untersucht und deren berechnete Features als Input für den Autoencoder verwendet, welcher erfolgreich die mit Bohrlöchern versehenen Fräsbahnen als Anomalien detektieren kann.

Es existieren weitere detektierbare Anomalien. Hierzu zählen z.B. sensorseitige Anomalien wie ein Sensorausfall, welcher zu einem anderen Rauschverhalten des Signals führt. Der Einsatz von Autoencodern beschränkt sich im Allgemeinem nicht auf die Detektion von Anomalien, sondern kann auch für die Detektion bestimmter Prozessschritte oder als Filter [11] genutzt werden. Alternativ kann er auch als Werkzeug zum Einleiten einer weiterführenden Analyse wie dem Klassifizieren von Prozess- oder Werkstückdefekten eingesetzt werden.

5. Zusammenfassung

Multiprocessing erlaubt eine drastische Erhöhung der ausgewerteten Datenmengen und zeigt gerade bei multisensorischen Überwachungssystemen sehr viel Potenzial, welches im Wesentlichen durch die Kommunikation zwischen den Kernen beeinträchtigt wird und der echtzeitfähigen Analyse entgegenwirkt. Doch durch eine kontrollierte Reduzierung der Kommunikationsrate der ausgewerteten Daten kann der Overhead klein gehalten werden, sodass Multiprocessing neben der Verarbeitung großer Datenmengen in Echtzeit auch zur Analyse effektiv eingesetzt werden kann. Die Ergebnisse der Datenverarbeitungen werden schließlich als visuelles Feedback oder als Input für neuronale Netze wie dem Autoencoder verwendet, um Anomalien zu detektieren. In der vorliegenden Arbeit wurden hierzu zwei mögliche Einsätze demonstriert. So wurde im Kontext der Zustandsüberwachung zum einem die Fräsbearbeitung mit einem verschlissenen Fräswerkzeug als Anomalie erkannt, zum anderen wurde im Kontext der Prozessüberwachung Fräsbahnen mit eingebauten Löchern als Anomalie zu lochfreien Fräsbahnen als Regelfall unterschieden.

Referenzen

[1] M. G. R. Sause, F. F. Linscheid, C. Oblinger, S. O. Gade, and S. Kalafat, "Hard-and Software fusion for process monitoring during machining of fiber reinforced materials," in Munich Symposium on Lightweight Design 2020, 2020. https://doi.org/10.1007/978-3-662-63143-0_6

[2] Florian F. Linscheid and Markus G. R. Sause. "Hard- und Softwarefusion von mehreren akustischen Messmethoden zur Zustandsüberwachung", in DGZfP Jahrestagung 2021: Materialcharakterisierung, Deutsche Gesellschaft für Zerstörungsfreie Prüfung (DGZfP)

[3] Qin, S.J. (2014), "Process data analytics in the era of big data", AIChE J., https://doi.org/10.1002/aic.14523

[4] MathWorks, Parallel Computing Toolbox Documentation, https://de.mathworks.com/help/parallel-computing/

[5] Martin Hirzel, Robert Soulé, Scott Schneider, Buğra Gedik, and Robert Grimm. 2014. A catalog of stream processing optimizations. ACM Comput. Surv. 46, 4, Article 46 (April 2014), 34 pages. https://doi.org/10.1145/2528412

[6] Markus G. R. Sause, "In situ monitoring of fiber-reinforced composites: Theory, basic concepts, methods, and applications", Springer International Publishing, 2016

[7] Kraljevski, I., Duckhorn, F., Tschöpe, C., & Wolff, M., "Machine learning for anomaly assessment in sensor networks for NDT in aerospace.", 2021, IEEE Sensors Journal, 21(9), https://doi.org/10.1109/JSEN.2021.3062941

[8] Jakovlev, S.; Voznak, M. Auto-Encoder-Enabled Anomaly Detection in Acceleration Data: Use Case Study in Container Handling Operations. *Machines* 2022, *10*, 734. https://doi.org/10.3390/machines10090734

[9] Jong Moon Ha, Hong Min Seung, Wonjae Choi, Autoencoder-based detection of near-surface defects in ultrasonic testing, Ultrasonics, Volume 119, 2022, 106637, ISSN 0041-624X, https://doi.org/10.1016/j.ultras.2021.106637

[10] L. Lorenti, G. De Rossi, A. Annoni, S. Rigutto and G. A. Susto, "CUAD-Mo: Continuos Unsupervised Anomaly Detection on Machining Operations," 2022 IEEE Conference on Control Technology and Applications (CCTA), Trieste, Italy, 2022, https://doi.org/10.1109/CCTA49430.2022.9966138

[11] Gao, Fei, et al. "Ultrasonic signal denoising based on autoencoder", Review of Scientific Instruments 91.4, 2020, https://doi.org/10.1063/1.5136269

Structural Health Monitoring (SHM) for continuous monitoring of hydrogen pressure vessels

Bengisu YILMAZ [1], Amir CHARMI [1], Jan HEIMANN [1], Eric DUFFNER [1], Marcus SCHUKAR [1], Jens PRAGER [1]
[1] Bundesanstalt für Materialforschung und –prüfung (BAM), Berlin
Kontakt E-Mail: bengisu.yilmaz@bam.de

Kurzfassung

While hydrogen is one of the most promising energy carriers, the safety of hydrogen storage technology remains one of the most important factors for technological and societal approval. While the engineering safety factors of the pressure vessels are kept high, the periodic inspection and the limited lifetime are making the application very costly considering manpower, time, money, and material waste. The development of an integrated structural health monitoring system can allow an easy transition from the current situation to cost-effective predictive maintenance. Hence, we propose to integrate three different SHM systems into hydrogen pressure vessels, namely guided wave ultrasonics, acoustic emission, and fibre optic sensing, to continuously monitor the condition and integrity.

In this work, we evaluated the condition of a Type IV composite overwrapped pressure vessel using ultrasonic guided wave propagation. We mounted fifteen piezo-electric wafers on the composite cylinder by shaping three rings containing five sensors each. We acquired data from the sensor network following different boundary conditions with artificial damages on the selected locations. The data were evaluated with guided wave tomography techniques using ultrasonic features (amplitude, frequency, etc.) as well as artificial intelligence (AI). The results suggest that both traditional guided wave fusion techniques and AI-based characterization methods can detect artificial damages. In future work, it is planned to integrate acoustic emission and fibre optic sensing. Moreover, the measurement and the test results will be implemented into a digital twin to derive trends and make predictions on the damage propagation as well as the remaining useful lifetime.

This work has received funding from German Ministry of Economic Affairs and Climate Actions within the QI-Digital initiative (www.qi-digital.de).

Detektion von Kissing Bonds in geklebten Bauteilen mittels der Methode des nichtlinearen Ultraschalls

Mike KORNELY [1], Julian EHRLER [1], Igor SOLODOV [1], Marc KREUTZBRUCK [1]
[1] Institut für Kunststofftechnik, Universität Stuttgart, Stuttgart

Kontakt E-Mail: marc.kreutzbruck@ikt.uni-stuttgart.de

Kurzfassung. Als Kissing Bonds werden Defekte in Klebverbindungen bezeichnet, die durch eine schlechte Anhaftung des Klebstoffs auf dem Substrat entstehen. Diese Defekte führen zu einem adhäsiven Versagen der Klebstoffverbindung. Da Kissing Bonds im Vergleich zu anderen typischen Defekten, wie Risse oder Lunker kein geometrisches Volumen haben und es so keine neue Grenzfläche im Vergleich zum defektfreien Bereich gibt, sind sie mit konventionellen ZfP-Verfahren meist gar nicht oder in Einzelfällen nur sehr schwierig zu detektieren.

In dieser Arbeit wurden Kissing Bonds an Aluminiumsubstraten mit Epoxid- und Silikonklebstoffsystemen reproduzierbar hergestellt. Zur Herstellung wurde ein PTFE-Trockenschmierspray verwendet, das zu einem komplett adhäsiven Versagen der Klebverbindung führt. Eine Methode die für den Nachweis von Kissing Bonds geeignet ist, ist die Methode des nichtlinearen Ultraschalls. Die niedrigen Anhaftungskräfte zwischen Klebstoff und Substrat führen zu einer ausgeprägten Nichtlinearität, während Bereiche mit guter Anhaftung zu einer niedrigen Nichtlinearität führen. Zum grundsätzlichen Nachweis wurde ein Laser-Doppler-Vibrometer genutzt, der die, durch einen Piezoshaker erzeugten Schwingungen auf der Prüfkörperoberfläche misst. Die Messungen zeigen eine stark erhöhte Amplitude der höher Harmonischen im Bereich der Kissing Bonds.

Einführung

Aufgrund ihrer hohen gewichtsspezifischen Steifigkeit und Festigkeit gewinnen Leichtbauwerkstoffe wie Faserkunststoffverbunde (FKV) in einer Vielzahl von Technologiesektoren zunehmend an Bedeutung [1]. Darüber hinaus eröffnen Mischbauweisen aus Metall und FKV in der Automobilindustrie, im Bereich der Luftfahrt sowie weiteren Industriezweigen neue, innovative Möglichkeiten für die Produktentwicklung. Hierbei sind angepasste Fügeverfahren essentiell, um die Vorteile des jeweiligen Werkstoffs optimal ausnutzen zu können. Klebungen bieten hierfür als Fügeverfahren eine homogene Spannungsverteilung und Kraftübertragung und verbinden darüber hinaus unterschiedlichste Werkstoffgruppen. Das zeigt sich auch im seit Jahren steigenden Umsatz in der Klebstoffindustrie (vgl. Abb. 1) [2].

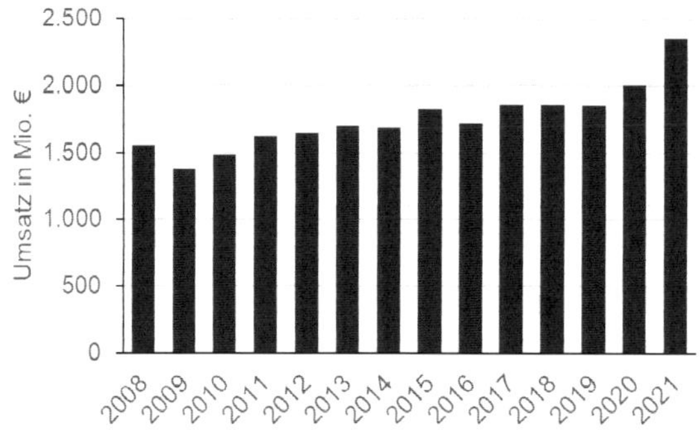

Abb. 1: Umsatz der Klebstoffindustrie in Deutschland von 2008 bis 2021 [2]

In den Herstellungsprozessen geklebter Bauteile sind Defekte die den Verbund beeinflussen, trotz qualitätssichernden Maßnahmen, oftmals nicht zu vermeiden [3]. Eine Reihe üblicher Defekte im Klebstoff wie Poren, Risse, Benetzungsfehler oder Fehler im Füge-teil (vgl. Abb. *2*), lassen sich mittels Computertomografie (CT) oder Ultraschall bereits sehr gut detektieren und analysieren.

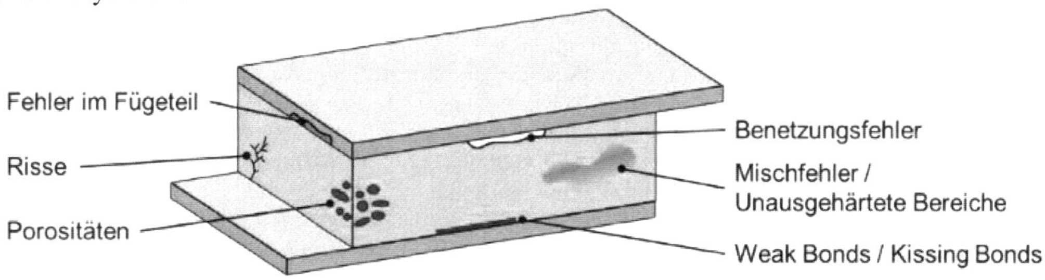

Abb. 2: Schematische Darstellung von unterschiedlichen Defekten in Klebverbindungen

Defekte im Adhäsionsbereich, wie Kissing Bonds oder Weak Bonds, sind mittels konventioneller zerstörungsfreier Prüfverfahren stark erschwert bis nahezu unmöglich nachzuweisen. Anhaftungsfehlern zwischen Substratoberfläche und Klebstoffmatrix, sogenannten Kissing Bonds, sind besonders problematisch aufgrund der Tatsache, dass sie sich äußerlich betrachtet nicht von optimal ausgeführten Klebungen unterscheiden. Bei Kissing Bonds handelt es sich um nicht haftende Kontakte ohne Kraftübertragung, jedoch mit geschlossener Grenzfläche. Die Klebung versagt an diesen Kontaktstellen in der Regel bei geringsten Belastungen. Weak Bonds bezeichnen ebenfalls Bereiche mit nicht vorhandener Haftung, wobei lokal an vereinzelten Stellen eine gute Haftung auftritt. Bislang sind zerstörungsfreie Prüfungen an Klebverbindungen über Verfahren wie Shearografie [4] oder Thermografie [5], aber auch mittels CT oder Ultraschall möglich [6, 7]. Nachteilig sind hierbei jedoch die komplexe Ergebnisinterpretation und Empfindlichkeit gegenüber Umgebungseinflüssen (bspw. bei der Shearografie) sowie die lediglich qualitativen Ergebnisse der Verfahren [8, 9], sowie ein zusätzlicher Kostenfaktor. Darüber hinaus existiert bislang kein zerstörungsfreies Prüfverfahren mit welchem die Qualität der Adhäsion und Kohäsion von Klebverbindungen charakterisiert werden kann bzw. lokal variierende Adhäsionsbedingungen detektiert werden können [10]. Diese Lücke soll durch die ganzheitliche Untersuchung eines akustischen Verfahrens aus dem Anwendungsgebiet der zerstörungsfreien Prüfung geschlossen werden. Die Weiterentwicklung der Prüfmethoden des nichtlinearen Ultraschalls soll weiterhin für die Prüfung von Klebverbindung von der Herstellung bis zum „end-of-life“ validiert werden, um dem steigenden Bedarf an Verfahren zur Qualitätssicherung von Klebverbindungen gerecht zu werden.

Ein zerstörungsfreies Verfahren, das fertigungsbedingte Defekte im Bauteil und im Klebverbund an einer beliebigen Stelle aufzeigt und darüber hinaus die Qualität der Klebung abbildet bzw. mögliche Alterungsvorgänge detektierbar macht, wird zudem das Vertrauen in die Klebtechnik, besonders auch bei sicherheitsrelevanten Klebungen, deutlich steigern.

1. Stand der Technik

In ersten Untersuchungen [11] konnte mit der Methode des nichtlinearen Ultraschalls Bereiche mit einer schlechten Adhäsion an Klebverbindungen aus dem Luftfahrtbereich nachgewiesen werden. Die Methode des nichtlinearen Ultraschalls basiert auf der Ausbildung von höher harmonischen Schwingungen bei Anregung mit einem konstanten Sinussignal. Wird ein Bauteil mit einer Sinusschwingung angeregt, schwingt das Bauteil zusätzlich zur angeregten Grundfrequenz auch mit höher harmonischen Schwingungen, deren Frequenz einem Vielfachen der Grundfrequenz entspricht. Untersuchungen haben gezeigt, dass in Bereichen mit schlechter Adhäsion der Anteil an höher harmonischen Schwingungen, im Vergleich zu Bereichen mit guter Anhaftung, erhöht ist (vgl. Abb. 3) [11].

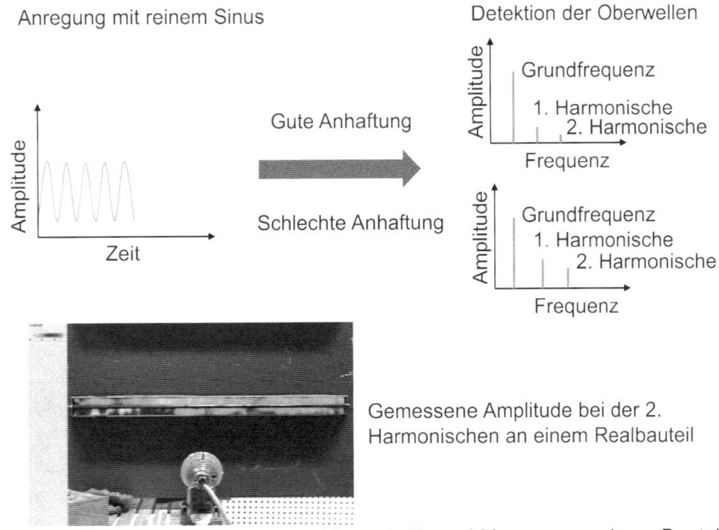

Abb. 3: Prinzip des nichtlinearen Ultraschalls und Messung an einem Bauteil

Die Anregung der Bauteile kann auf unterschiedliche Arten erfolgen. Möglich sind z. B. Anregungen mittels Piezoelementen, piezoelektrischer Shaker, Ultraschallsonotroden oder berührungslos mittels Lautsprecher. Die Reaktion des Bauteils auf diese Anregung kann an der Bauteiloberfläche z.B. mittels scannendem Laser-Doppler-Vibrometer (LDV) punktweise detektiert werden. Jeder Punkt auf der Oberfläche schwingt unterschiedlich bzgl. der Amplitude und Frequenz. Das Schwingungsverhalten eines jeden Punktes setzt sich aus mehreren Sinusschwingungen mit unterschiedlichen Frequenzen und Amplituden zusammen. Diese messtechnisch erfassbare und überlagerte Schwingung kann über eine Fast-Fourier-Transformation (FFT) in mehrere Sinusschwingungen der entsprechenden Frequenz bzw. Amplitude zurückgerechnet werden, sodass sich das Schwingungsspektrum jedes Punkts ergibt. Die Funktionsweise des Laser-Doppler-Vibrometers basiert auf dem optischen Interferenzprinzip und ist vereinfacht in Abb. 4 gezeigt. Ein Laserstrahl wird mittels Strahlteiler in einen Mess- und einen Referenzstrahl aufgeteilt. Der Messstrahl wird auf der schwingenden Bauteiloberfläche reflektiert, wodurch eine Phasenverschiebung resultiert. Vor dem Detektor wird der Referenzstrahl und der Messstrahl überlagert und es entstehen konstruktive und destruktive Interferenzen, wodurch die Schwingungsamplitude am Bauteil bestimmt werden kann. Mit modernen Laservibrometern sind so Amplituden im Subnanometerbereich messbar.

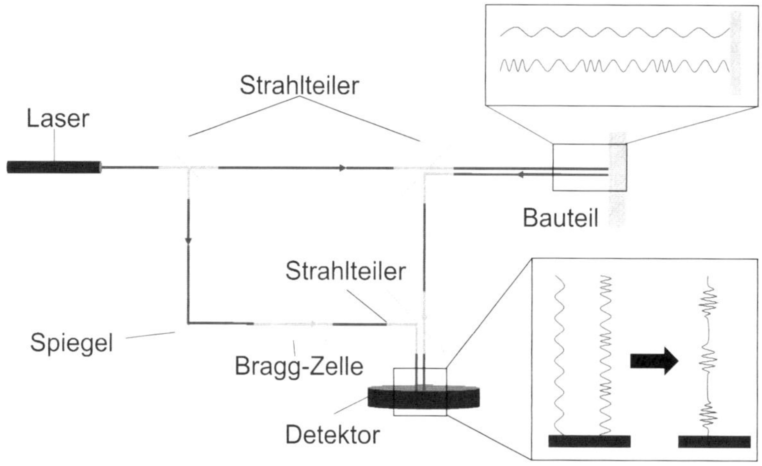

Abb. 4: Vereinfachter Aufbau und Messprinzip eines Laser-Doppler-Vibrometer

2. Versuchsaufbau und Durchführung

Um das Verfahren des nichtlinearen Ultraschalls untersuchen zu können, müssen Prüfkörper mit definierten Adhäsionsdefekten hergestellt werden. Die reproduzierbare Herstellung von Kissing Bonds ist hierbei keinesfalls trivial, weshalb im Rahmen des Forschungsprojektes die Herstellung von Verbundprüfkörpern vom Institut für Füge- und Schweißtechnik (ifs) der Universität Braunschweig durchgeführt wurde. Ein gängiges Verfahren zur Erzeugung von Kissing Bonds ist die Maskierung der Substratoberfläche einer der beiden Fügeteile mit einem Trennmittel [3, 12]. Hierbei gilt es ein mögliches Migrieren des eingesetzten Trennmittels in den zu verwendenden Klebstoff zu verhindern, was bevorzugt bei Silikonklebstoffen auftreten kann – insbesondere wenn das Trennmittel silikonbasiert ist. Da als Versuchswerkstoffe ein zweikomponentiges (2K) Silikon (DOWSIL™ EA-2626) sowie ein ebenfalls zweikomponentiges (2K) Epoxidharzsystem (3M™ Scotch-Weld™ DP490) untersucht wurden, fand als Trennmittel ein PTFE-Trockenschmierspray Verwendung. Als Substratmaterial wurden Aluminiumbleche der Legierung EN AW-6082 gewählt. Um eine reproduzierbare Erzeugung von Kissing Bonds nachzuweisen wurden einfach überlappte Zugscherproben (EZS) nach DIN EN 1465 hergestellt. Um im ersten Arbeitsschritt ein reproduzierbares Einbringen von Kissing Bonds zu überprüfen, wurde eine zerstörende Charakterisierung der Prüfkörper an quasistatischen Zugscherversuchen durchgeführt. Hierfür wurden Prüfkörper mit PTFE-Trockenschmierspray und Prüfkörper ohne eingebrachte Fehlstelle untersucht. Der Fokus lag bei der Auswertung auf dem Erscheinungsbild der Bruchbilder sowie der Gewährleistung der Reproduzierbarkeit von Anhaftungsfehlern im Adhäsionsbereich. Das PTFE-Trockenschmierspray wurde verwendet, weil ein vorher genutztes PTFE-Öl während des Aushärtevorgangs aus der Fügezone ausgetreten ist und so keine homogene Defekterzeugung gewährleistet werden konnte.

Nachdem erfolgreich die Erzeugung von Kissing Bonds mittels der Applikation von PTFE-Trockenschmierspray nachgewiesen werden konnte, erfolgte die Herstellung von Verbundprüfkörpern zur Prüfung mittels nichtlinearem Ultraschall. Hierfür wurden die in Abb. 5 schematisch dargestellten Verbundprüfkörper I und II geklebt, unter Verwendung des 2K Silikonklebstoffes sowie des 2K Epoxidharzes. Als Substratmaterial fand hier ebenfalls Aluminium EN AW-6082 Verwendung. Die Herstellung dieser Prüfkörper ist notwendig, weil die Geometrie auf die Prüfaufgabe (Positionierung der Anregungsquelle und den direkten Vergleich von Gut- und Schlechtbereich) angepasst wurde, sodass anschließend eine optimale Vermessung mittels LDV möglich ist.

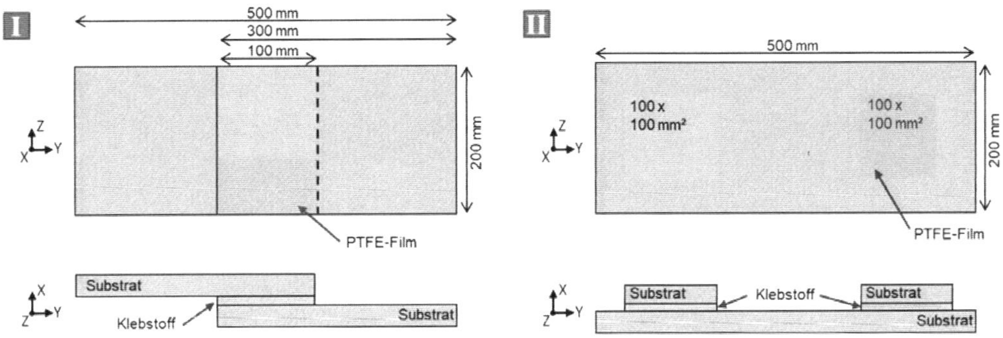

Abb. 5: Prüfkörpergeometrie I überlappte Zugscherprobe und Prüfkörpergeometrie II Vergleichsprobe mit Kissing Bond in Epoxidklebstoff und Silikonklebstoff

Der Verbundprüfkörper I ist als überlappte Klebung ausgeführt, wobei ein Drittel der Klebfläche mit einem PTFE-Film versehen ist. Dies dient der Überprüfung, ob es einen klar erkennbaren Übergang zum Bereich des Anhaftungsfehlers gibt oder ob eher eine graduelle Verlaufsform vorliegt. Eine örtliche Trennung zwischen einer fehlerfreien i.O.-Klebung (i.O. = in Ordnung) sowie einer n.i.O.-Klebung (n.i.O. = nicht in Ordnung) wurde mit dem Verbundprüfkörper II realisiert. Hierbei sind bei der n.i.O-Klebung ca. 90 % der geklebten Fläche mit einem PTFE-Film benetzt worden, wobei ein seitlich angeordneter Streifen ohne PTFE-Film eine Anhaftung des obenliegenden Substrates gewährleisten soll.

Die Untersuchung an den Prüfkörpern wurde mittels scannendem Laser-Doppler-Vibrometer (Polytec 300 von Polytec GmbH, Waldbronn) durchgeführt. Dabei wurde als Anregung ein piezoelektrischer Vakuumshaker der Firma isi-sys GmbH, Kassel, genutzt. Als Anregungssignal wurde ein 20 kHz Sinussignal von einem Generator für arbiträre Wellenformen (HP 33120A von isi-sys GmbH, Kassel) sowie ein Verstärker (HVA B100 von isi-sys GmbH, Kassel) verwendet. Hierbei resultiert eine 50 – 60 V Amplitude für den Vakuumshaker.

3. Ergebnisse und Diskussion

Aufgrund der durchgeführten quasistatischen Zugscherversuche an mit 2K Silikon sowie 2K Epoxidharz geklebten EZS mit einseitig auf der Substratoberfläche aufgetragenem Film aus PTFE-Trockenschmierspray konnte erfolgreich die Erzeugung von Kissing Bonds nachgewiesen werden. Nachfolgend sind in Abb. 6 die Ergebnisse aus der zerstörenden Charakterisierung der EZS mit dem 2K Silikon dargestellt. Neben den ermittelten Spannungs-Weg-Verläufen sind ebenfalls die Bruchbilder der geprüften Proben mit dem dazugehörigen Verschmutzungsgrad dargestellt. Der Verschmutzungsgrad bezieht sich hierbei auf die Menge des applizierten PTFE-Trockenschmiersprays in mg pro mm² Substratoberfläche.

Wie in Abb. 6 zu erkennen ist, konnten bei den Proben eins bis drei erfolgreich Kissing Bonds an mit 2K Silikon geklebten EZS hergestellt werden. Die gemessenen Zugscherspannungen sind signifikant reduziert gegenüber den bestimmten Referenzwerte, welche im Bereich von 1,3 MPa bis 1,4 MPa liegen (hier nicht dargestellt). Bei den Proben vier und fünf kam es zur Ausbildung von Weak Bonds mit stark verminderter Adhäsion und entsprechend abgeschwächten Spannungs-Weg-Verläufen sowie teilweiser Anhaftung des 2K Silikons am Substrat im mittigen Bereich der Überlappung. Die gemessenen Spannungs-Weg-Verläufe sind von ihrer prinzipiellen Verlaufsform her vergleichbar mit den in der Arbeit von Jeenjitkaew [3] gemessenen Verläufen an erzeugten Weak Bonds. Vermutlich hängt bei der

Verwendung von PTFE-Trockenschmierspray die Ausprägung von Kissing Bonds von einem minimal notwendigen Verschmutzungsgrad ab. Jedoch ist dieser aktuell schwer abschätzbar, da der Verschmutzungsgrad von Kissing Bonds (3,07E-03 mg/mm²) bzw. Weak Bonds (2,98E-03 mg/mm²) sehr eng beieinanderliegt.

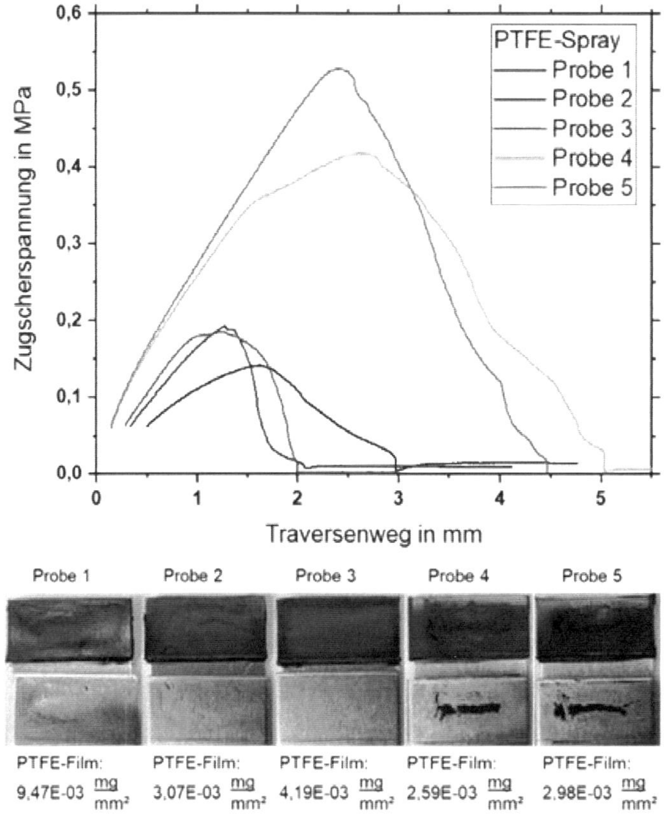

Abb. 6: Zugversuche mit an Prüfkörpern (EZS) mit 2K Silikon und PTFE-Trockenschmierspray

In den nachfolgenden Bildern sind Ergebnisse aus den Messungen mittels Laser-Doppler-Vibrometer gezeigt. In Abb. 7 werden Messungen an der Prüfkörpergeometrie I mit dem Epoxidharzsystem gezeigt. Die Amplitude ist in diesem Fall farbcodiert aufgetragen, wobei grün für Bereiche mit niedriger Amplitude und rot für Bereiche mit hoher Amplitude steht. Zu sehen ist das Schwingungsverhalten bei der Anregungsfrequenz von 20 kHz sowie bei den höher Harmonischen (80 kHz, 140 kHz und 200 kHz). Die Bereiche der Klebverbindung mit und ohne Kissing Bond unterscheiden sich nicht voneinander.

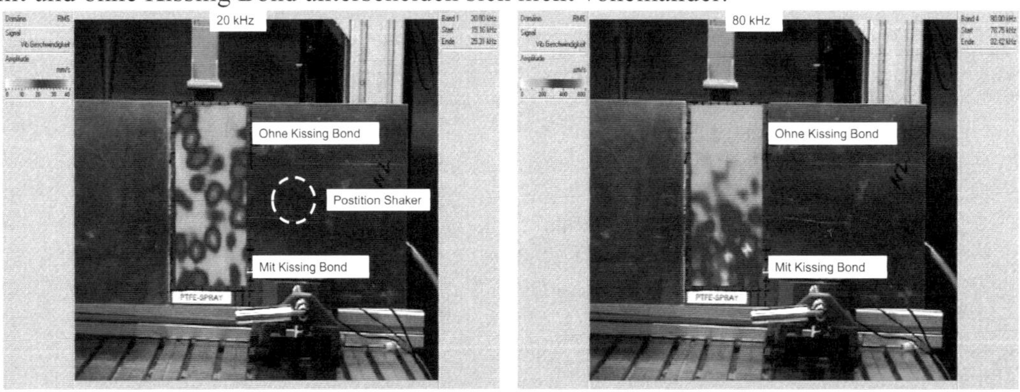

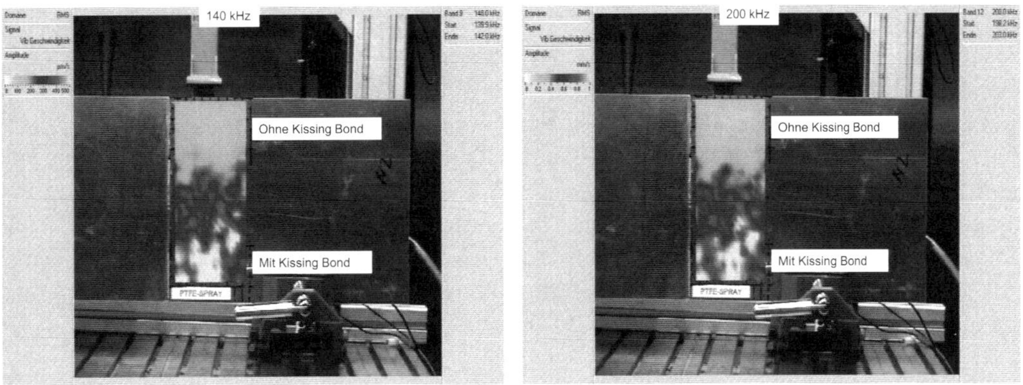

Abb. 7: Prüfkörper I mit Epoxidharz bei der Grundfrequenz 20 kHz und den Harmonischen (80 kHz, 140 kHz und 200 kHz)

In Abb. 8 sind Messungen am Silikonklebstoffsystem an Prüfkörper II zu sehen. Wie bei den Epoxidharzklebstoffen ist bei der Anregungsfrequenz von 20 kHz kein Unterschied zwischen der Fläche mit und ohne Kissing Bond zu erkennen. Betrachtet man die höher Harmonischen ist zu erkennen, dass die Amplitude bei der Klebfläche mit Kissing Bond erhöht ist. Diese Beobachtung lässt sich auch bei den hier nicht gezeigten anderen höher Harmonischen erkennen. Die Ergebnisse an Prüfkörper I und Prüfkörper II könnten auch mit dem anderen Klebstoffsystem validiert werden, sodass der Nachweis für die Machbarkeit der Methode des nichtlinearen Ultraschalls von der Geometrie und vom Klebstoffsystem unabhängig ist.

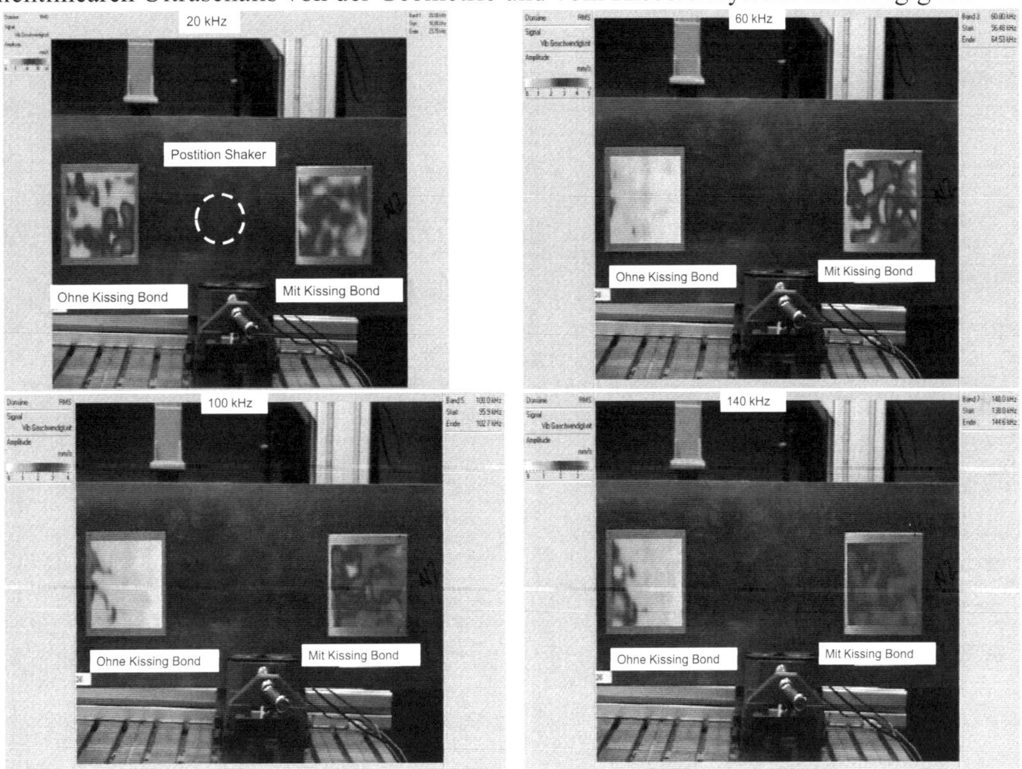

Abb. 8: Prüfkörper II mit Silikonklebstoff bei der Grundfrequenz 20 kHz und den Harmonischen (60 kHz, 100 kHz und 140 kHz)

Fazit

Im Rahmen dieser Arbeit konnte in einem ersten Schritt die reproduzierbare Erzeugung von Adhäsionsfehlern in Klebverbindungen, durch Verwendung von PTFE-

Trockenschmierspray realisiert werden. Mit der Methode des nichtlinearen Ultraschalls konnte ein Nachweis dieser, mit konventionellen zerstörungsfreien Prüfverfahren schwer zu detektierenden Defekte, erreicht werden. Die Prüfmethode erzielte hierbei bei einem Silikonklebstoff und einem Epoxidharzsystem gute Ergebnisse.

In Zukunft soll die Untersuchung an Realbauteilen realisiert werden. Außerdem soll die Methode bzw. die im Bauteil auftretenden Effekte weiter untersucht werden, um so ein besseres Verständnis der Prüfmethode zu entwickeln. Aktuell existieren noch viele Einflussfaktoren auf die Prüfergebnisse, die noch nicht komplett verstanden sind. Daher sollen diese analysiert werden, um die Prüfmethode zu etablieren und so eine Überführung in die Industrie zu realisieren.

Danksagung

Dieses Forschungs- und Entwicklungsprojekt wird mit Mitteln des Bundesministeriums für Wirtschaft und Klimaschutz (BMWK) innerhalb der industriellen Gemeinschaftsforschung (IGF) gefördert.
Weiterer Dank gilt dem Projektbegleitenden Ausschuss für die hilfreichen Diskussionen sowie die Bereitstellung von Versuchsmaterialien.

Referenzen

Literatur

[1] BONTEN, C. Kunststofftechnik. Einführung und Grundlagen. 3., aktualisierte Auflage. München: Hanser, 2020. ISBN 9783446465381.

[2] STATISTISCHES BUNDESAMT. Beschäftigte und Umsatz der Betriebe im Verarbeitenden Gewerbe: Deutschland, Jahre, Wirtschaftszweige [online].

[3] JEENJITKAEW, C. und F.J. GUILD. The analysis of kissing bonds in adhesive joints [online]. International Journal of Adhesion and Adhesives, 2017, 75, 101-107. ISSN 01437496. Verfügbar unter: doi:10.1016/j.ijadhadh.2017.02.019

[4] TU KASSEL, FORSCHUNGSVEREINIGUNG DVS - DEUTSCHER VERBAND FÜR SCHWEI-ßEN UND VERWANDTE VERFAHREN E.V. IGF 18709 N, 1. April 2015 - 31. Juli 2017.

[5] IFS TU BRAUNSCHWEIG. AiF/ZIM (KF2012203JT9), 1. Oktober 2009 - 30. September 2011.

[6] BASTIEN EHRHART , BERND VALESKE, CHARLES-EDOUARD MULLER, CLEMENS BO-CKENHEIMER, Hg. Methods for the Quality Assessment of Adhesive Bonded CFRP Structures -A Resumé, 2010.

[7] J. PRAGER ET AL., Hg. Anwendung geführter US-Wellen für die Prüfung von Klebeverbindungen, DGZfP-Jahrestagung, Potsdam, 2014.

[8] IFS TU BRAUNSCHWEIG. Einsatz der Thermographie zur zerstörungsfreien Prüfung von Clinch-verbindungen. IGF 14890 BG, 1. August 2006-31. Juli 2008.

[9] IFS TU BRAUNSCHWEIG. Zerstörungsfreie Prüfung von Klebverbindungen mittels der ultra-schallangeregten Thermographie. IGF 13249 N, 1. April 2002-31. März 2004.

[10] ZHUANG, Y., F. KOPSAFTOPOULOS und F.-K. CHANG. Bondline Integrity Monitoring of Adhesively Bonded Structures via an Electromechanical Impedance Based Approach. In: Structural Health Monitoring 2015: Destech Publications.

[11] SOLODOV, I. und M. KREUTZBRUCK. Monitoring of Bonding Quality in CFRP Composite Laminates by Measurements of Local Vibration Non-linearity. In: Structural Health Monitoring 2019. Lancaster, PA: DEStech Publications, Inc, 2019. ISBN 978-1-60595-601-5.

[12] CSP. BORGERS ET AL., Hg. Mechanical proper-ties of aluminum- Mechanical properties of aluminium silicone adhesive joints under the effect of tenside contamination, 2nd International Conference on Advanced Joining Processes, 2021, Sintra, Portugal.

Akustische Überwachung des Werkzeugverschleißes bei der zerspanenden Bearbeitung

Christina BAUMEISTER [1], Thomas SCHLECH [1], Marcel ACHZET [1], Quy R. LUONG [1], Florian F. LINSCHEID [1], Bastian BRÜCK [1], Markus G. R. SAUSE [1]
[1] Universität Augsburg, Augsburg

Kontakt E-Mail: christina.baumeister@mrm.uni-augsburg.de

Kurzfassung. Ungefähr ein Fünftel der Maschinenausfälle in der Zerspanung sind werkzeugbedingt. Diese Ausfälle können durch den Einsatz geeigneter Prozess- und Zustandsüberwachungssysteme vermieden werden. Für die Überwachung zerspanender Prozesse können verschiedene Überwachungsstrategien und -systeme eingesetzt werden. Im Rahmen dieser Untersuchungen wird insbesondere der Einsatz von Körperschallsensorik analysiert, der Aufschluss über den Zustand des Werkzeugs liefern soll. Strategien zur Datenfusion werden mittels den aus den Rohdaten extrahierten Merkmalen untersucht. Die Datengrundlage, zur Erarbeitung von Diagnosemodellen, basierend auf Methoden des maschinellen Lernens, bilden praxisnahe Fallbeispiele für Bohr- und Fräsprozesse. Zur Erfassung der notwendigen Daten zur Bestimmung des Verschleißes eines Werkzeugs werden alle Versuche mittels Körperschallsensorik überwacht, während das Werkzeug kontinuierlich im Einsatz verschlissen wird. Als Grundlage der Untersuchungen wird je ein Regressionsmodell für die Überwachung der kontinuierlichen Abnutzung eines Werkzeugs bei einem Bohr- und bei einem Fräsprozess bei gleichbleibendem Material untersucht. Als nächster Schritt werden Modelle erstellt, die unterschiedliche metallische Materialien und den Einfluss von Variationen in den Prozessparametern berücksichtigen. Referenzwerte für die verschiedenen Regressionsmodelle bildet die Verschleißmarkenbreite, die den Zustand des Werkzeugs in Form des Werkzeugverschleißes beschreibt, welche mittels Lichtmikroskopie bestimmt wird.

1. Einführung

In produzierenden Unternehmen ist der Zustand des Werkzeugs bei der Zerspanung von großer Bedeutung, da dieser die Qualität des zu bearbeitenden Bauteils maßgeblich beeinflusst [1, 2]. Zudem sind etwa 20 % aller Maschinenausfälle werkzeugbedingt [1, 3]. Der ständige Gebrauch des Werkzeugs führt unweigerlich zum Verschleiß und resultiert daher in einer reduzierten Werkzeugeffektivität. Der Abnutzungsgrad des Werkzeugs ist somit ein wesentlicher Aspekt zur Beschreibung des Zustands des Werkzeugs. Studien haben gezeigt, dass 70 % der gesamten Instandhaltungskosten auf den Kosten des Ersetzens verschlissener Komponenten beruhen [4, 5]. Um die Instandhaltungskosten mittels vorausschauender Wartung künftig zu senken, werden Zustands- und Prozessüberwachungssysteme erforscht.

In [6] wird die Wichtigkeit von Zustandsüberwachungslösungen für Maschinenbearbeitungsvorgänge bekräftigt. Mittels Zustandsüberwachungssystemen können 10 – 40 % der Kosten durch Reduzierung von Maschinenausfallzeiten und durch die Verlängerung der Einsatzdauer der Werkzeuge gesenkt werden [1, 7].

Im Rahmen des Projekts SmartCut werden daher verschiedene Zustands- und Prozessüberwachungssysteme betrachtet. Hierzu wird die Überwachung von Bohr- und Fräsprozessen mittels eines Körperschallsensors, der in eine CNC Fräsmaschine integriert wird, präsentiert. Aus den erfassten Rohdaten werden mittels des MATLAB-basierten Softwareframeworks Ultra-High-Ultrasonic (UHU) [8, 9] Merkmale extrahiert und analysiert.

Da in der zerspanenden Bearbeitung viele Faktoren wie Qualität des Bauteils, Ausfallzeiten und Kosten vom Zustand des Werkzeugs abhängen, soll mittels der erfassten Daten des Körperschallsensors Aufschluss über den Werkzeugzustand gewonnen werden. Beim Zustand des Werkzeugs wird der Fokus auf das Verschleißerscheinungsbild gelegt. Um den Merkmalen ein Verschleißerscheinungsbild zuzuordnen, werden während der Versuche in regelmäßigen Abständen Lichtmikroskopiemessungen durchgeführt und die Verschleißmarkenbreiten bestimmt.

Zur Generierung einer Datenbasis wird das Werkzeug durch kontinuierlichen Einsatz beim Bohren und Fräsen sukzessive verschlissen. Die Verschleißmarkenbreite wird parallel dazu in regelmäßigen Abständen ermittelt, sodass den Messsignalen und den daraus extrahierten Merkmalen eine Verschleißmarkenbreite zugeordnet werden kann. Die Diagnose des Zustands, also die Zuordnung der Merkmale zu der entsprechenden Verschleißmarkenbreite erfolgt im Anschluss mit Hilfe von Regressionsmodellen des maschinellen Lernens. Dabei wird jeweils ein Modell, das die Daten des kontinuierlichen Verschleißversuchs in einem Chrom-Nickel Edelstahl beim Bohren und ein Modell für den Verschleiß bei einem Fräsprozess trainiert.

In [10] von Y. Zhou *et al.* ist eine Übersicht verschiedener Publikationen aufgelistet, die sich der Überwachung der Verschleißerscheinung verschiedener Werkzeuge in verschiedenen Materialien widmen. Dabei werden verschiedene Methoden von Klassifizierungs- und Regressionsmodellen untersucht. Diese analysieren analog zu dem in dieser Arbeit präsentierten Modell des Bohr- bzw. Fräsprozesses Einzelfälle, die sich auf ein Werkzeug und ein Material fokussieren. Zur Untersuchung der Generalisierbarkeit der Modelle des Bohr- bzw. Fräsprozesses wird im Folgenden ein Modell für Fräs- und eines für Bohrprozesse realisiert, deren Datenbasis sich über verschiedene Materialien wie einer Aluminium-, Edelstahl- und Titanlegierung sowie unterschiedliche Prozessparameter erstreckt.

Ziel ist es, ein Modell zu generieren, das nicht nur bei einem einzigen Material und einer spezifischen Einstellung der Prozessparameter den Werkzeugzustand zuordnen kann, sondern diesen unabhängig von Material- und Prozessparametern erkennt. Somit könnte eine Vorhersage des Werkzeugzustands generalisiert ermittelt werden und damit die Einsatzdauer der Werkzeuge verlängert bzw. frühzeitig verschlissene Werkzeuge ausgetauscht und die Bauteilqualität gewährleistet werden.

2. Material und Methoden

2.1 Versuchsdurchführung

Ein Körperschallsensor vom Typ Fujicera 1045S (Fuji Co.) wird in der z-Achse einer OPTImill® F80 (Optimum® GmbH) CNC Fräsmaschine in einer additiv gefertigten Halterung mittels Magnethaltern befestigt. Die Position des Körperschallsensors im Gehäuse oberhalb der Spindel bietet den Vorteil, dass die Distanz zwischen der Schallquelle, in diesem Fall der Eingriff des Werkzeugs, und dem Körperschallsensor über den

Bearbeitungszeitraum konstant bleibt. Eine schematische Darstellung der Position des Körperschallsensors sowie des Versuchsaufbaus ist in Abbildung 1 zu sehen.

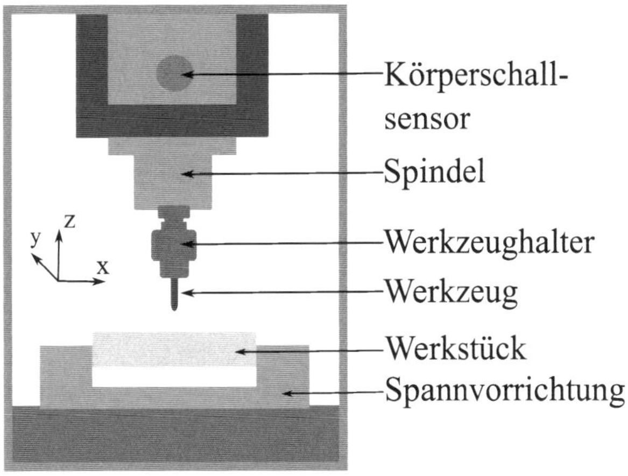

Abbildung 1 Schematische Darstellung des Versuchsaufbaus

Der Körperschallsensor wird zusammen mit einem Zweikanal-Transientenrekorder ProSystem (BCMtec GmbH) in Verbindung mit der Aufzeichnungs- und Analysesoftware PROfile Ultrasonic (BCMtec GmbH) verwendet. Die Abtastrate liegt bei 1 MHz.

Die Versuche werden in einer Platte der Edelstahllegierung X8CrNiS18-9, der Aluminiumlegierung AlZn5,5MgCu und der Titanlegierung TiAl6V4 durchgeführt. Bei den Bohrprozessen wird ein HSS-E-Spiralbohrer mit einem spitzen Winkel von 130° verwendet. Um den Werkzeugdurchmesser zu variieren, wird ein 8 mm und 3,5 mm Bohrer vom gleichen Typ der Firma Hoffmann Group (Artikelnummer 114500 [8 mm] und 114500 [3,5 mm]) herangezogen. Zudem wird der HOLEX Pro Steel VHM-Torusfräser der Firma Hoffmann Group mit einer TiAlN-Beschichtung, einem Durchmesser von 12 mm, einem Schneidenradius von 1 mm, einem Spiralwinkel von 38° und 4 Zähnen verwendet.

In den drei Materialien werden sowohl Verschleißreihen als auch Variationen der Prozessparameter durchgeführt. Mit dem Begriff Verschleißreihe wird hierbei der kontinuierliche Einsatz eines zunächst neuen Werkzeugs bezeichnet, bis dieses aufgrund zu hoher Verschleißerscheinungen nicht mehr nutzbar ist. Innerhalb einer Verschleißreihe werden die Prozessparameter konstant gehalten. Die Variationen der Prozessparameter beinhalten Versuche, bei denen die Schnittgeschwindigkeit, Vorschub sowie die Werkzeugdimension (der Durchmesser beim Bohren) und die Zustellung (Zustellbreite beim Fräsen) variiert wird. Als Parameterkombinationen werden verschiedene Optimierungsziele für die Zerspanungsprozesse festgesetzt: *Optimales Zeitspanvolumen*, *Optimale Qualität*, *Optimaler Betriebspunkt* und *Verschleißoptimiert*. Die gewählten Prozessparameter sind in Tabelle 1 dargestellt. Bei den Bohrprozessen werden Durchgangsbohrungen durch eine 15 mm dicke Platte durchgeführt. Die Platte, die bei den Fräsversuchen verwendet wird, ist 30 mm dick. Dabei beträgt die Zustelltiefe der Fräsprozesse a_p = 15 mm. Die Zustellbreite wird bei den Verschleißreihen auf a_e = 4 mm und bei den Variationen der Prozessparameter auf a_e = 0,2 mm und a_e = 0,5 mm gesetzt.

Um den Verschleiß während der Versuche zu ermitteln, werden die Schneiden unter dem digitalen Mikroskop VHX – 6000 (KEYENCE DEUTSCHLAND GmbH) erfasst und dabei die Verschleißmarkenbreite bestimmt. Ein Beispiel der Betrachtung der Verschleißerscheinung unter dem Mikroskop ist in Abbildung 2 dargestellt. Abbildung 2a) zeigt die Entwicklung einer Schneide des 8 mm Bohrers und Abbildung 2b) die einer Schneide des 12 mm Fräsers, während einer Verschleißreihe in einer Platte der Edelstahllegierung X8CrNiS18-9. Die Variationen der Prozessparameter werden jeweils unter Verwendung eines neuen und eines verschlissenen Werkzeugs durchgeführt.

Tabelle 1 Übersicht der variierten Prozessparameter bei Bohr- und Fräsprozessen, Materialien der Werkstücke, Optimierungsziele, Schnittgeschwindigkeit v_c, Vorschub f, Durchmesser der Bohrer Ø (beim Fräsen wird durchgehend ein Werkzeug mit einem Durchmesser von 12 mm verwendet), Zustellbreite a_e

Zerspanprozess		Bohren			Fräsen		
Materialien	Optimierungsziel	v_c (m/min)	f (mm/U)	Ø (mm)	v_c (m/min)	f (mm/Z)	a_e (mm)
X8CrNiS18-9	Verschleißreihe	23	0,06	8	188,5	0,01125	4
X8CrNiS18-9	Optimale Parameter	19	0,09	8	82	0,07	0,2
X8CrNiS18-9	Zeitspanvolumen	23	0,11	8	90	0,08	0,2
X8CrNiS18-9	Qualität	19	0,07	8	82	0,05	0,2
X8CrNiS18-9	Verschleißreduktion	15	0,11	8	70	0,08	0,2
X8CrNiS18-9	Verschleißreihe	27	0,01	3,5	-	-	-
X8CrNiS18-9	Optimale Parameter	19	0,02	3,5	82	0,07	0,5
X8CrNiS18-9	Zeitspanvolumen	27	0,025	3,5	90	0,08	0,5
X8CrNiS18-9	Qualität	19	0,01	3,5	82	0,05	0,5
X8CrNiS18-9	Verschleißreduktion	15	0,025	3,5	70	0,08	0,5
AlZn5,5MgCu	Verschleißreihe	95	0,06	8	-	-	-
AlZn5,5MgCu	Optimale Parameter	75	0,2	8	260	0,28	0,2
AlZn5,5MgCu	Zeitspanvolumen	85	0,22	8	290	0,3	0,2
AlZn5,5MgCu	Qualität	85	0,16	8	260	0,24	0,2
AlZn5,5MgCu	Verschleißreduktion	65	0,22	8	230	0,3	0,2
AlZn5,5MgCu	Verschleißreihe	95	0,01	3,5			-
AlZn5,5MgCu	Optimale Parameter	75	0,06	3,5	260	0,28	0,5
AlZn5,5MgCu	Zeitspanvolumen	85	0,1	3,5	290	0,3	0,5
AlZn5,5MgCu	Qualität	85	0,03	3,5	260	0,24	0,5
AlZn5,5MgCu	Verschleißreduktion	65	0,1	3,5	230	0,3	0,5
TiAl6V4	Verschleißreihe	9	0,06	8	140	0,06	4
TiAl6V4	Optimale Parameter	6	0,09	8	65	0,06	0,2
TiAl6V4	Zeitspanvolumen	8	0,1	8	70	0,07	0,2
TiAl6V4	Qualität	6	0,06	8	65	0,05	0,2
TiAl6V4	Verschleißreduktion	5	0,1	8	55	0,07	0,2
TiAl6V4	Optimale Parameter	-	-	-	65	0,06	0,5
TiAl6V4	Zeitspanvolumen	-	-	-	70	0,07	0,5
TiAl6V4	Qualität	-	-	-	65	0,05	0,5
TiAl6V4	Verschleißreduktion	-	-	-	55	0,07	0,5

a)

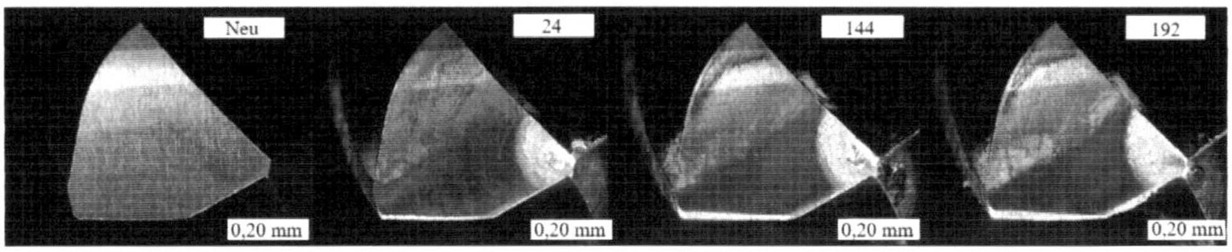

b)

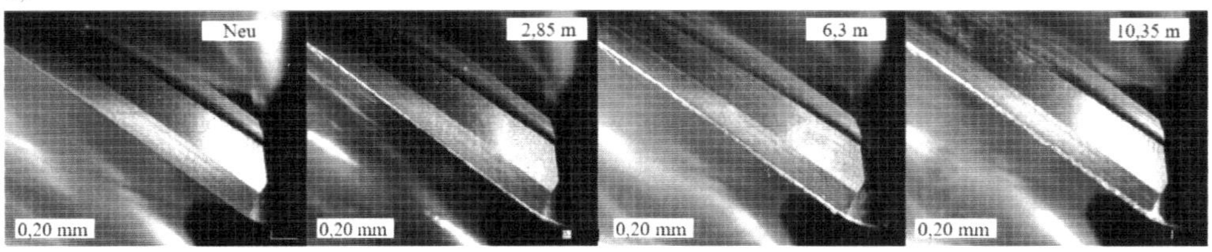

Abbildung 2 Entwicklung des Verschleißes bei kontinuierlicher Verwendung des a) 8 mm Bohrers nach einer entsprechenden Anzahl an Bohrungen und des b) 12 mm Fräsers nach einer entsprechenden Fräsbahnlänge in einer Platte der Edelstahllegierung X8CrNiS18-9

2.2 Vorgehen zur Datenverarbeitung

Die durch den Körperschallsensor aufgenommenen Rohdaten werden verarbeitet, um anschließend typische Signalcharakteristika bzw. Merkmale zu extrahieren. Mittels Regressionsmodellen des maschinellen Lernens werden diese Merkmale auf eine Verschleißmarkenbreite antrainiert.

Für die Vorverarbeitung werden mit Hilfe von Tief- und Hochpassfiltern zunächst Störgeräusche, wie beispielsweise Schwingungen des Spindelmotors, herausgefiltert. Somit können in den relevanten Zeitabschnitten, in denen ein Zerspanprozess stattfindet, aussagefähigere Merkmale berechnet werden. Ein Beispiel dafür, dass durch die Anwendung von Filtern das Signal des Spindelmotors eliminiert und somit der Bohrprozess deutlicher erkennbar ist, ist in Abbildung 3 zu sehen. Abbildung 3a) zeigt das originale ungefilterte Signal einer Bohrung, wobei aufgrund des durchgehend überlagerten Störsignals des Spindelmotors nicht zu erkennen ist, zu welchen Zeitabschnitten diese Bohrung stattfindet. In Abbildung 3b) wird ein Filter verwendet, der das Signal des Spindelmotors herausfiltert. Hierfür wird auf das Rohsignal ein Tiefpassfilter mit einer Durchlassfrequenz von 8 kHz und einer Sperrfrequenz von 10 kHz und anschließend ein Hochpassfilter mit einer Sperrfrequenz von 0,2 kHz und einer Durchlassfrequenz von 0,5 kHz angewandt. Bei dem gefilterten Signal ist ersichtlich, dass die Bohrung bei ca. 5 s beginnt. Bei genauerer Betrachtung ist auch zu erkennen, dass die Bohrung bei ca. 8 s, 11 s, 13 s und 16 s kurz stoppt. Dies ist prozessbedingt und legt damit eine hohe Sensitivität der Körperschallanalyse nahe.

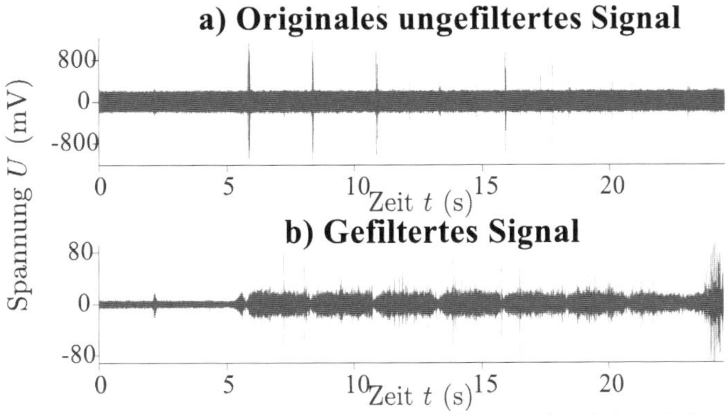

Abbildung 3 a) Ungefiltertes und b) gefiltertes Signal eines Bohrvorgangs

Um die Merkmale aus den gefilterten Signalen zu erhalten, in denen ein Zerspanprozess stattfindet, werden die relevanten Zeitabschnitte ermittelt. Hierzu wird ein Schwellwertverfahren angewendet. Da während den Versuchen noch ein Beschleunigungssensor sowie ein sensorischer Werkzeughalter zur Messung von Kräften und Momenten herangezogen wird, wird das Schwellwertverfahren an dem jeweiligen Sensor durchgeführt, dessen Signaldifferenz bei dem jeweiligen Zerspanprozess den größten Unterschied zum Leerlauf aufweist und der Zerspanprozess somit eindeutig identifiziert werden kann. Durch die Synchronisation der Zeiten der Messdateien aller verwendeten Sensoren, liegen die Zeitabschnitte bei allen Sensoren und Versuchen vor, in denen ein Zerspanvorgang stattfindet. In Abbildung 4 sind die Körperschallsignale in dunkelgrün von sechs Bohrungen dargestellt. Die ermittelten Zeitabschnitte in denen ein Zerspanprozess vorliegt, sind hellgrün hinterlegt.

Die extrahierten Zeitabschnitte, in denen ein Zerspanvorgang stattfindet, werden weiterhin in diskrete 10 ms Intervalle unterteilt. Für diese Zeitintervalle werden folgende Merkmale berechnet: maximale Amplitude, maximale Amplitude im Frequenzraum, mittlere Frequenz, gewichtete maximale Amplitude im Frequenzraum, spektrale Leistungsdichte, Effektivwert (RMS), Durchschnittliche Amplitude, Geometrischer Mittelwert und

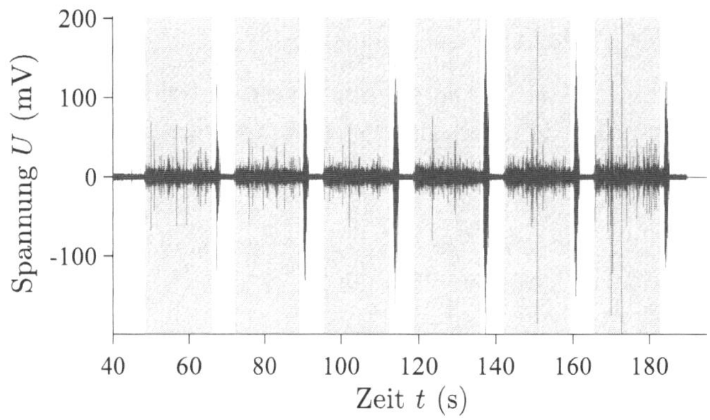

Abbildung 4 Gefiltertes Signal eines Körperschallsensors von sechs Bohrungen in dunkelgrün und Darstellung der ermittelten relevanten Zeitabschnitte, in denen ein Zerspanprozess stattfindet, in hellgrün

Standardabweichung [11]. Beim Bohren wird für jedes Bohrloch ein Durchschnittswert dieser Merkmale im Zeitraum der Bohrung berechnet. Beim Fräsen wird der Durchschnittswert der Merkmale über einen Zeitraum von 500 ms mit einem Überlapp von 250 ms als gleitender Mittelwert berechnet.

2.3 Regressionsmodelle des maschinellen Lernens

Für alle Merkmale wurde im ersten Schritt ein Versuch unternommen, einen analytischen Zusammenhang zwischen bestimmten Merkmalen und der Verschleißmarkenbreite herzustellen. Da sich jedoch keines der untersuchten Merkmale als stabil genug herausstellte, werden im zweiten Schritt verschiedene Regressionsmodelle des maschinellen Lernens untersucht. Dabei wird zunächst der gesamte Datensatz in Trainings- und Testdaten unterteilt. Von dem gesamten Datensatz wird jeder dritte Datenpunkt zu den Testdaten zugeordnet und der Rest als Trainingsdaten verwendet. Mittels der Trainingsdaten wird ein Regressionsmodell trainiert. Dabei werden Zusammenhänge und Muster erschlossen, d.h. es wird eine Verbindung erstellt, wie sich verschiedene Prozessparameter, wie z. B. Material, Schnittgeschwindigkeit, Vorschub usw. auf die extrahierten Merkmale auswirken und eine Verbindung zur Verschleißmarkenbreite geschaffen. Mittels der Testdaten wird die Güte des trainierten Modells auf unbekannten Daten ermittelt.

Dabei werden folgende Regressionsmodelle betrachtet: Support Vector Regression, Gaussian Process Regression, Ensemble Modelle und Neuronale Netze. In diesen Untersuchungen schneiden die Ensemble Modelle am besten ab, weshalb auf diese näher eingegangen wird. Das Ensemble Learning wird als ein Prozess definiert, das durch die Verwendung eines Kollektivs an Modellen (einem Ensemble) durch Kombination eine finale Vorhersage ermöglicht [12]. Dabei wird auch die Eignung von Ensemble-Modellen als Regressionsmodelle bewiesen [12]. Bei den Ensemble-Modellen wird unter anderem zwischen den Ensemble Learning Prinzipien *Bagging* und *Boosting* unterschieden. Boosting [13] beruht auf dem Prinzip mehrerer abhängiger Modelle. Die Daten beim Boosting werden gewichtet. Beim Trainieren eines Modells werden die Ergebnisse des Modells an das nächste Modell weitergegeben, sodass vorherige Ergebnisse mitberücksichtigt und die Gewichtung der Daten in den darauffolgenden Modellen angepasst wird. Falsch vorhergesagte Werte werden stärker gewichtet, um kritische Punkte hervorzuheben. Jedes Modell versucht den Fehler seines Vorgängers zu minimieren. Somit ist dieses Prinzip sensitiv gegenüber Ausreißern. Bei dem Ensemble Learning Prinzip Bagging [14] werden mehrere Modelle parallel und unabhängig voneinander mit dem gleichen Algorithmus, aber unterschiedlicher Teile des gesamten Datensatzes trainiert. Ein Vorteil von Bagging ist, dass eine sogenannte Überanpassung verhindert wird. Ein Nachteil von Bagging hingegen ist, dass keines der Modelle den gesamten Datensatz erhält, sodass es vorkommen kann, dass ein Teil der Trainingsdaten in keinem der Modelle verwendet wird.

Im Rahmen dieser Untersuchung wird versucht, die Verschleißmarkenbreite aus den jeweiligen Merkmalen in vier immer anspruchsvolleren Situationen mittels Regressionsmodellen zu berechnen. Hierzu wird die Datenbasis systematisch erweitert, diese ist in Tabelle 2 aufgelistet. Die vier betrachteten Situationen werden dabei mittels der Modell-Nr. 1-4 gekennzeichnet.

Tabelle 2 Datenbasis der vier betrachteten Situationen, bei denen die Verschleißmarkenbreite mittels Regressionsmodellen zugeordnet wird mit den Modell-Nr. 1-4

Modell-Nr.	Zerspanungsstrategie	Zerspan-prozess	Werkzeug	Material
1	Verschleißreihe	Bohren	8 mm HSS-E Spiral-bohrer (Hoffmann Group)	X8CrNiS18-9
2	Verschleißreihe	Fräsen	12 mm VHM-Torusfräser (Hoffmann Group)	X8CrNiS18-9
3	Verschleißreihe und Parametervariation	Bohren	8 mm und 3,5 mm HSS-E Spiralbohrer (Hoffmann Group)	X8CrNiS18-9, AlZn5,5MgCu, TiAl6V4
4	Verschleißreihe und Parametervariation	Fräsen	12 mm VHM-Torusfräser (Hoffmann Group)	X8CrNiS18-9, AlZn5,5MgCu, TiAl6V4

Zu den in Abschnitt 2.2 erwähnten Merkmalen, die in dem ersten und zweiten Modell als Eingabewerte verwendet werden, werden im dritten und vierten Modell zusätzlich die Informationen über das Material, die Schnittgeschwindigkeit, den Vorschub, den Werkzeugdurchmesser beim Bohren und die Zustelltiefe beim Fräsen als Eingabedaten herangezogen.

Für die oben genannten Daten, die in den Modellen 1–4 fusioniert werden, wird getestet, welches Regressionsmodell jeweils das beste Ergebnis liefert. Dabei werden Support Vector Regression, Gaussian Process Regression, Ensemble Modelle und Neuronale Netze getestet. Der Root Mean Square Error *RMSE* und das Bestimmtheitsmaß R^2 werden hierbei als Qualitätsmerkmale herangezogen. Das Bestimmtheitsmaß wird aus einem linearen Fit der Verschleißmarkenbreite, die mittels der trainierten Regressionsmodelle vorhergesagt wird, über die gemessenen Verschleißmarkenbreiten der Testdaten ermittelt. Der lineare Fit wird dabei durch den Nullpunkt gezwungen, da die Annahme zu Grunde gelegt wird, dass ein neues Werkzeug eine feste Verschleißmarkenbreite Null aufweist. Das Bestimmtheitsmaß R^2 gibt hierbei an, wie gut der durch die Regressionsmodelle vorhergesagte Wert dem tatsächlichen Wert entspricht. Dabei kann R^2 Werte von 0 bis 1 annehmen, wobei $R^2 = 1$ einer optimalen Vorhersage entspricht.

3. Ergebnisse und Diskussion

3.1 Zerspanen in Edelstahl

Zunächst wird jeweils ein Bohrprozess (Modell-Nr. 1) und ein Fräsprozess (Modell-Nr. 2) betrachtet, bei denen das Werkzeug kontinuierlich beim Einsatz verschlissen wird. Ein Modell des maschinellen Lernens dient dazu, aus den Merkmalen die jeweilige Verschleißmarkenbreite zu berechnen.

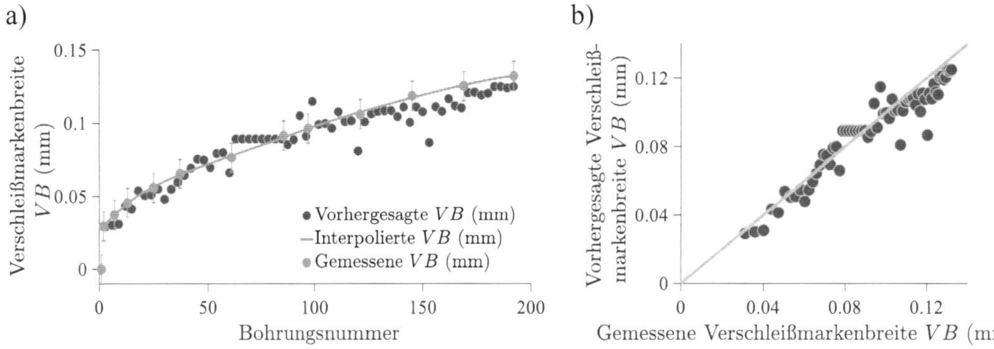

Abbildung 5 a) Tatsächliche (orange) und durch das Boosted Ensemble Tree Model vorhergesagte (dunkelgrün) Verschleißmarkenbreite *VB* beim kontinuierlichen Einsatz des 8 mm Bohrers. b) Durch das Boosted Ensemble-Modell vorhergesagte Verschleißmarkenbreite im Vergleich zur gemessenen Verschleißmarkenbreite beim Bohren. Die hellgrüne Einheitsgerade entspricht einer idealen Vorhersage

Die Daten, die während des kontinuierlichen Einsatzes der Werkzeuge erfasst werden, werden verarbeitet und die entsprechenden Merkmale extrahiert, wie in Abschnitt 2.2 beschrieben. Mit diesen Merkmalen wird ein Boosted Ensemble Tree Modell gegen die Verschleißmarkenbreite mittels der Trainingsdaten trainiert. In Abbildung 5a) sind die tatsächlichen Messpunkte der Verschleißmarkenbreite *VB* beim Bohren als orangene Punkte gekennzeichnet. Zwischen den gemessenen Punkten werden die Werte interpoliert. Die durch das Ensemble-Modell vorhergesagte Verschleißmarkenbreite *VB* der Testdaten sind in dunkelgrün als Funktion der Bohrungsnummer dargestellt. Trotz der Auftragung in Abhängigkeit der Bohrungsnummer werden die Bohrungsnummern nicht als Eingabewerte des Modells verwendet. In Abbildung 6a) sind die Testdaten analog für den Fräsprozess aufgetragen. Der Index beschreibt jeweils ein Zeitintervall von 500 ms in denen der Durchschnitt der Merkmale mit einem Überlapp von 250 ms berechnet wird. Der Index wird ebenfalls nicht als Eingabewert verwendet. Es ist in Abbildung 5a) und Abbildung 6a) zu erkennen, dass die vorhergesagten Werte in dunkelgrün innerhalb des Messfehlers, der durch die orangenen Fehlerbalken dargestellt ist, liegen. Der Messfehler entsteht bei der Ermittlung der Verschleißmarkenbreite unter dem Mikroskop und beträgt ca. 0,01 mm. In Abbildung 5b) und Abbildung 6b) ist ersichtlich, dass sich die vorhergesagte Verschleißmarkenbreite in Abhängigkeit der gemessenen Verschleißmarkenbreite der Einheitsgeraden in hellgrün annähert. Verglichen mit den anderen Herangehensweisen über Support Vector Regression, Gaussian Process Regression, Ensemble Modellen und Neuronalen Netzen, schneidet das gezeigte Boosted Ensemble Tree Modell (siehe Abbildung 5) beim Bohren am besten ab.

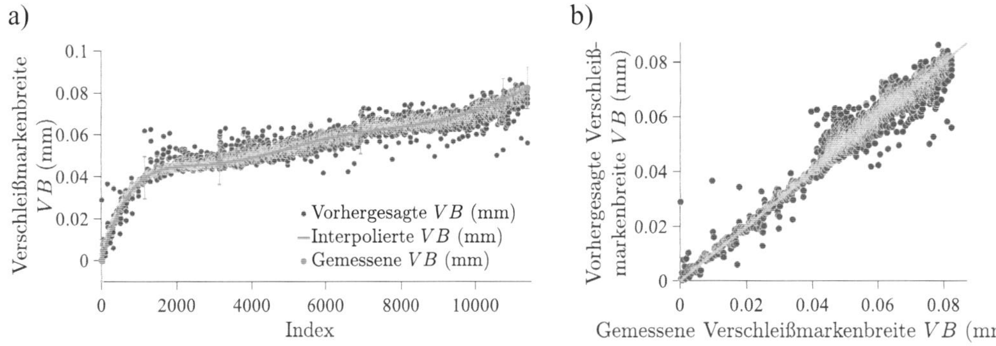

Abbildung 6 a) Tatsächliche (orange) und durch das Boosted Ensemble Tree Model vorhergesagte (dunkelgrün) Verschleißmarkenbreite *VB* beim kontinuierlichen Einsatz des Fräsers. Der Index beschreibt jeweils ein Zeitintervall von 500 ms in denen der Durchschnitt der Merkmale mit einem Überlapp von 250 ms berechnet wird. b) Durch das Boosted Ensemble-Modell vorhergesagte Verschleißmarkenbreite im Vergleich zur gemessenen Verschleißmarkenbreite beim Fräsen. Die hellgrüne Einheitsgerade entspricht einer idealen Vorhersage

Beim Fräsen liefern das Boosted Ensemble Tree Modell und das Bagged Ensemble Tree Modell die gleiche Qualität. Das Boosted Ensemble Tree Modell mit einem Bestimmtheitsmaß von R^2 = 0,993 und einem Root Mean Square Error von $RMSE$ = 0,008 mm übertrifft beim Bohren das Bagged Ensemble Modell mit R^2 = 0,991 und $RMSE$ = 0,009 mm. Andere Modelle, wie z. B. das Gaussian Process Regression Modell mit R^2 = 0,992 und $RMSE$ = 0,009 mm liefern ähnliche Ergebnisse. Beim Fräsen weisen beide Ensemble Modelle R^2 = 0,997 und $RMSE$ = 0,003 mm auf. Wird berücksichtigt, dass ein Bestimmtheitsmaß von R^2 = 1 einer optimalen Vorhersage entspricht und der Messfehler der Verschleißmarkenbreite ca. 0,01 mm beträgt, liefern die Ensemble Modelle sehr gute Ergebnisse. Das Boosted Ensemble Modell schneidet beim Bohren am besten ab und weist beim Fräsen und Bohren die geringste Streuung auf, jedoch sind andere Modelle ebenfalls gut geeignet, da sich die Ergebnisse nur marginal unterscheiden.

3.2 Kombination von Materialien und Prozessparametern

In diesem Abschnitt wird jeweils ein Modell für Bohrprozesse (Modell-Nr. 3) und eines für Fräsprozesse (Modell-Nr. 4) untersucht. Als Datenbasis werden Versuche herangezogen, bei denen das Werkzeug kontinuierlich abgenutzt wird und die Prozessparameter variiert werden. Dabei werden die unterschiedlichen Prozessparameter jeweils mit einem neuen und einem im Rahmen der Verschleißreihen abgenutzten Werkzeug durchgeführt. Zudem werden die Daten für eine Aluminium-, Edelstahl- und Titanlegierung erhoben.

Werden verschiedene Herangehensweisen über Support Vector Regression, Gaussian Process Regression, Ensemble Modellen und Neuronalen Netzen verglichen, weisen die Ensemble Modelle sowohl beim Bohren als auch beim Fräsen das beste Ergebnis auf. Dabei schneiden das Bagged Ensemble Tree Modell und das Boosted Ensemble Tree Modell annähernd gleich ab. Bei den Bohrprozessen übertrifft das Boosted Ensemble Tree Modell mit einem Bestimmtheitsmaß von R^2 = 0,959 nur marginal das Bagged Ensemble Tree Model mit R^2 = 0,952. Beide Modelle weisen den gleichen Root Mean Square Error von $RMSE$ = 0,012 mm auf. Beim Fräsen werden bei beiden Modellen die gleichen Werte von R^2 = 0,993 und $RMSE$ = 0,005 mm ermittelt. Dieses Ergebnis führt zu der Schlussfolgerung, dass parallel und sequenziell geschaltete Modelle keinen großen Unterschied bei den vorliegenden Daten machen. Somit sind sowohl Bagged als auch Boosted Ensemble Tree Modelle geeignet.

Die durch den Einsatz der trainierten Modelle bestimmte Verschleißmarkenbreite der Testdaten im Vergleich zur gemessenen Verschleißmarkenbreite ist in Abbildung 7a) für den Bohrprozess und in Abbildung 7b) für den Fräsprozess dargestellt. Die Einheitsgerade in hellgrün zeigt die optimale Vorhersage als Referenz.

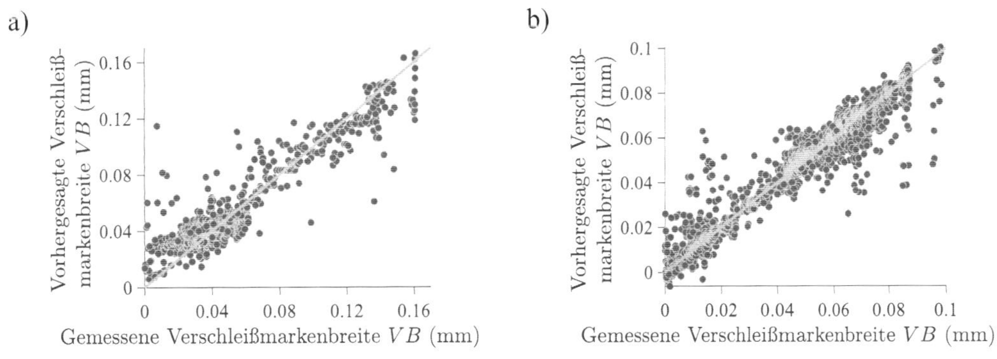

Abbildung 7 Darstellung der durch die Boosted Ensemble Tree Modelle vorhergesagten Verschleißmarkenbreite im Vergleich zur gemessenen Verschleißmarkenbreite bei a) Bohrprozessen und b) Fräsprozessen in verschiedenen Materialien und bei variierenden Prozessparametern. Die hellgrüne Einheitsgerade entspricht einer idealen Vorhersage

Für die Generalisierung der Bohr- und Fräsprozesse sind somit die Ensemble Modelle sehr gut geeignet. Trotz unterschiedlicher Materialien und Prozessparameter berechnen diese die Verschleißmarkenbreite sehr gut und streuen dabei geringer als andere Modelle. Trotz der global guten Ergebnisse sind in Abbildung 7a) und Abbildung 7b) einige Punkte erkennbar, die nahezu parallel zur y-Achse streuen. Ein Beispiel dafür ist bei der gemessenen Verschleißmarkenbreite $VB \approx 0{,}16$ mm zu sehen. Dies sind die Werte der Messungen, denen eine Variation der Prozessparameter Schnittgeschwindigkeit und Vorschub sowie Werkzeugradius beim Bohren und Zustellbreite beim Fräsen zugrunde liegen. Aufgrund einer zu geringen Datenbasis können hierbei die Zusammenhänge der wechselnden Parameter und der Verschleißmarkenbreite nicht so gut wie bei den Verschleißreihen mit konstanten Parametern festgestellt werden. Dies ließe sich jedoch iterativ durch Hinzunahme von mehr Datenpunkten verbessern.

4. Zusammenfassung

Die hier vorgestellten Ergebnisse verdeutlichen, dass anhand der Merkmale, die aus den gefilterten Signalen eines Körperschallsensors extrahiert werden, die Verschleißmarkenbreite von Zerspanungswerkzeugen mit Hilfe von Regressionsmodellen analysiert und zugeordnet werden kann. Dabei bewähren sich Boosted Ensemble Modelle bei den Bohrprozessen. Bei den untersuchten Fräsprozessen schneiden die Bagged Ensemble Modelle und die Boosted Ensemble Modelle gleich gut ab. Es wird gezeigt, dass sich die Ensemble Modelle sowohl für einzelne Bohr-/Fräsprozesse, bei denen die Körperschalldaten auf der kontinuierlichen Abnutzung des Werkzeugs mit konstanten Prozessparametern in einem Material basieren, als auch bei Hinzunahme der Daten aus mehreren Versuchen eignen. Dabei werden sowohl Materialien als auch Prozessparameter variiert. Es ist somit möglich, die Verschleißmarkenbreite mittels eines einzigen Modells für Bohr-/Fräsprozesse vorherzusagen, um unabhängig von der Wahl des Materials und den Prozessparameter auf Basis der Verschleißmarkenbreite einen kritischen Zustand des Werkzeugs zu ermitteln. Somit kann das Werkzeug bei einem fortgeschrittenen Verschleißerscheinungsbild frühzeitig vor einem statistisch festgesetzten Standzeitende gewechselt und so werkstückseitige Form- und Maßgenauigkeiten eingehalten sowie Ausschuss vermieden werden. Bei geringen Verschleißerscheinungen kann das Werkzeug länger als die Standzeit verwendet werden. Damit kann die Einsatzdauer der Werkzeuge individuell und unabhängig von Erfahrungswerten oder festen statistisch definierten Standzeiten angepasst werden. Dennoch besteht weiterhin Optimierungspotential, da teilweise Abschnitte einzelner Versuche nicht richtig zugeordnet werden. Mittels einer größeren Datenbasis kann dem jedoch entgegengewirkt werden.

Danksagung

Wir bedanken uns bei der Kompetenzzentrum Mittelstand GmbH für die Finanzierung im Rahmen des Projektes „SmartCut“. Zudem gilt unser Dank allen im Projekt involvierten Projektpartnern. Besonders herzlichen Dank an Sinan Kalafat (BCMtec GmbH) und Sebastian Gade (BCMtec GmbH) für die Beratung im Bereich Sensortechnologie und Data Science sowie für die Bereitstellung der Sensorik und der Messsoftware. Für die Realisierung von Messungen beim Bearbeiten von Titan und die Bereitstellung des Materials geht unser Dank an Dr. Matthias Lange (Premium AEROTEC GmbH).

Referenzen

[1] Peng, Ruitao, et al. "Study of tool wear monitoring using machine vision." *Automatic Control and Computer Sciences* 54 (2020): 259-270.

[2] Qiang, Li, et al. "Research on surface integrity in milling Inconel718 superalloy." *The International Journal of Advanced Manufacturing Technology* 92 (2017): 1449-1463.

[3] Malekian, Mohammad, Simon S. Park, and Martin BG Jun. "Tool wear monitoring of micro-milling operations." *Journal of Materials Processing Technology* 209.10 (2009): 4903-4914.

[4] Venkataraman, V. *Maintenance engineering and management*. PHI Learning Pvt. Ltd., 2010.

[5] Mourtzis, Dimitris, et al. "48th CIRP Conference on Manufacturing systems-CIRP CMS 2015 A cloud-based approach for maintenance of machine tools and equipment based on shop-floor monitoring." *Procedia CIRP* 41 (2016): 655-660.

[6] Teti, Roberto, et al. "Advanced monitoring of machining operations." *CIRP annals* 59.2 (2010): 717-739.

[7] Fu, Pan, A. D. Hope, and G. A. King. *Intelligent tool condition monitoring in milling operation*. SOUTHAMPTON INST (UNITED KINGDOM) SYSTEMS ENGINEERING FACULTY, 1998.

[8] Linscheid, F. F., Sause, M. G. R. "Hard- und Softwarefusion von mehreren akustischen Messmethoden zur Zustandsüberwachung." in DGZfP Jahrestagung 2021 (virtuell): Materialcharakterisierung, 10. - 11. Mai 2021. Deutsche Gesellschaft für Zerstörungsfreie Prüfung (DGZfP), Berlin, 1-8

[9] Linscheid, F. F, *Entwicklung eines Zustandsüberwachungssystems durch Kombination von akustischen Überwachungsverfahren*. Dissertation, 2022, Universität Augsburg

[10] Zhou, Yuqing, and Wei Xue. "Review of tool condition monitoring methods in milling processes." *The International Journal of Advanced Manufacturing Technology* 96 (2018): 2509-2523.

[11] Sause, Markus G. R. *In situ monitoring of fiber-reinforced composites: theory, basic concepts, methods, and applications*. Vol. 242. Springer, 2016.

[12] Mendes-Moreira, Joao, et al. "Ensemble approaches for regression: A survey." *Acm computing surveys (csur)* 45.1 (2012): 1-40.

[13] Valiant, Leslie G. "A theory of the learnable." *Communications of the ACM* 27.11 (1984): 1134-1142.

[14] Breiman, Leo. "Bagging predictors." *Machine learning* 24 (1996): 123-140.

Abschwächungsanalyse der Amplitude von geführten Ultraschallwellen in anisotropen Verbundstrukturen mit komplexer Geometrie

Benedikt BOOS [1], Harutyun YAGDJIAN [1], Lennart MIX [1], Martin GURKA [1]
[1] Leibniz-Institut für Verbundwerkstoffe GmbH, Kaiserslautern

Kontakt E-Mail: benedikt.boos@ivw.uni-kl.de

Kurzfassung

In diesem Beitrag wird eine neue Methodik zur Erzeugung von Abschwächungsfeldern von breitbandigen geführten Ultraschallwellen für komplex geformte Bauteile aus anisotropen Verbundwerkstoffen vorgestellt. Dies kann ein erster Schritt für die Entwicklung eines Systems zur Strukturüberwachung (SHM) von kohlenstofffaserverstärkten Kunststoffen (CFK), zur Auslegung von Sensorpositionen sein. Eine Herausforderung für SHM-Systeme von CFK-Strukturen sind deren Materialeigenschaften, insbesondere die anisotrope Ausbreitungsgeschwindigkeit von akustischen Wellen, sowie deren Abschwächung durch Dämpfung, Streuung, Modenkonversion und Dispersion. Daher muss die geometrie- und materialbedingte Abschwächung der Signale verstanden werden, bevor eine weitere Verarbeitung der Daten möglich ist. Mit den Erkenntnissen über die Abschwächungseigenschaften kann auch das Verständnis über den Informationsgehalt der aufgezeichneten Signale verbessert werden. Dadurch können Strukturzustandsparameter, die bereits in SHM Systemen genutzt werden, reevaluiert und neue Parameter abgeleitet werden. Wenn dies abgeschlossen ist, muss ein Verständnis über den Informationsgehalt der aufgezeichneten Signale und die Identifikation der wichtigsten Parameter aufgebaut werden. Die Signale in den untersuchten Strukturen wurden mit Bleistiftminenbrüchen (PLB) angeregt und die Schallwellen mit breitbandigen Piezosensoren aufgezeichnet. Anhand von radialen Prüfkoordinaten wurde die Abschwächung entlang von fünf Winkelrichtungen bestimmt. An den Koordinaten wurden dafür die Amplitude und die Ankunftszeit gemessen. Entlang jeder Winkelrichtung wurde eine eindimensionale Funktion an die Amplitudendaten gefittet, die den konstanten Abschwächungsfaktor a enthielt. Anschließend wurde eine weitere Fit-Funktion zwischen den Abschwächungsfaktoren der verschiedenen Winkelrichtungen durchgeführt, womit das Abschwächungsfeld erzeugt werden konnte. Abschließend wurde das Dämpfungsfeld auf das CAD-Modell der Struktur aufgetragen. Mit dem Wissen über die winkelabhängige Abschwächung, wurden die Signale von zwei Richtungen auf ihren Informationsgehalt untersucht.

Leibniz Gemeinschaft

Amplitude reduction analysis of guided ultrasonic waves in anisotropic composite structures with complex geometry

SCHALL 23, Wetzlar 21.03.2023

Leibniz-Institut für Verbundwerkstoffe

Benedikt Boos, Harutyun Yagdjian, Lennart Mix, Martin Gurka

www.thefutureiscomposite.com

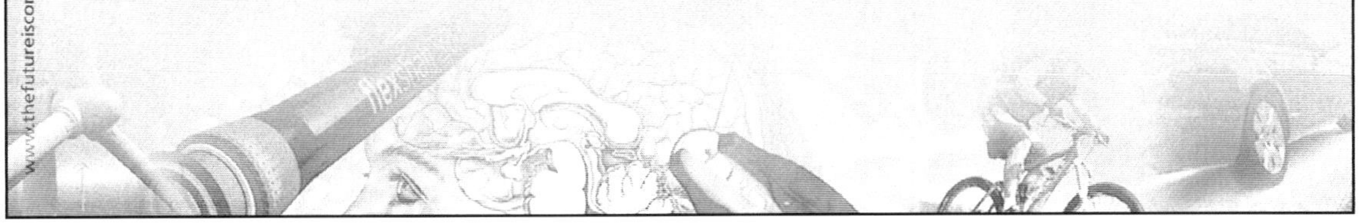

Leibniz Gemeinschaft

Motivation

Leibniz-Institut für Verbundwerkstoffe

- Structural Health Monitoring (SHM) systems will be used in future in sports and leisure
- Mountain bike handlebar is a possible application

→CFRP-Component with random load cases

- ZIM Project Train4SHM with iNDTact GmbH
- Aim: use as little sensors as possible

→Important to understand attenuation

www.thefutureiscomposite.com

Table Of Contents

Overview

- Development of online SHM-System for CFRP-high performance structures
- Monitoring method: **Acoustic Emission**
    - → rel. low cost but complex analysis
- Gathered data for **comparison** with simulations
- Simulations will be used to train AI

- On top: **interpolation** of structure and material specific parameters (attenuation α)

  \+ **mapping** to surface
- Localisation [Argus 2019] and failure mode characterisation [Kelkel 2021] done in previous works

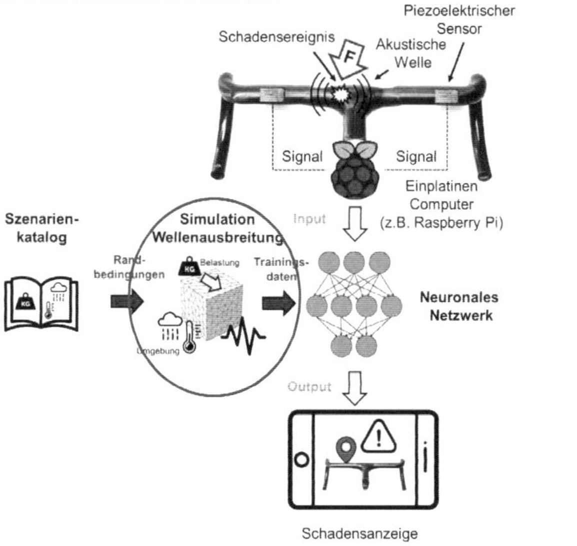

Argus, P., Entwicklung eines Demonstrators zur Lokalisierung von künstlichen Schallquellen in dünnwandigen Faserverbundstrukturen auf Basis der Schallemissionsanalyse und künstlicher neuronaler Netzwerke, 2019

Kelkel, B., On the influence of source depth and source-to-sensor distance on the acoustic emission signatures of damaging events in cross-ply carbon fibre-reinforced plastics ,2021

www.thefutureiscomposite.com

Carbon Fiber Reinforced Plastics (CFRP)

Leibniz Gemeinschaft — Leibniz-Institut für Verbundwerkstoffe

Single Fiber

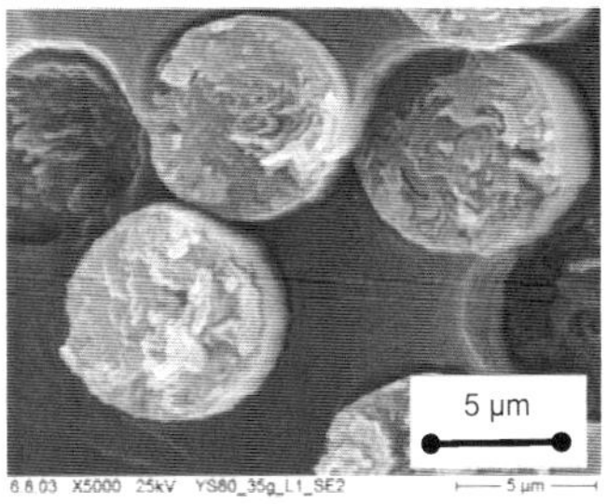

Bundle of Fibers (Roving)

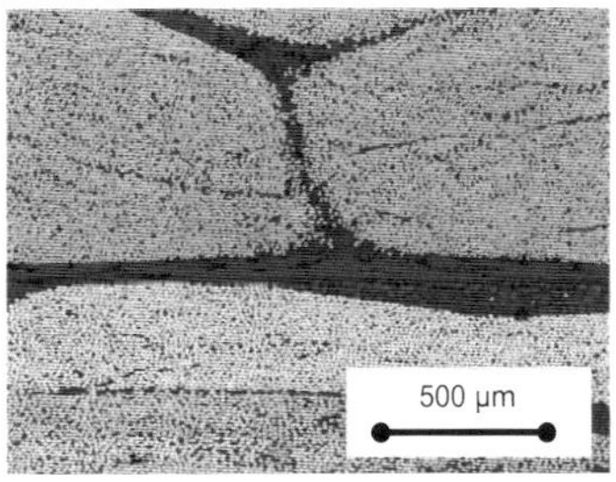

Laminate Layer

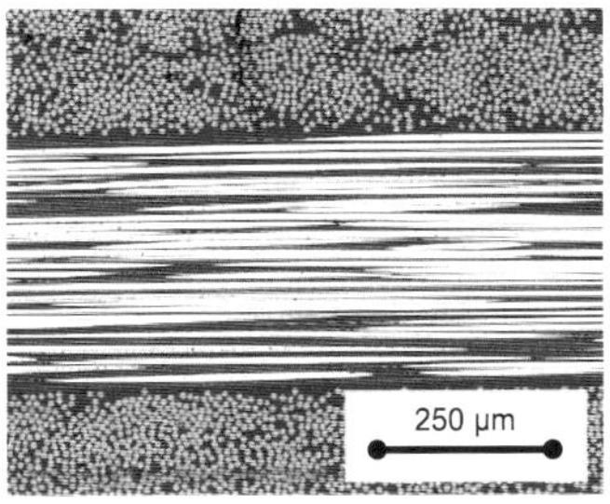

Component Stacking Sequence (Thickness)

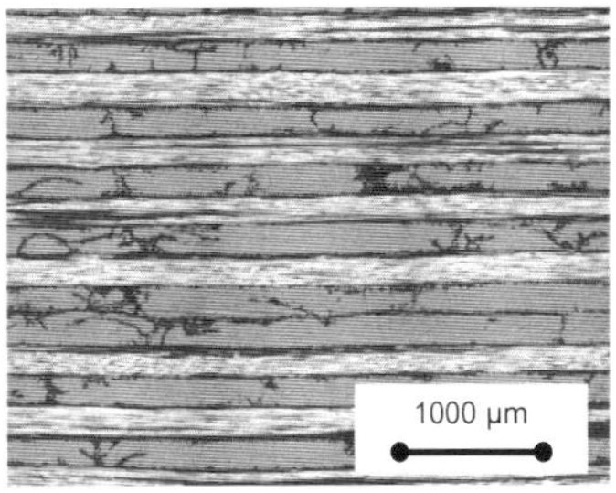

Guided Waves In CFRP

Leibniz Gemeinschaft — Leibniz-Institut für Verbundwerkstoffe

Attenuation mechanisms:

- Geometric attenuation
- Reflection
- Scattering
- Dissipation (heat transfer)
- Mode conversion
- Dispersion

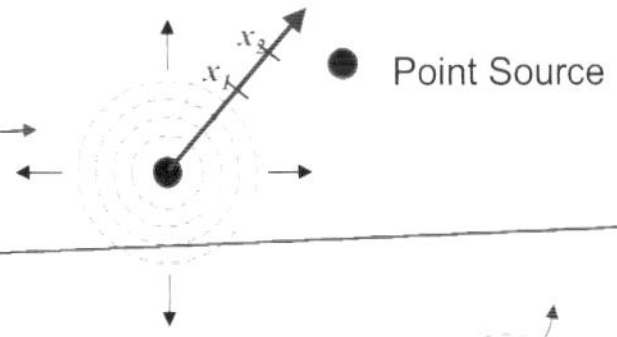

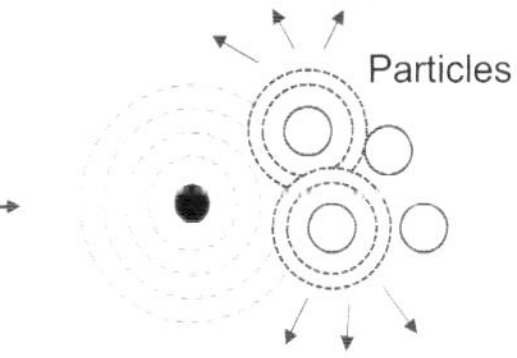

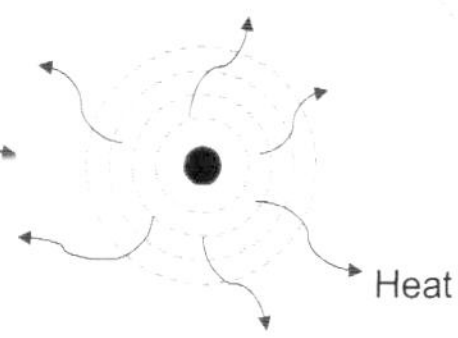

→Geometric attenuation is dominant form for point source

→Total attenuation can be described with equation from Asamene et al.:

$$A_i = A_0 \left(\frac{1}{\sqrt{r_i}} \right) e^{-\alpha r_i}$$

A_i = Amplitude @ location i, A_0 = Initial amplitude, r_i = Distance Center − location i, α = Coefficient of attenuation

Source: K. Asamene, L. Hudson, und M. Sundaresan, „Influence of attenuation on acoustic emission signals in carbon fiber reinforced polymer panels", *Ultrasonics*, Bd. 59, S. 86–93, Mai 2015, doi: 10.1016/j.ultras.2015.01.016.

Challenges In AE

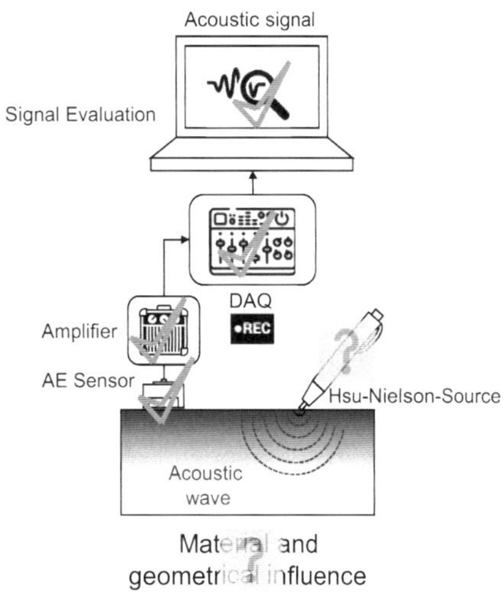

- Entire measurement chain has influence on signal
- Probe, structure, distance, AE-source
- Unknown:
  - Real signal, directional characteristic, influence of source and sensor depth [Kelkel 2021], material and geometry influence

B. Kelkel, On the influence of source depth and source-to-sensor distance on the acoustic emission signatures of damaging events in cross-ply carbon fibre-reinforced plastics, Als Manuskript gedruckt. Kaiserslautern: Leibniz-Institut für Verbundstoffe GmbH, 2021.

Experimental Setup

Signal influence:

- Investigate signal from Hsu-Nielson source statistically

→Coefficient of variation

→Hsu-Nielson [ASTM E976]

→Number of signals so that Var < 10 %

Structural influence

- Attenuation described by Asamene et al.
- Using symmetry
- Discrete measurement, afterwards intepolation

H. Yagdjian et al., „A new algorithm for uncertainty quantification for thermal conductivity measurement on polymers with the Haakvoort method using differential scanning calorimetry considering specimen height and real contact area", SN Appl. Sci., Bd. 5, Nr. 3, S. 85, März 2023, doi: 10.1007/s42452-023-05308-9.
K. Asamene et al, „Influence of attenuation on acoustic emission signals in carbon fiber reinforced polymer panels", *Ultrasonics*, Bd. 59, S. 86–93, Mai 2015, doi: 10.1016/j.ultras.2015.01.016.

Plate

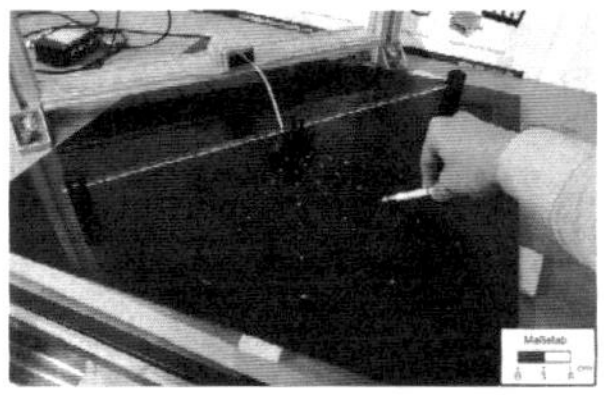

Tube

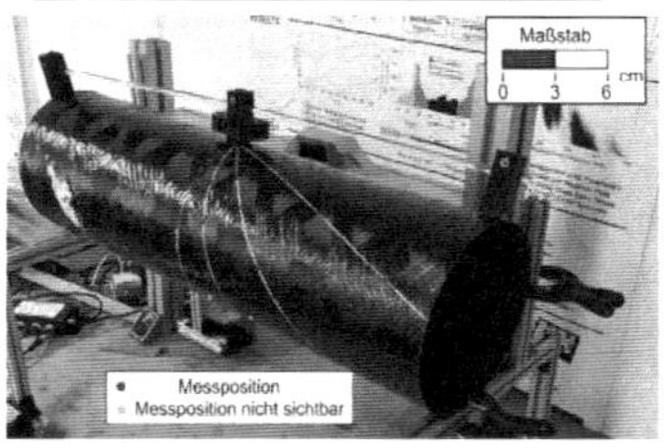

Omega-Profile

Experimental Setup

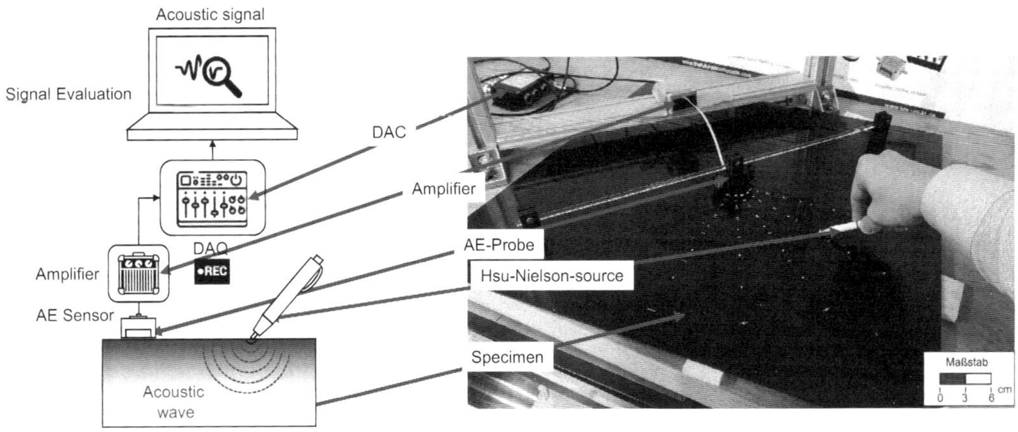

Measurement Positions

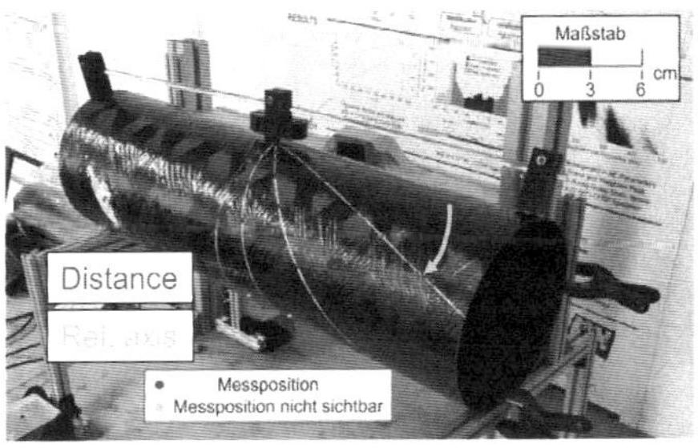

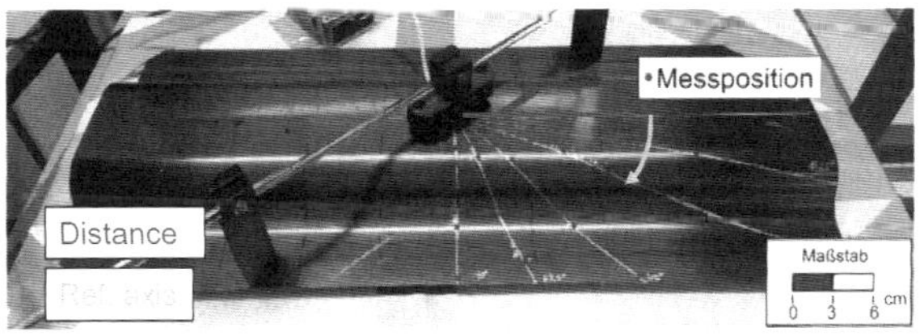

	Reference axis [°]	Distances [mm]
Plate		25, 50, 75, 100 ,150, 200, 250
Tube	0, (11.25,) 22.5, 45, 67.5, 90	25, 40, 65, 102, 163, 260
Omega-Profile		25, 50, 75, 100, 150, 163 (0°, 22.5°, 45°); 25, 50, 75, 100, 112 (67.5°, 90°)

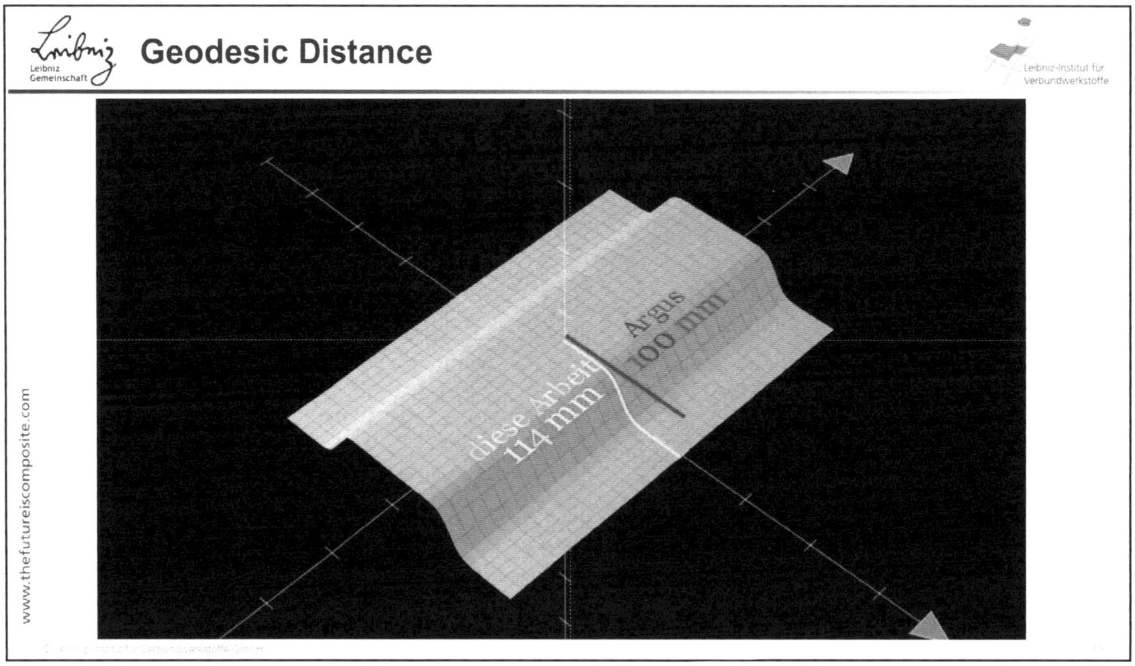
Leibniz Gemeinschaft
Geodesic Distance
Leibniz-Institut für Verbundwerkstoffe
Argus
100 mm
diese Arbeit
114 mm
www.thefutureiscomposite.com

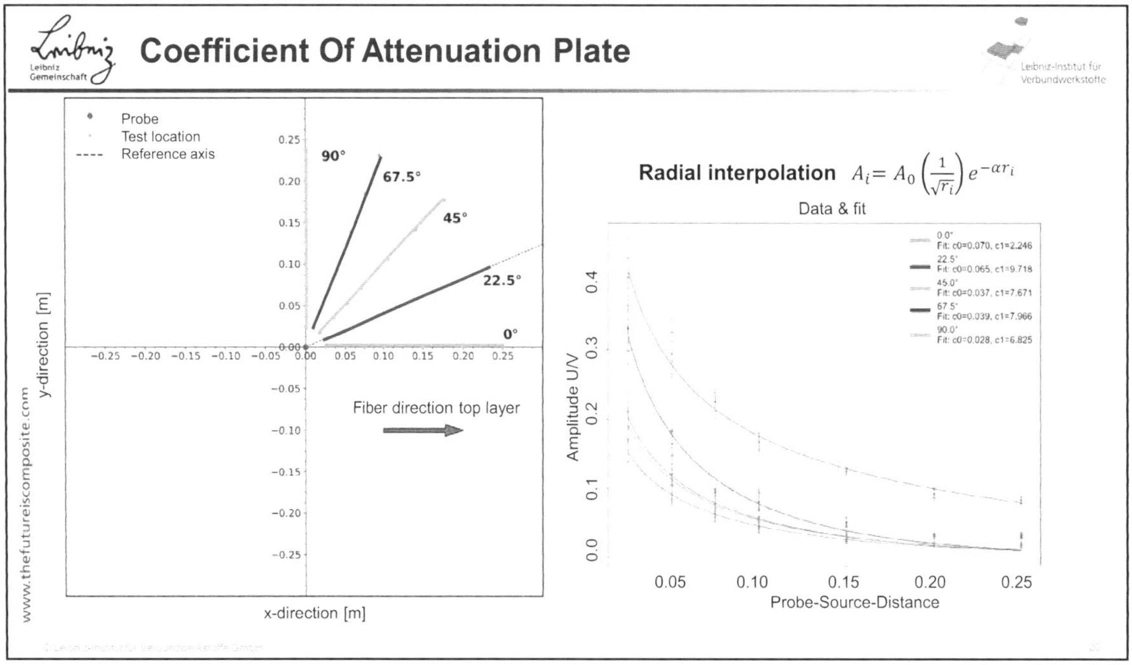
Leibniz Gemeinschaft
Coefficient Of Attenuation Plate
Leibniz-Institut für Verbundwerkstoffe
Probe
Test location
Reference axis
90°
67.5°
45°
22.5°
0°
Fiber direction top layer
x-direction [m]
y-direction [m]
Radial interpolation $A_i = A_0\left(\frac{1}{\sqrt{r_i}}\right)e^{-\alpha r_i}$
Data & fit
0.0° Fit: c0=0.070, c1=2.246
22.5° Fit: c0=0.065, c1=9.718
45.0° Fit: c0=0.037, c1=7.671
67.5° Fit: c0=0.039, c1=7.966
90.0° Fit: c0=0.028, c1=6.825
Amplitude U/V
Probe-Source-Distance
www.thefutureiscomposite.com

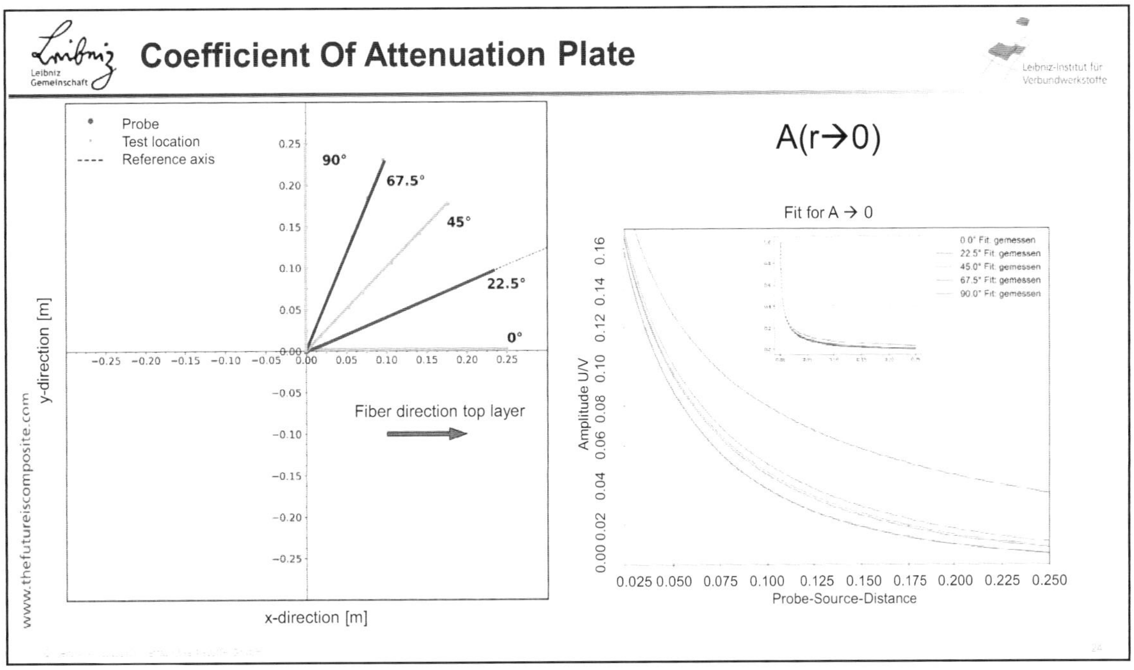

Leibniz Gemeinschaft
Coefficient Of Attenuation Plate
Leibniz-Institut für Verbundwerkstoffe
Probe
Test location
Reference axis
90°
67.5°
45°
22.5°
0°
Fiber direction top layer
y-direction [m]
x-direction [m]
www.thefutureiscomposite.com
A(r→0)
Fit for A → 0
0.0° Fit: gemessen
22.5° Fit: gemessen
45.0° Fit: gemessen
67.5° Fit: gemessen
90.0° Fit: gemessen
Amplitude U/V
Probe-Source-Distance

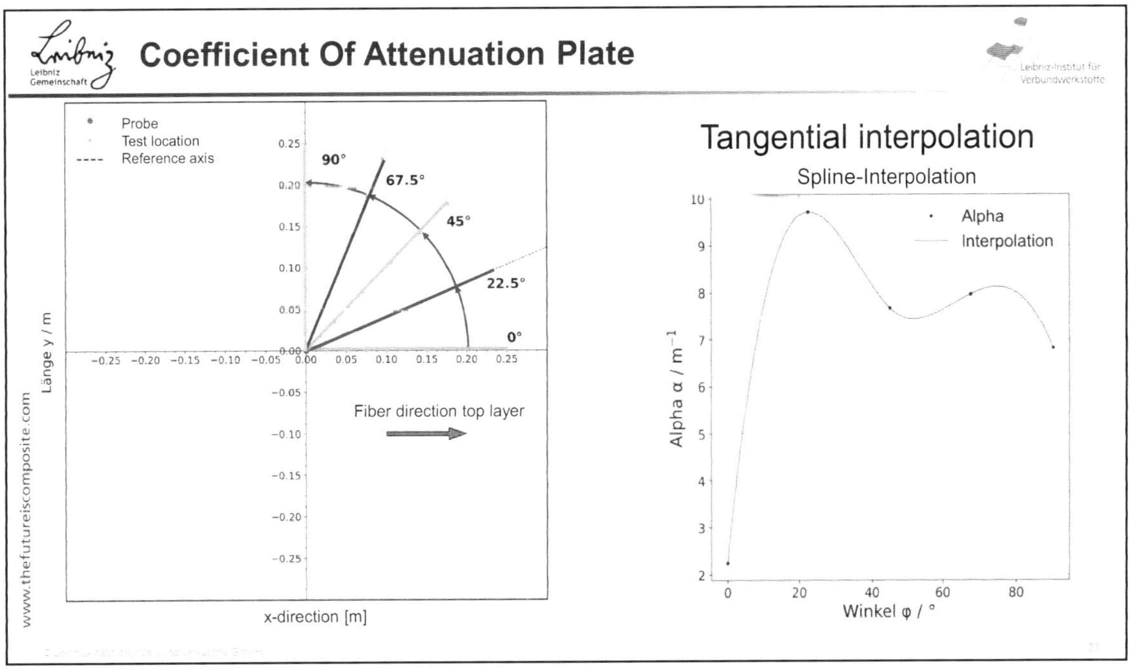

Leibniz Gemeinschaft
Coefficient Of Attenuation Plate
Leibniz-Institut für Verbundwerkstoffe
Probe
Test location
Reference axis
90°
67.5°
45°
22.5°
0°
Fiber direction top layer
Länge y / m
x-direction [m]
www.thefutureiscomposite.com
Tangential interpolation
Spline-Interpolation
Alpha
Interpolation
Alpha α / m⁻¹
Winkel φ / °

Calculation Of The Amplitude And Visualisation

Leibniz-Institut für Verbundwerkstoffe

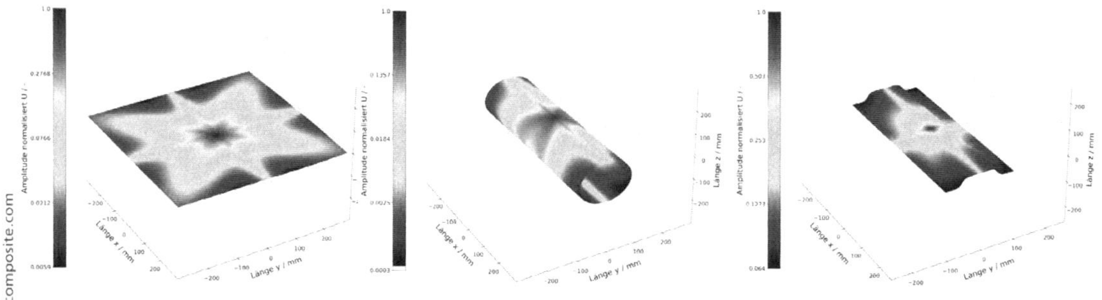

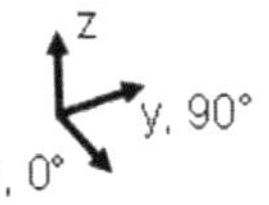

Visualisation of the normalised amplitude plotted on to the specimens

www.thefutureiscomposite.com

Conculsion

Leibniz-Institut für Verbundwerkstoffe

- Statistically based data from PLBs (Analysis of the coefficient of variation)

→Data can be used for comparison with simulation

- Method appliable for different geometries and materials
  - Algorithm enables us to interpolate and plot the coeffcient of attenuation on to the specimens surface
  - Implementation of additional parameters possible
- BUT: To describe better understand attenuation, α has to separated into the respective attenuation mechanisms

www.thefutureiscomposite.com

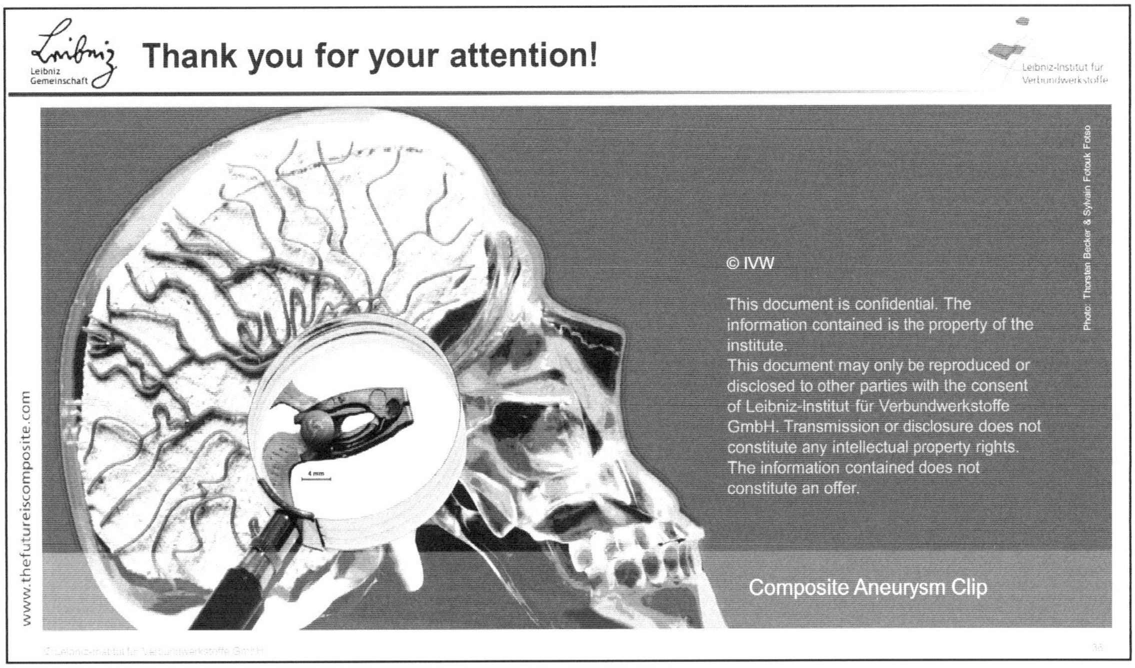
Leibniz
Leibniz Gemeinschaft
Thank you for your attention!
Leibniz-Institut für Verbundwerkstoffe
www.thefutureiscomposite.com
Photo: Thorsten Becker & Sylvain Fotouk Fotso
4 mm
© IVW
This document is confidential. The information contained is the property of the institute.
This document may only be reproduced or disclosed to other parties with the consent of Leibniz-Institut für Verbundwerkstoffe GmbH. Transmission or disclosure does not constitute any intellectual property rights.
The information contained does not constitute an offer.
Composite Aneurysm Clip
© Leibniz-Institut für Verbundwerkstoffe GmbH
36

Schallemissionsanalyse während der zyklischen Belastung von kontinuierlich faserverstärkten Kunststoffen

Maria GFRERRER [1], Johannes WIENER [1], Andreas J. BRUNNER [2], Gerald PINTER [1]
[1] Werkstoffkunde und Prüfung der Kunststoffe, Montanuniversität Leoben, Leoben, Österreich
[2] Empa, Eidgenössische Materialprüfungs- und Forschungsanstalt, Dübendorf, Schweiz (im Ruhestand)

Kontakt E-Mail: maria.gfrerrer@unileoben.ac.at

Kurzfassung. In kontinuierlich faserverstärkten Kunststoffen treten bei Belastung diverse Schädigungsmechanismen auf, welche die mechanischen Eigenschaften herabsetzen und die Lebensdauer terminieren. In diesem Beitrag wird ein Fokus auf den Mechanismus der Matrixrissbildung gelegt. Die Matrixrissdichte hat einen signifikanten Einfluss auf die Steifigkeit des Materials und kann bei semi-transparenten Laminaten, wie zum Beispiel bei glasfaserverstärkten Kunststoffen (GFK), optisch detektiert werden. Bei nicht transparenten Laminaten, wie zum Beispiel carbonfaserverstärkten Kunststoffen, ist eine alternative zerstörungsfreie Prüfmethode erforderlich.

Zu diesem Zweck wird in diesem Beitrag Schallemission (SE) während der zyklischen Belastung von ±45° GFK Laminaten gemeinsam mit einer automatisierten optischen Rissdetektion untersucht. Herausfordernd für die Anwendung der Schallemissionsanalyse (SEA) sind die zahlreichen Störsignale, welche von der servo-hydraulischen Prüfmaschine erzeugt werden. Es wird untersucht, wo der Ursprung der Störsignale liegt und mit welchen Maßnahmen das Verhältnis von Nutz- zu Störsignalen optimiert werden kann. Neben Elastomerwerkstoffen als Dämpfungselementen zwischen Prüfkörper und Einspannung, wird ein Bandpassfrequenzfilter getestet. Letzterer stellt sich als besser geeignet heraus, da mehr Störsignale eliminiert werden.

Aus den Ermüdungsmessungen geht hervor, dass gleichzeitig mit der optisch detektierten Rissinitiierung auch die ersten SE-Ereignisse erfasst werden. Mit zunehmender Rissdichte werden ab einem gewissen Zeitpunkt die SE-Signale mit einer höheren Rate detektiert als die Matrixrissdichte steigt, da auch andere Schädigungsmechanismen oder Reibung von Rissflanken Quellen für Schallemission sein können.

Einführung

Faserverstärkte Kunststoffe haben aufgrund ihrer herausragenden mechanischen Eigenschaften gepaart mit einem geringen Gewicht ein hohes Leichtbaupotential. Daher finden sie Anwendung in höchstbeanspruchten strukturellen Komponenten, wie zum Beispiel in Flugzeugen oder als Rotorblätter von Windenergieanlagen. Bei solchen Anwendungen ist ein sicherer Einsatz über die gesamte Lebensdauer erforderlich, weswegen die Charakterisierung und Modellierung des Ermüdungsverhaltens sehr wichtig ist.

Bei kontinuierlich faserverstärkten Kunststoffen treten sowohl bei quasi-statischer als auch bei Ermüdungsbelastung mehrere Schädigungsmechanismen auf, welche auch miteinander interagieren und zur Degradation der mechanischen Eigenschaften führen. Typischerweise kommt es zunächst zur Bildung von Matrixrissen, wodurch die Steifigkeit maßgeblich reduziert wird, aber noch kein endgültiges Versagen eintritt. Dafür sind meistens Mechanismen wie Delamination und Faserbrüche, die erst später auftreten, ausschlaggebend [1].

Für die Entwicklung progressiver Schädigungsmodelle, welche die Schädigungsentwicklung im Material und den resultierenden Einfluss auf die mechanischen Eigenschaften vorhersagen, ist es erforderlich, die einzelnen Mechanismen in Ermüdungsversuchen quantitativ zu charakterisieren. Eine Möglichkeit, um zum Beispiel die Matrixrissdichte in glasfaserverstärkten Kunststoffen (GFK) zu bestimmen, ist die automatisierte Auszählung von Bildern, die während der zyklischen Belastung aufgenommen wurden. Da GFK semi-transparent ist, erscheinen Matrixrisse als dunkle Streifen, wenn Licht durch die Probe gestrahlt wird [2–4]. Bei carbonfaserverstärkten Kunststoffen (CFK) kann diese optische Rissdetektion daher nicht angewendet werden und eine alternative zerstörungsfreie Prüfmethode zur Charakterisierung der Schädigungsakkumulation ist erforderlich. Hier bietet sich die Schallemissionsanalyse (SEA) an, da mit dieser Methode Schädigungsereignisse in-situ detektiert werden können.

Zunächst wird in der laufenden Forschungsarbeit mit GFK gearbeitet und Schallemissionssignale (SE-Signale) werden mit optisch bestimmter Rissdichte und Degradation der Steifigkeit korreliert. Basierend auf den Ergebnissen soll diese Prüftechnik auf CFK übertragen werden, wo keine optische Rissdetektion mehr möglich ist.

1. Herausforderungen bei der SEA während Ermüdungsmessungen

Um die wechselnde Beanspruchung bei unterschiedlichen Prüffrequenzen und Amplituden realisieren zu können, werden für Ermüdungsmessungen servo-hydraulische Prüfmaschinen verwendet. Dabei werden über einen Hydraulikzylinder die Kräfte auf den Prüfkörper übertragen. Der Ölfluss im Zylinder wird von einem Servoventil geregelt. Aus vergangenen Versuchen auf servo-hydraulischen Prüfmaschinen mit gleichzeitiger SEA hat sich gezeigt, dass eine große Menge an Störsignalen von der Prüfmaschine auf die Prüfkörper übertragen wird [5–7]. Diese werden genau wie Signale von Materialschädigung vom SE-System erfasst. Störsignale und Schädigungssignale können sich gegenseitig überlagen, was zu verfälschten Werten der SE-Signalparameter (Energien, Amplituden, Frequenzen, …) oder der Ankunftszeiten führt.

Von der Hydraulik der Prüfmaschinen generierte Störsignale treten meist mit charakteristischen Frequenzen unterhalb von 150 kHz auf. Die Verwendung eines entsprechenden Hochpassfilters oder eine Erhöhung des Schwellwertes gehen mit dem Verlust von niederfrequent Signalen bzw. Signalen mit einer geringen Intensität einher [7]. Um diesen Kompromiss nicht eingehen zu müssen, kann versucht werden, die Signale bereits vor dem Erreichen des Prüfkörpers zu eliminieren.

Um zunächst den Ursprung der Signale zu finden, wurde eine Stahlprobe eingespannt und mit 10±8 kN bei einer Frequenz von 3 Hz zyklisch belastet. SE-Sensoren (Typ WD) wurden am Prüfkörper und an unterschiedlichen Positionen entlang der Antriebskomponenten der Prüfmaschine positioniert und die Amplituden der an den verschiedenen Positionen detektierten Signale wurden bestimmt. Die Ergebnisse sind in Tabelle 1 zusammengefasst. Abbildung 1 gibt einen Überblick über die Sensorpositionen. Alle Untersuchungen in diesem Beitrag wurden auf einer servo-hydraulische Prüfmaschine von MTS Systems Corporations (Minnesota, USA) durchgeführt. Das verwendete SE-System ist von der MISTRAS Group Inc. (Princeton Junction, USA).

Tabelle 1. Intensität der von der Prüfmaschine erzeugten Signale an verschieden Positionen

Position	Amplituden [dB_{AE}]
1 (untere Spannbacke)	< 45
2 (Probe unten)	< 50
3 (Probe oben)	< 50
4 (obere Spannbacke)	48 - 54
5 (Aktuator)	68 - 73
6 (Verteilerblock)	85 - 90
7 (Ventil)	> 95

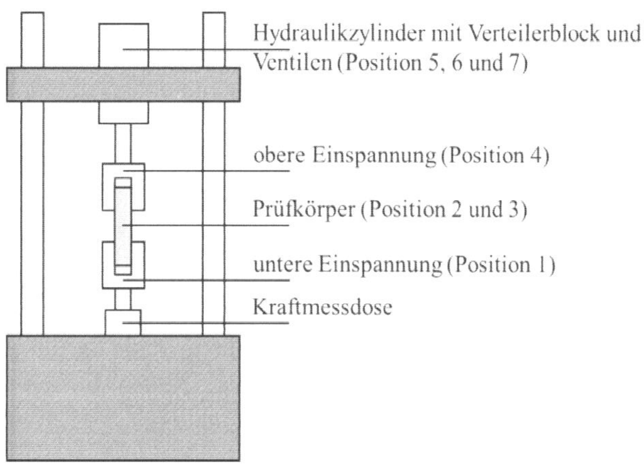

Abbildung 1. Positionen zur Bestimmung der Intensität der von der Prüfmaschine erzeugten Signale

Die Amplituden sind umso höher, je näher die jeweilige Position am Ventil liegt. Der Ursprung der Signale wird daher im Ventil vermutet. Eine mögliche Erklärung für die Geräuschentwicklung ist Kavitation des Öls im Ventil.

2. Reduktion der Störsignale

Im Rahmen der Untersuchung sollen Laminate mit diversen Lagenaufbauten aus demselben Materialsystem (Glasfaser mit Epoxidmatrixsystem) bei zyklischer Belastung geprüft werden. Bei dem Materialsystem handelt es sich um ein HexPly® M79-LT/25%/UD1200/G Prepreg der Firma Hexcel Corporation (Stamford, USA).

Man kann davon ausgehen, dass bei Laminaten, die in Faserrichtung geprüft werden (UD0°), die Störsignale am wenigsten gedämpft werden. Maßnahmen um Störsignale zu reduzieren, werden daher an UD0° Prüfkörpern erprobt, da diese dann auf alle anderen Laminate übertragen werden können.

2.1 Signale bei zyklischer Belastung

Die Störsignale, die von der Prüfmaschine auf den Prüfkörper übertragen werden, wurden einmal im unbelasteten und einmal im belasteten Zustand, bei einer zyklischen Last von 5±4 kN bei 3 Hz charakterisiert (siehe Abbildung 2). Dazu wurden 2 WD-Sensoren am Prüfkörper angebracht. Bereits im unbelasteten Zustand, werden Störsignale mit Amplituden bis ungefähr 45 dB_{AE} gemessen. Bei zyklischer Belastung des Prüfkörpers treten Störsignale mit einer höheren Intensität, von bis zu 50 dB_{AE} auf. Die meisten Störsignale, sowohl im unbewegten und bewegten Zustand des Kolbens, treten mit Frequenzen von 40 und 100 kHz auf. In beiden Fällen werden mehr Signale am Sensor 2, welcher näher dem bewegten Kolben ist, detektiert.

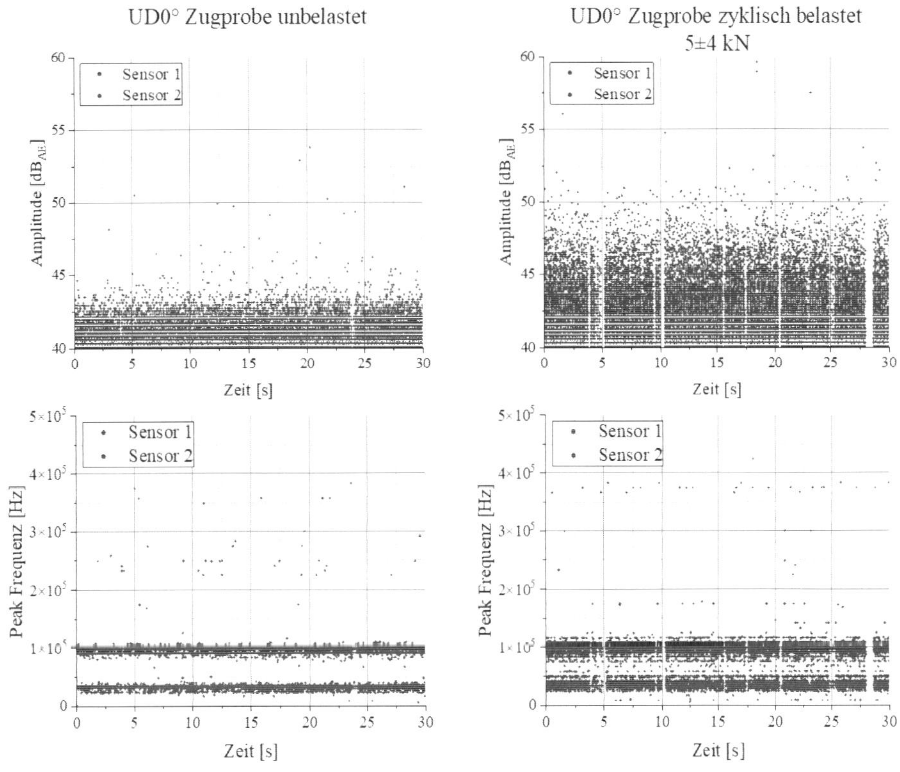

Abbildung 2. Intensität und Frequenzen der Störsignale gemessen am Prüfköper bei stillstehendem (links) und bewegtem (rechts) Kolben

2.2 Maßnahmen gegen Störsignale

Zur Reduktion der Störsignale wurden zwei Ansätze getestet. Zum einen wurde ein Frontend-Frequenzfilter von 100 – 1,000 kHz verwendet. Dieser hat den Nachteil, dass auch niederfrequente Signale von Materialschädigung gefiltert werden.

Eine Möglichkeit um diesen Effekt zu verhindern, ist es die Störsignale schon vor der Übertragung auf den Prüfkörper zu dämpfen. Dies wurde durch das Zwischenlegen von 1 mm dicken Elastomerlagen zwischen Einspannung und Aufleimern am Prüfkörper versucht. Drei verschiedene Elastomerwerkstoffe, welche im Bereich der auftretenden Frequenzen eine erhöhte Dämpfung aufweisen, wurden getestet:

- NR/BR gefüllt mit Ruß (NR...Natural Rubber, BR...Butadien Rubber)
- NBR gefüllt mit Ruß (NBR...Nitrile Butadien Rubber)
- NBR ungefüllt

Beide Ansätze wurden an einer eingespannten UD0° Probe im unbelasteten Zustand getestet. Tabelle 2 enthält die jeweils in 30 s detektierte Anzahl der Signale bei Prüfung der einzelnen Ansätze und deren Kombinationen.

Tabelle 2. Resultat verschiedener Ansätze zur Reduktion von Störsignalen

Elastomer	Frequenzfilter	Signale / 30 s
-	-	32,628
-	analog: 100 – 1,000 kHz digital: 100 – 1,000 kHz	125
NR/BR gefüllt	-	18,342
NR/BR gefüllt	analog: 100 – 1,000 kHz digital: 100 – 1,000 kHz	1
NBR gefüllt	-	24,599
NBR gefüllt	analog: 100 – 1,000 kHz digital: 100 – 1,000 kHz	1
NBR ungefüllt	-	16,122
NBR ungefüllt	analog: 100 – 1,000 kHz digital: 100 – 1,000 kHz	2

Durch die Verwendung von Elastomerwerkstoffen als Dämpfungselemente zwischen Einspannung und Prüfkörper können die Störsignale auf 50 - 75 %, je nach Typ, reduziert werden. Dieser Ansatz bringt zwar einen gewissen Erfolg, ist aber weniger geeignet, da die Proben bei zyklischer Belastung bei höheren Lastniveaus zu rutschen beginnen. Die Kombination aus digitalem und analogem Bandpassfilter, jeweils von 100 – 1,000 kHz, reduziert die Störsignale maßgeblich auf unter 1 %.

Zusätzlich kann ein Δt-Filter auf die Signale angewendet. Mit einem Δt-Filter können Signale aufgrund der erwarteten Differenz ihrer Ankunftszeiten, wenn deren Ursprung in einem bestimmten Bereich liegt, gefiltert werden. Tritt ein Schädigungssignal als Überlagerung eines Störsignals auf, wird es vom Δt-Filter aussortiert, weswegen dieser hier erst nach der Frequenzfilterung verwendet wird. Von den oben angeführten 125 Signalen bleiben so nur noch 8 über.

Für die im folgenden Abschnitt präsentierten Ermüdungsmessungen wird, basierend auf den Ergebnissen der Vorversuche zur Reduktion der Störsignale, eine Kombination aus digitalem und analogem Frequenzfilters von 100 – 1,000 kHz während der SE-Datenaufzeichnung verwendet.

3. Ermüdungsmessung

Die hier präsentierten Ermüdungsmessungen wurden an einem ±45° GFK Laminat ($[+45, -45]_s$) aus dem HexPly® M79-LT/25%/UD1200/G Prepreg hergestellt. Die Proben haben Abmessungen von 250 x 25 x 3 mm^3 und sind mit GFK-Aufleimern versehen, sodass sich eine Messlänge von 150 mm ergibt.

Die angegebenen Lastniveaus beziehen sich auf das Verhältnis von maximaler Spannung während der zyklischen Belastung zu Zugfestigkeit des Laminats. Die Versuche wurden bei einer Prüffrequenz von 3 Hz und einem R-Verhältnis von 0.1 durchgeführt. Aus den mechanischen Daten wurden sowohl der Sekantenmodul E_s als auch der dynamische Modul E_{dyn} berechnet:

$$E_s = \frac{\sigma_{max}}{\varepsilon_{max}}$$

$$E_{dyn} = \frac{\sigma_{max} - \sigma_{min}}{\varepsilon_{max} - \varepsilon_{min}}$$

$\sigma_{max/min}$	maximale/ minimale Spannung während eines Lastzyklus [MPa]
$\varepsilon_{max/min}$	maximale/ minimale Dehnung während eines Lastzyklus [-]

Zusätzlich wurde die Rissdichte mithilfe der open-source Software CrackDect ausgewertet [8]. Als Input werden Fotos des Prüfkörpers verwendet, welche mit einem CV-X420A Kamerasystem von Keyence Corporation (Osaka, Japan) aufgenommen wurden. Das Kamerasystem wurde während der zyklischen Belastung in definierten Intervallen getriggert:

- bis 1,000 Zyklen: alle 25 Zyklen
- 1,000 – 10,000 Zyklen: alle 100 Zyklen
- ab 10,000 Zyklen: alle 1,000 Zyklen

Die Rissdichte ρ ist definiert als:

$$\rho = \frac{\sum_{i=1}^{n} l_i}{A}$$

l_i	Länge des i-ten Risses [mm]
A	betrachteter Ausschnitt des Prüfkörpers [mm^2]

Die SE-Signale wurden mit zwei im Abstand von 100 mm angebrachten WD-Sensoren erfasst. Es wurden 2/4/6-Vorverstärker mit einer Verstärkung von 40 dB und ein PCI-2 System verwendet. Für Peak Definition, Hit Definition und Hit Lockout Time wurden 10, 80 und 300 µs eingestellt. Der Schwellwert wurde mit 40 dB_{AE} festgelegt und zur Reduktion der Störsignale wurde ein Frequenzbereich von 100 – 1,000 kHz durch die Kombination von digitalem und analogem Filter gewählt. Die Abtastrate wurde auf 5 MHz gesetzt. Als Maß für die SE-Aktivität wurden nur die Hits gewertet, welche innerhalb einer gewissen Zeit bei beiden Sensoren detektiert wurden (SE-Ereignisse). Die Zeitintervalle hierfür wurden im automated sensor test (AST), bei welchem ein Sensor als Sender und einer als Empfänger fungiert, bestimmt. So können Signale, welche ihren Ursprung außerhalb der Sensoren haben größtenteils eliminiert werden.

Des Weiteren wurde die Oberflächentemperatur des Prüfkörpers mit einem Infrarotsensor gemessen um sicherzustellen, dass sich der Prüfkörper nicht zu stark erwärmt, um so einen maßgeblichen Einfluss auf die mechanischen Eigenschaften zu vermeiden.

Abbildung 3 zeigt Sekantenmodul, dynamischen Modul, Rissdichte, Temperatur und kumulative SE-Ereignisse über die Zyklenzahl, welche bei einem Lastniveau von 70 % gemessen wurden. Die Steifigkeit nimmt erwartungsgemäß über die Lebensdauer ab. Der Sekantenmodul zeigt einen stärkeren Abfall, da er neben Materialschädigung und hysteretischer Erwärmung, welche sich auch im dynamischen Modul widerspiegeln, auch zyklisches Kriechen abbildet. Ab ungefähr 300 Zyklen weisen beide Modulverläufe einen stärkeren Abfall bis zum Versagen auf. Zeitgleich werden auch die ersten Risse und SE-Ereignisse detektiert. Sowohl der Kurvenverlauf der Rissdichte als auch der kumulativen SE-Ereignisse steigen bis zum Ende der Lebensdauer exponentiell an. Die Temperatur beginnt bei ungefähr 100 Zyklen zu steigen. Die maximal erreichte Temperatur von 40 °C liegt weit unter dem Glasübergang (95±5 °C) des Harzes und ist daher nicht kritisch. Der Temperaturverlauf kann auch als Maß für die Laminatschädigung gesehen werden, da entstandene Rissflanken bei zyklischer Belastung aneinander reiben und somit zu einer Erwärmung des Prüfkörpers führen. Eine Temperaturzunahme ist bereits ersichtlich bevor Risse optisch detektiert werden oder SE-Ereignisse auftreten, da auch innere Reibung im Material zu Dissipation von Energie in Form von Wärme führen kann.

Abbildung 4 zeigt die mithilfe von CrackDect gefundenen Risse bei einem Winkel von -45°. Für den in Abbildung 3 gezeigten Verlauf der Rissdichte wurden die Ergebnisse der Rissdetektion in +45°- und -45°-Richtung addiert.

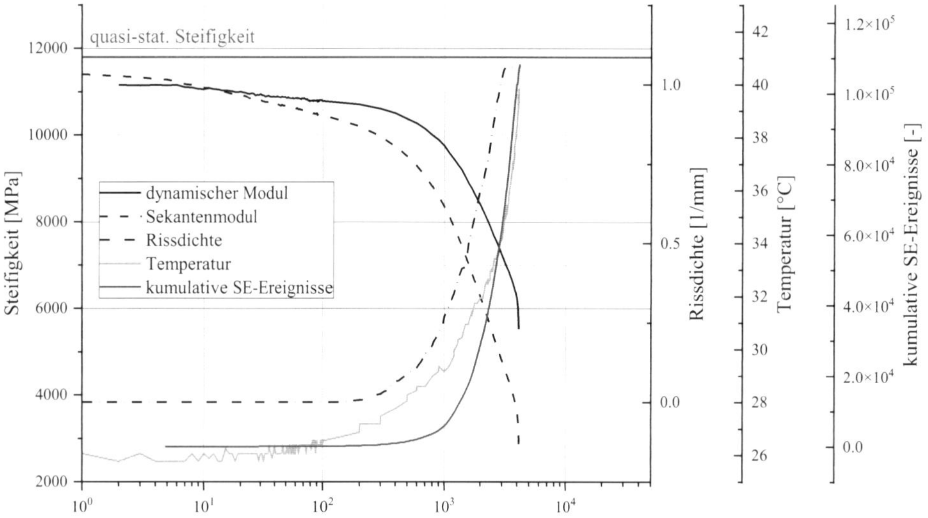

Abbildung 3. Steifigkeit, Rissdichte, Temperatur und kumulative SE-Ereignisse über Zyklenzahl gemessen an einem ±45° GFK Laminat bei einem Lastniveau von 70 % (Prüffrequenz = 3 Hz, R = 0.1)

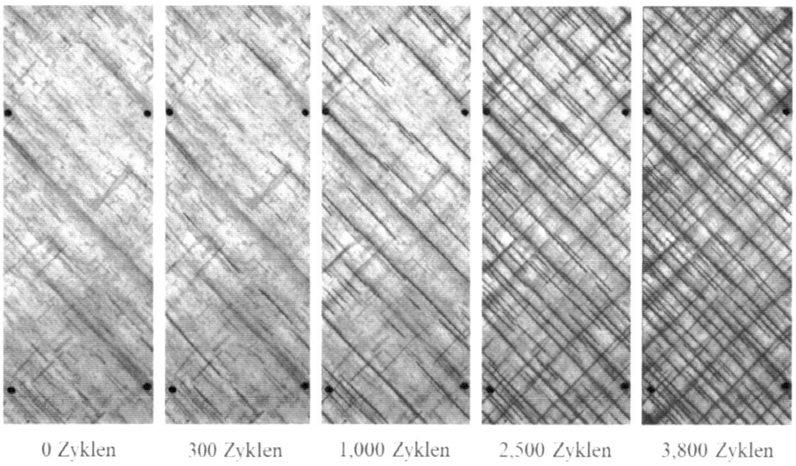

Abbildung 4. Detektierte -45° Risse bei ausgewählten Zyklenzahlen des Versuches aus Abbildung 3

Abbildung 5 zeigt zusätzlich zu dynamischem Modul, Rissdichte und kumulative SE-Ereignisse, welche bei einem Lastniveau von 70 % gemessen wurden, die Ergebnisse eines Ermüdungsversuches bei einem Lastniveau von 60 %. Steifigkeitsabfall, Rissinitiierung und Auftreten von SE-Ereignissen werden, wie erwartet, bei dem geringeren Lastniveau zu höheren Zyklenzahlen verschoben. Der Verlauf der kumulativen SE-Ereignisse weist bei beiden Lastniveaus nach einer gewissen Zeit einen steileren Anstieg als die Rissdichte auf, da bei der SEA auch andere Phänomene als Matrixrissbildung oder -wachstum zur Detektion von SE-Ereignissen führen können. Es können zum Beispiel andere Schädigungsmechanismen, aber auch Reibungsgeräusche zwischen Rissflanken auftreten, die ebenfalls akustische Aktivität hervorrufen.

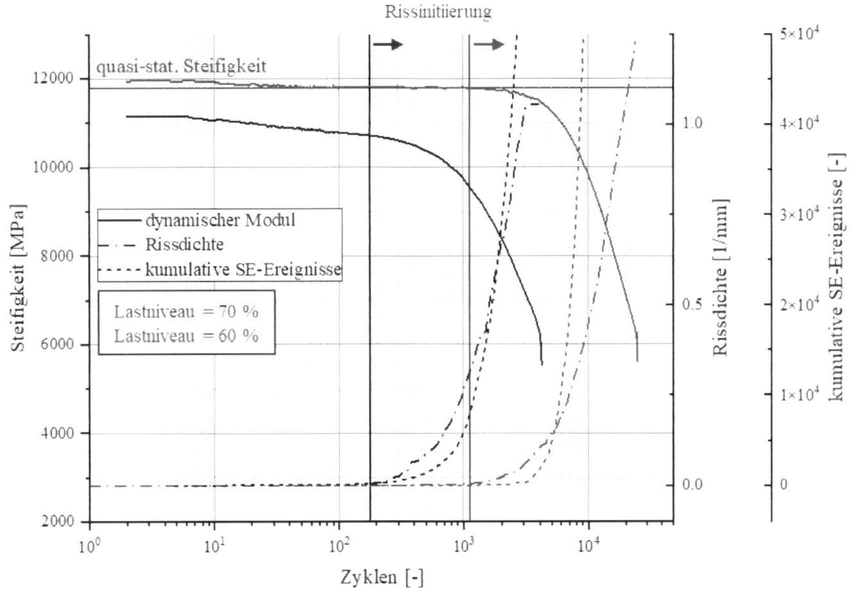

Abbildung 5. Steifigkeit, Rissdichte und kumulative SE-Ereignisse über Zyklenzahl gemessen an ±45° GFK Laminaten bei zwei verschiedenen Lastniveaus (Prüffrequenz = 3 Hz, R = 0.1)

4. Zusammenfassung und Ausblick

In diesem Beitrag wurde die SEA als alternative zerstörungsfreie Prüfmethode zur optischen Matrixrissdetektion während Ermüdungsmessungen von ±45° GFK Laminaten untersucht. Da eine optische Rissdetektion nur bei semi-transparenten Laminaten möglich ist, wird ein Weg gesucht Matrixrisse auch bei nicht-transparenten (z.B. CFK) Laminaten zu quantifizieren.

Um die SEA während den Ermüdungsmessungen sinnvoll anzuwenden, musste zunächst die Menge an Störsignalen reduziert werden. Als gut geeignete Methode erwies sich die Verwendung eines Bandpassfilters von 100 – 1,000 kHz, da die meisten Störsignale unterhalb von 100 kHz auftreten. Durch diese Maßnahme gehen zwar auch niederfrequente Nutzsignale verloren, jedoch ist sie der beste Kompromiss um einfach ein möglichst hohes Verhältnis zwischen Nutz- zu Störsignalen zu erzielen. Der Ursprung der Signale wird im Ventil vermutet, da an dieser Positionen Signale mit den höchsten Intensitäten detektiert wurden. Eine mögliche Erklärung für die Geräuschentwicklung ist Kavitation.

Ergebnisse erster Ermüdungsmessungen bei zwei verschiedenen Lastniveaus haben gezeigt, dass der Zeitpunkt der optisch detektierten Rissinitiierung mit dem Auftreten erster SE-Ereignisse zusammenfällt. Die Verläufe von Rissdichte und SE-Ereignissen unterscheiden sich im weiteren Verlauf der Ermüdungslebensdauer durch einen unterschiedlich ausgeprägten Anstieg. Die kumulativen SE-Ereignisse werden gegen Ende der Lebensdauer mit einer höheren Rate detektiert, da auch andere Schädigungsmechanismen oder Reibung zwischen Rissflanken Auslöser für SE-Ereignisse sein können.

Durch die Betrachtung der SE-Ereignisse kann demnach der Zeitpunkt der Rissinitiierung detektiert werden, jedoch sind sie kein direktes Maß für die Rissdichte im weiteren Verlauf. Dazu müsste bei den detektierten SE-Signalen zwischen verschiedenen Quellen unterschieden werden können. Bei quasi-statischen Messungen konnte durch die Betrachtung diverser Frequenz-Features bereits zwischen Schädigungsmechanismen in faserverstärkten Kunststoffen differenziert werden [9]. In [10] wurden, ebenfalls durch Betrachtung von Frequenz-Features, für zyklisch belastete Holzverklebungen mehr Cluster als bei quasi-statischer Belastung gefunden. Dabei wurde eines der Cluster, basierend auf der Ortung der darin enthaltenen Signale, mit Reibgeräuschen assoziiert.

Eine Analyse der SE-Signalparameter kann Aufschluss darüber geben, ob detektierte Signale in bestimmten Clustern auftreten, die verschiedenen SE-Quellen zugeordnet werden können.

Referenzen

[1] Reifsnider KL, Hrsg. Fatigue of Composite Materials. Amsterdam: Elsevier Science; 1991. (Composite materials series; Bd. 4). Verfügbar unter: https://www.sciencedirect.com/science/bookseries/09270108/4.

[2] Adden S, Horst P. Stiffness degradation under fatigue in multiaxially loaded non-crimped-fabrics. International Journal of Fatigue 2010; 32(1):108–22. Verfügbar unter: https://www.sciencedirect.com/science/article/pii/S0142112309000334.

[3] Drvoderic M, Gfrerrer M, Wiener J, Pinter G, Pletz M, Schuecker C. Comparing crack density and dissipated energy as measures for off-axis damage in composite laminates. International Journal of Fatigue 2023; 169:107486. Verfügbar unter: https://www.sciencedirect.com/science/article/pii/S0142112322007368.

[4] Tong J, Guild FJ, Ogin SL, Smith PA. Off-axis fatigue crack growth and the associated energy release rate in composite laminates. Appl Compos Mater 1997; 4(6):349–59. doi: 10.1007/BF02481399.

[5] Krummenacker J, Hausmann J. Determination of Fatigue Damage Initiation in Short Fiber-Reinforced Thermoplastic through Acoustic Emission Analysis. J. Compos. Sci. 2021; 5(8):221. doi: 10.3390/jcs5080221.

[6] Jüngert A, Dugan S, Udoh A. Acoustic Emission Testing under Difficult Conditions. 32nd European Conference on Acoustic Emission Testing, Prag, Tschechien, September 2016. e-Journal of Nondestructive Testing; 21(11):239–46. Verfügbar unter: https://www.ndt.net/?id=20334.

[7] Gfrerrer M, Wiener J, Brunner AJ, Pinter G. Investigation of background noise affecting ae data acquisition during tensile loading of frps. EWGAE35 & ICAE10 Conference on Acoustic Emission Testing, Ljubljana, Slowenien, September 2022. e-Journal of Nondestructive Testing 2023; 28(1). Verfügbar unter: https://doi.org/10.58286/27631.

[8] Drvoderic M, Bender JJ, Pletz M, Schuecker C. Version 0.2 - CrackDect: Detecting crack densities in images of fiber-reinforced polymers. SoftwareX 2022; 19:101198. Verfügbar unter: https://www.sciencedirect.com/science/article/pii/S2352711022001182.

[9] Sause M, Müller T, Horoschenkoff A, Horn S. Quantification of failure mechanisms in mode-I loading of fiber reinforced plastics utilizing acoustic emission analysis. Composites Science and Technology 2012; 72(2):167–74. Verfügbar unter: https://www.sciencedirect.com/science/article/pii/S0266353811003794.

[10] Clerc G, Sause MGR, Brunner AJ, Niemz P, van de Kuilen J-W. Unsupervised Pattern Recognition of Acoustic Emission Signals of Adhesively Bonded Wood, 21st International Nondestructive Testing and Evaluation of Wood Symposium, Freiburg, Deutschland, Oktober 2019:619–26. Verfügbar unter: https://www.researchgate.net/publication/336891244.

Sensorische Überwachung eines Ultraschallschweißprozesses

Phi-Long CHUNG [1], Timo REINDL [1], Johannes RITTMANN [1], Marc KREUTZBRUCK [1]
[1] Universität Stuttgart, Institut für Kunststofftechnik, Stuttgart

Kontakt E-Mail: phi-long.chung@ikt.uni-stuttgart.de

Kurzfassung. Das Ultraschallschweißen ist ein anerkanntes und weit verbreitetes Fügeverfahren, um Einzelkomponenten dauerhaft miteinander zu verbinden. Besondere Merkmale sind eine ausschließlich lokale Erwärmung der Fügepartner, geringe Schweißzeiten sowie eine hohe Wirtschaftlichkeit des Prozesses. Die Schweißnahtqualität hängt dabei von vielzähligen Faktoren ab. Ausgehend von den Prozessparametern, den Toleranzen der Fügeteile bis hin zu Theorien über ein chaotisches Werkstoffmodell im Grenzbereich des Ultraschallschweißens wird der Prozess gewollt und ungewollt beeinflusst. Dies kann zu schwankenden Prozessqualitäten führen. Die Bewertung der Schweißnahtqualität erfolgt bisher durch eine zerstörende Prüfung der Schweißnaht. Die sensorische Überwachung des Ultraschallschweißprozesses ermöglicht es, schon während des Prozesses Aussagen über die Schweißnahtqualität treffen zu können. Im Rahmen dieser Arbeit wird die sensorische Überwachung der im Prozess auftretenden mechanischen Schwingungseffekte mithilfe von Piezoschwingern aufgezeigt. Neben der Schallenergiedichte sowie dem im Prozess auftretenden nichtlinearen Schwingungsverhalten wird anhand von nachgelagerten Zugversuchen die Schweißqualität untersucht. Dabei weist sowohl die Höhe der Schallenergiedichte als auch insbesondere der Verlauf des Nichtlinearitätsfaktors über die Prozessdauer eine Korrelation mit der resultierenden Schweißnahtqualität auf.

1. Einleitung

Als Sonderverfahren des Schweißens wird unter dem Ultraschallschweißen nach DIN 1910-3 ein Verfahren verstanden, bei dem die Wärmeenergie zum Aufschmelzen des Materials durch innere Reibung und Grenzflächenreibung erzeugt wird [1]. Verglichen mit anderen Serienschweißverfahren liegen die Vorteile dieses Verfahrens in kurzen Schweißzeiten, geringen Investitionskosten und einen geringen Energieverbrauch. Fügeteile können bereits innerhalb weniger Sekunden miteinander verschweißt werden, sodass sich das Ultraschallschweißen besonders für die Massenproduktion von kleinen bis mittelgroßen Bauteilen bei Stückzahlen von bis zu 50 000 eignet [2].

Durch die zahlreichen parallel ablaufenden, komplexen Vorgänge während des Schweißprozesses in der Fügezone, ist das exakte Materialverhalten noch nicht vollständig abbildbar. Dies hat zur Folge, dass für die Schweißnahtfestigkeit wichtigen Prozessparameter wie die Schweißamplitude, die Schweißzeit und der Schweißdruck nur durch ausführliche Testreihen oder Erfahrungswerte ermittelt werden können. Aktuelle Verfahren nutzen zerstörende Prüfverfahren, um Aussagen über die Schweißnahtqualität zu erhalten. Mithilfe einer sensorischen Überwachung soll bereits während des Schweißprozesses über die Auswertung der Prozessparameter eine Aussage über die Schweißnahtgüte getroffen werden.

2. Ultraschallschweißen

Ultraschallschweißanlagen bestehen aus einem Ultraschallgenerator, einem Konverter, einem Booster, einer Sonotrode und einem Amboss [2], siehe Abb. 1. Innerhalb des Ultraschallgenerators werden elektrische Schwingungen im niedrigen Ultraschallbereichen zwischen 20 kHz und 70 kHz erzeugt, die durch den Konverter in mechanische Schwingungen gleicher Frequenz umgewandelt werden. Kommerzielle Konverter verwenden dazu ein keramisches Piezoelement bzw. ein magnetostriktives Element [3]. Der nachgeschaltete Booster leitet die mechanischen Schwingungen auf die Sonotrode und ist in der Lage die Schwingungsamplituden der Schweißanlage zu beeinflussen, welche üblicherweise von 20 µm bis 100 µm reichen. Anschließend werden die mechanischen Schwingungen über die Sonotrode in das zu verschweißende Bauteil eingeleitet. Die zu verschweißenden Bauteile besitzen in der Regel einen Energierichtungsgeber (ERG), um einen definierten Energieeintrag in die Schweißzone zu erhalten. Das Gegenstück zur Sonotrode bildet der Amboss, der zur Positionierung und Aufnahme des zu verschweißenden Bauteils dient.

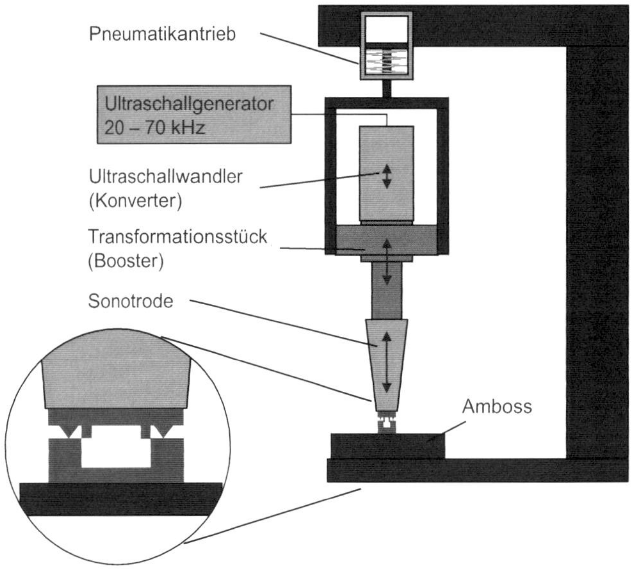

Abb. 1. Schematischer Aufbau einer Ultraschallschweißanlage mit Bauteil inklusive Energierichtungsgeber

2.1 Schweißparameter

Für die Gewährleistung einer hohen Schweißnahtqualität müssen die Prozessparameter beim Ultraschallschweißen auf den jeweiligen Anwendungsfall angepasst werden. Wird mittels Computertomographie (CT) die Schweißnaht einer faserverstärkten Probe betrachtet (Abb. 2), führen fehlerhafte Parametereinstellungen beispielsweise zu einer Verringerung der Nahtdicke oder Lufteinschlüssen innerhalb der Schweißnaht und schlussendlich zu einer Verringerung der Schweißnahtfestigkeit.

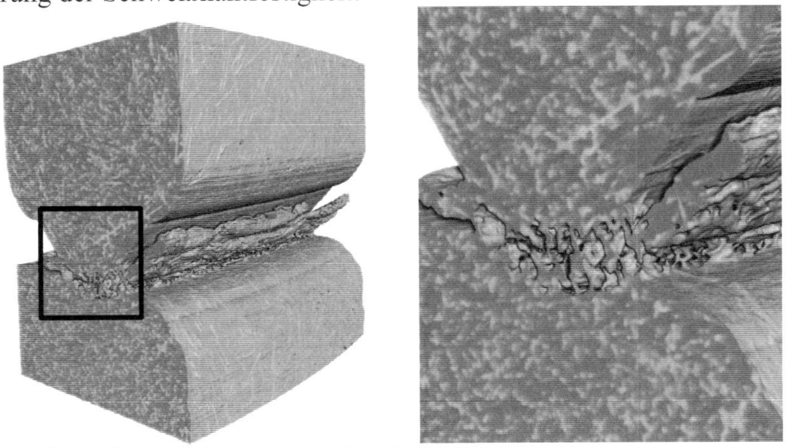

Abb. 2. Schweißnaht eines faserverstärkten Bauteils in der CT-Prüfung

Nachfolgend werden sowohl die Auswirkungen der Amplitude der mechanischen Schwingung sowie die Anpresskraft auf die Schweißnaht näher erläutert.
Die entscheidenden Faktoren beim Festlegen der Amplitude sind Werkstoff, Formgestalt und Geometrie der Fügeebene. Je nachdem, ob die Fügepartner aus amorphen oder teilkristallinen Kunststoffen bestehen, wird die Amplitudenhöhe variiert. Amorphe Kunststoffe benötigen bei einer Arbeitsfrequenz von 20 kHz Amplituden zwischen 15 µm und 35 µm während teilkristalline Kunststoffe bei gleicher Arbeitsfrequenz höhere Amplituden von 25 µm bis 50 µm benötigen [3]. Der Zusammenhang zwischen dem volumenspezifischen Wärmestrom $\dot{q}$ und der Schwingungsamplitude A während des Ultraschallschweißen wird in [4] hergeleitet und in Gleichung 1 dargestellt.

$$\dot{q} = 1/2 \cdot E'' \cdot \varepsilon_0^2 \cdot \omega \qquad (1)$$

E'' beschreibt den werkstoffabhängigen Verlustmodul während ϵ_0 die Dehnung und ω die Kreisfrequenz darstellt, die vom Schweißprozess abhängig sind. ϵ_0 ist proportional zu den gewählten Amplituden des Prozesses [3]. Dadurch ergibt sich die Beziehung zwischen dem viskoelatischen Wärmestrom $\dot{q}$ und der Amplitude A in Gleichung 2. Die Schallenergiedichte E und die Amplitude stehen über Gleichung 3 in Zusammenhang.

$$\dot{q} \sim A^2 \cdot \omega \qquad (2)$$

$$E = A^2 \cdot \omega^2 \cdot \rho \qquad (3)$$

Die Anpresskraft wirkt sich beim Ultraschallschweißen auf die Energieumwandlung aus. Höhere Anpresskräfte führen zu einer gesteigerten Fügegeschwindigkeit und resultieren in kürzeren Schweißzeiten. Zusätzlich wirken sich hohe Anpresskräfte positiv auf die Schweißnahtfestigkeit aus, wobei zu hohe Kräfte zu einer Senkung der Schweißnahtqualität führen. In diesem Fall wird ein großer Teil der Schmelze aus der Fügezone gedrückt und die Nahtdicke verringert. Anpresskraft und Amplitude müssen aufeinander angepasst werden, sodass als Richtwerte kleine Amplituden mit großen Anpresskräften sowie große Amplituden mit geringen Anpresskräften empfohlen werden [3].

Die benötigte Schweißzeit t_s ist im Prozess jeweils von der Amplitude und der Anpresskraft abhängig. Bei zu hohen als auch zu kurzen Schweißzeiten werden geringe Schweißnahtqualitäten erreicht. Da die Bildung einer konstanten Schweißnaht entscheidend für die Qualität der Verbindung ist, werden optimale Schweißzeiten in Testreihen ermittelt.

Die Schweißzeit ist dabei so kurz wie möglich zu halten, um eine Beschädigung des Werkstoffs im Fügebereich zu vermeiden [3].

2.2 Prozessüberwachung

Für die sensorische Überwachung bieten sich eine Vielzahl an Methoden an. Piezosensoren sind dabei eine Möglichkeit, um zusätzliche Messewerte aus dem Schweißprozess zu generieren und die Schwingungen am Amboss zu detektieren. Piezoelemente bestehen aus Piezokristallen oder –keramiken, die bei mechanischer Belastung eine Ladungsverschiebung in ihrem Inneren hervorrufen. Dieser Effekt kann ausgenutzt werden, um die mechanisch auftretenden Schwingungen in ein elektrisches Signal umzuwandeln. Dadurch können auch höher harmonische Schwingungen im dreistelligen kHz Bereich detektiert werden.

Für die Signalauswertung kann mithilfe der Fast Fourier Transformation (FFT) ein Signal in seine Einzelfrequenzen zerlegt werden. Mit dem generierten Amplituden-Frequenzspektrum kann mithilfe von Gleichung 3 die Schallenergiedichte E am Piezoelement berechnet werden.

Die Amplitude A entspricht dabei der mechanischen Amplitude A_{mech} des Piezoelements und wird mit dem Umsetzungsfaktor α und der elektrischen Amplitude A_{el} nach Gleichung 4 bestimmt.

$$A_{mech} = \alpha \cdot A_{el} \qquad (4)$$

Der Umsetzungsfaktor kann beispielsweise mit der Laser-Doppler-Vibrometrie erfasst werden. Dabei wird ein Piezoelement durch einen Frequenzgenerator mit der entsprechenden Frequenz und Spannungsamplitude beaufschlagt und die resultierende Auslenkung vermessen. Mithilfe des linearen Zusammenhangs zwischen mechanischer Auslenkung und der Spannungsamplitude kann der Umsetzungsfaktor α bestimmt werden. Damit die gesamte Schallenergie berücksichtigt wird, müssen neben der Grundfrequenz auch die höher harmonischen Schwingungen über Gleichung 5 berücksichtigt werden. Dabei bezeichnet A_i die Amplitude der Schwingung, ρ die Dichte des Piezoelementes sowie der Index i die Nummer der höher Harmonischen.

$$E_{ges} = \sum_0^i (A_i \cdot \alpha_i)^2 \cdot \omega_i^2 \cdot \rho \qquad (5)$$

2.3 Nichtlineare Schwingungseffekte

In der klassischen Ultraschalltechnik wird davon ausgegangen, dass ein sinusförmiges Eingangssignal zu einem Ausgangssignal gleicher Frequenz führt. Hier werden nur die Änderungen in Amplitude und Phase betrachtet. Die Annahme eines linearen Zusammenhangs zwischen Anregung und Antwortverhalten ist für reale Systeme allerdings nur eine Näherung [6]. Das reale nichtlineare Verhalten führt unter Anderem zur Ausbildung von höher harmonischen Schwingungen. Diese Schwingungen haben Frequenzen, die ganzzahlige Vielfache der Anregungsfrequenz sind. Weitere nichtlineare Effekte sind die Intermodulation und die Ausbildung von Subharmonischen [6]. Der Grund für das Auftreten und Verschwinden dieser Frequenzänderungen liegt in der nichtlinearen Dynamik der Festkörper und, je nach betrachtetem Prozess, auch in dem viskoelastischen Materialverhalten der Schmelze. Die nichtlinearen Effekte reichen dabei von der zwischenatomaren Ebene bei komplett homogenen Material bis zur Meso- und Makroebene bei Defekten und Inhomogenitäten [7–9]. Risse, Defekte und Poren, aber auch bereits Gitterdefekte (Leerstellen und Versetzungen) und Mikrostrukturen (Gleitbänder, Körner und Ausscheidungen) führen zu einer verstärkten Ausbildung von Nichtlinearität, weshalb das

Verfahren in vielen Fällen sehr viel sensitiver ist, als klassische Ultraschallanalysen [10]. Dieser Vorteil gegenüber herkömmlichen Analyseansätzen konnte im Bereich der Fehlerdetektierung bereits in vielen Anwendungsfällen gezeigt werden [6, 7, 11–17]. Als quantitativer Wert für die Bestimmung der Nichtlinearität kann das Nichtlinearitätsverhältnis gebildet werden. Das Nichtlinearitätsverhältnis N_i lässt sich nach Gleichung 6 bestimmen:

$$N_i = \sum\nolimits_n \frac{v_n^2}{v_0^2} \qquad (6)$$

Hierbei ist v_0 die Vibrationsgeschwindigkeit bei der Grundfrequenz und v_i die Vibrationsgeschwindigkeit bei den jeweiligen höher harmonischen Schwingungen. Die Vibrationsgeschwindigkeit v lässt sich hierbei berechnen nach Gleichung 7:

$$v = 2 \cdot \pi \cdot f_i \cdot A_{mech} \qquad (7)$$

Die Sensitivität des nichtlinearen Ultraschalls auf Unterschiede sowohl in der Makro- als auch in der Mikrostruktur machen das Verfahren für die Untersuchung von Schweißverbindungen interessant, um im laufenden Schweißprozess die Unregelmäßigkeiten aufzudecken, die zu einer erheblichen Reduzierung der Schweißnahtqualität führen können. Dabei ist die Untersuchung im Ultraschallschweißprozess besonders naheliegend, da die Ultraschallanregung verfahrensbedingt bereits elementarer Teil des Prozesses ist. Im Fügespalt des Ultraschallschweißprozesses können dabei insbesondere die folgenden Mechnismen zum Tragen kommen:

- Die akustische Kontakt-Nichtlinearität (engl. CAN, [18]), ein Clapping / Reiben von schwach gebundenen Elementen der Kontaktflächen.
- Die Hertzsche Nichtlinearität (HN, [19]), eine Veränderung der Kontaktspannung durch Vergrößerung der Fläche der vorbelasteten Kontaktelemente von rauen Kontaktflächen.
- Die Nichtlinearität in der viskoelastischen Schmelze, ähnlich einer dämpfenden, hochabsorbierenden viskosen Flüssigkeit [20].

3. Versuchsaufbau

In den nachfolgenden Versuchen wurde die Schweißanlage HIQ 4800 der Firma Hermann Ultraschall verwendet. Diese Schweißanlage verfügt über eine Arbeitsfrequenz von 20 kHz bis 35 kHz und wurde in den Versuchsreihen bei 20 kHz betrieben. Die verwendeten Prüfkörper entsprechen den Vorgaben des deutschen Verbands für Schweißen und verwandte Verfahren (DVS) und wurden aus Polyamid 6 (PA6) spritzgegossen (Abb. 3).

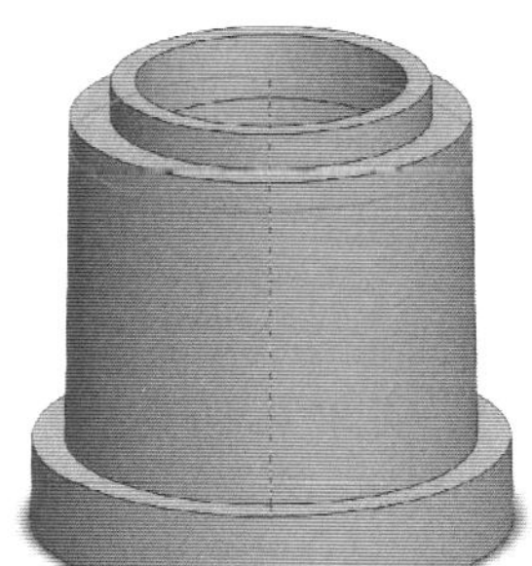

Abb. 3. Unterteil des eingesetzten Schweißprüfkörpers

Für die Überwachung des Abschmelzens vom ERG werden das Schwingungsverhalten des Ambosses im Ultraschallschweißprozess untersucht. Dazu werden zwei Piezoschwinger mithilfe einer dünnen Wachsschicht auf dem Amboss fixiert. Mithilfe der Piezoschwinger werden die Schwingungen, die von der Sonotrode auf den Amboss treffen und in die Fügeebene reflektiert werden aufgezeichnet.

Aus empirischen Vorversuchen wird eine Schweißzeit von 0,6 s festgelegt und die Parameter der Anpresskraft und Amplitude variiert. Alle weiteren Schweißparameter wurden im Rahmen der Versuche für eine gute Vergleichbarkeit konstant gehalten und aus Erfahrungswerten sinnvolle Größenordnungen gewählt. Bei den Anpresskräften wurden 300 N, 400 N und 500 N gewählt. Für die Amplitude wurden Auslenkungen von 28 µm, 33 µm und 38 µm gewählt. Die resultierenden neun Kombinationen werden in einem vollen Versuchsplan in vierfacher Ausführung vermessen. In den Zugversuchen werden bei einer konstanten Prüfgeschwindigkeit von 0,5 mm/min jeweils drei Prüfkörper gemessen.

4. Ergebnisse und Diskussion

4.1 Piezoschwinger

Neben der Ermittlung der Schweißdauer können ohne die beschriebene FFT keine weiteren Informationen aus den Messdaten extrahiert werden. Wird die Fourier Transformation durchgeführt, kann das Amplituden-Frequenzspektrum der aufgezeichneten Signale ausgewertet werden. Zu erkennen sind die Grundschwingung von 20 kHz, sowie die dazugehörigen Oberschwingungen (Abb. 4).

Werden nun die Amplituden-Frequenzspektren der Grundschwingung und die dazugehörigen Oberschwingungen über der Schweißzeit aufgetragen (Abb. 5), wird deutlich, dass Piezoschwinger B hinsichtlich der Frequenzverteilung homogener als Piezoschwinger A ist. Eine mögliche Ursache besteht innerhalb einer mangelhaften Anbindung der Wachsschicht zwischen Amboss und Piezoschwinger, wodurch ein freies Schwingen ermöglicht werden konnte.

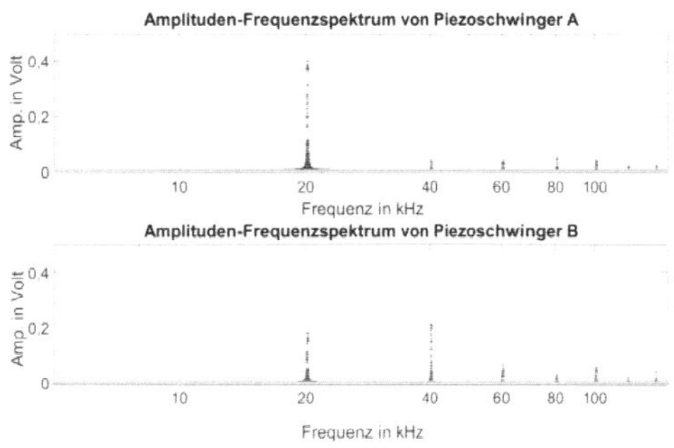

Abb. 4. Amplitudenspektrum des Ultraschallsignals an den Piezoschwingern

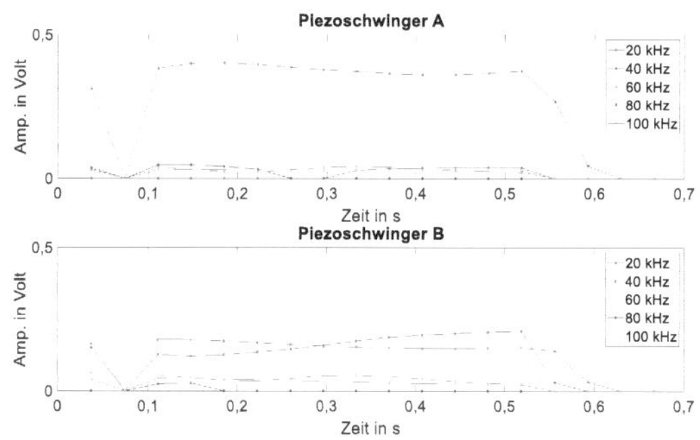

Abb. 5 Darstellung der Amplituden-Frequenzspektren über der Zeit an den Piezoschwingern

Für die Bestimmung der mechanischen Schwingungsamplituden wurde zunächst der Umsetzungsfaktor α der Piezoschwinger mittels Laser-Doppler-Vibrometer bei 20 kHz bestimmt. Beide Piezoschwinger verhalten sich dabei linear proportional zur angelegten Spannung und sind über die Steigung der Kurve in Abb. 6 definiert. Durch den linearen Zusammenhang ist die Bestimmung der Umsetzungsfaktoren der übrigen Frequenzen ausreichend mit dem Verhältnis β abgebildet (Abb. 7).

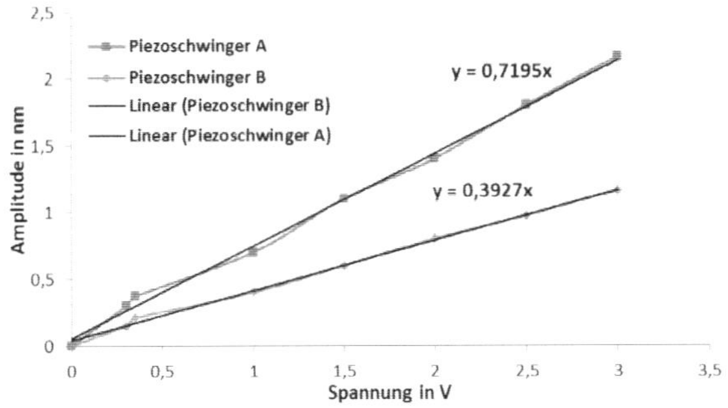

Abb. 6. Bestimmung des Umsetzungsfaktors der Piezoschwinger

f [kHz]	A [nm]	Verhältnis β
20	3,3	1,0
40	2,3	0,7
60	3,0	0,9
80	3,3	1,0
100	1,7	0,5

Abb. 7 Verhältnis β der gesamten Frequenzen

Mithilfe von Gleichung 8 können anschließend die spezifischen Energiedichten der Piezoelemente berechnet werden. Werden die einzelnen Energiedichten nach Gleichung 9 integriert, ist die Energiedichte einer Frequenz bestimmt. Die gesamte spezifische Energiedichte der Schwingung vom Amboss wird durch die Summe berechnet (Gleichung 10). In dem hier vorliegenden Fall beträgt die Dichte ρ der Piezoschwinger bei Blei-Zirkonat-Titanat (PZT) etwa $\rho \sim 8000\ \mathrm{kg/m^3}$. Der Index i stellt die Frequzenz f von 20 kHz – 100 kHz dar und Index j den jeweiligen Messpunkt.

$$E_{ij} = (A_{ij} \cdot \alpha_i \cdot \beta_i)^2 \cdot (2\pi \cdot f_{ij})^2 \cdot \rho \qquad (8)$$

$$E_i = \int_0^{t_s} E_{ij}\, dt \qquad (9)$$

$$E = \sum_i E_i \qquad (10)$$

Die Energiedichten sämtlicher Schweißversuche sind in Abb. 8 abgebildet. Es ist zu erkennen, dass die Energiedichten von Piezoschwinger A im Laufe der Versuche stärker variieren als die von Piezoschwinger B. Erneut wird eine fehlerhafte Kopplung vermutet.

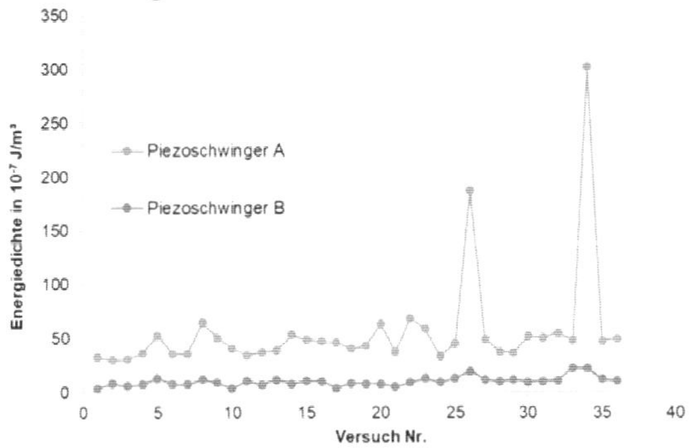

Abb. 8. Schallenergiedichten der Piezoschwinger A und B sämtlicher Versuche

Die Ergebnisse der Zugprüfungen sind gemeinsam mit den gemessenen Schallenergiedichten dargestellt. Es ist zu erkennen, dass Prüfkörper mit Amplituden von 28 µm eine geringere Reißkraft aufweisen als Prüfkörper mit Amplituden von 38 µm. Im Durchschnitt sind die Reißfestigkeiten bei 38 µm um Faktor 3 höher und bei 33 µm um Faktor 2. Bei den vorliegenden Prüfkörpern aus PA6 werden somit bei einer Schweißzeit von 0,6 s höhere Festigkeiten bei höheren Amplituden erreicht. Aufgrund der geringen Reißfestigkeit von bei Schweißamplituden von 28 µm, werden für die abschließende Diskussion nur die höheren Amplitudenstufen betrachtet.

Für die Überprüfung der Eignung von Piezoschwingern zur Überwachung des Ultraschallprozesses werden die ermittelten Energiedichten der Piezoschwinger über den Reißkräften der Versuche aufgetragen (Abb. 9). Anhand der Ergebnisse kann eine Korrelation zwischen höheren Amplituden und entsprechend hohen Schweißnahtfestigkeiten festgestellt werden. Besonders zwei Versuche stechen hierbei heraus. Dies sind die Schweißversuche mit einer Amplitudenhöhe von 38 µm bei 300 N und 500 N. Bis auf wenige Ausnahmen korrelieren die Energiedichten gut mit den gemessenen Reißkräften. Die Amplituden bei 28 µm müssen jedoch kritisch betrachtet werden, da mit vergleichbarer Energiedichte zu den Amplituden von 33 µm geringere Reißkräfte erreicht werden.

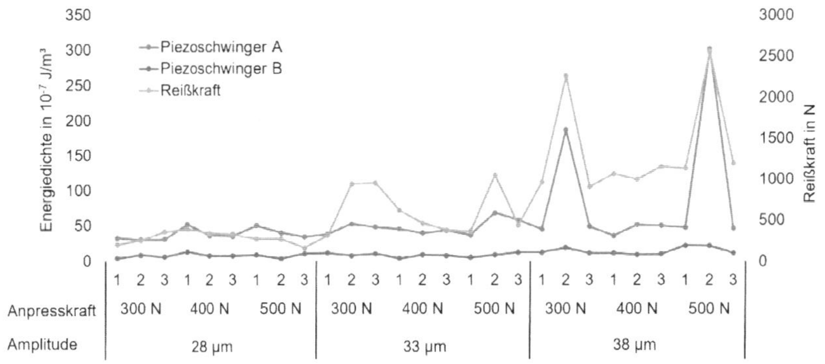

Abb. 9. Vergleich der Reißkräfte und Energiedichten an den Piezoschwingern

4.2 Nichtlinearitäten

In Abb. 10 ist die FFT des Messsignals eines weiteren Piezoelementes während einer Schweißung gezeigt. Gut zu erkennen sind die im Prozess auftretenden höher harmonsichen Schwingungen. Diese Messung zeigt, dass im realen Schweißprozess eine hohe Nichtlinearität vorliegt. In Abb. 11 ist die FFT einer Laser-Doppler-Vibrometer Messung an der frei schwingenden Sonotrode der Ultraschallschweißanlage dargestellt. In der FFT ist zu erkennen, dass die Sonotrode in guter Näherung nur in ihrer Arbeitsfrequenz (20 kHz) schwingt und seitens der Anregung kaum höher Harmonische auftreten. Vergleicht man die Messungen wird deutlich, dass die Nichtlinearität im Schweißprozess auftritt. Die klare Ausbildung von höher Harmonischen macht die Betrachtung des Nichtlinearitätsfaktors im Rahmen einer Qualitätsaussage zielführend.

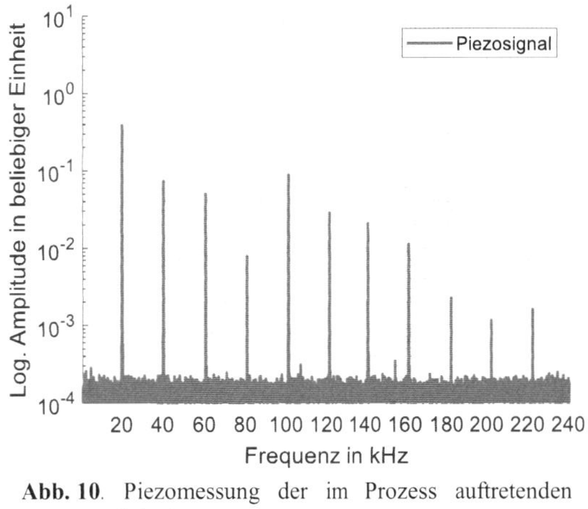

Abb. 10. Piezomessung der im Prozess auftretenden Schwingungen

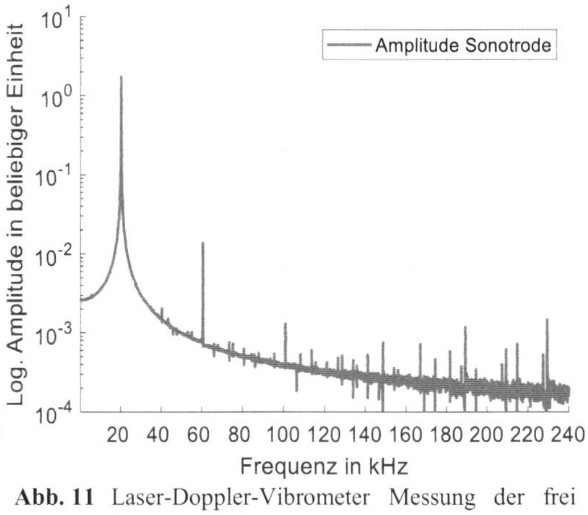

Abb. 11 Laser-Doppler-Vibrometer Messung der frei schwingenden Sonotrode

Ebenfalls wurden an Schweißprüfkörpern Untersuchungen der Nichtlinearität im Prozessverlauf durchgeführt. Die Ergebnisse dieser Untersuchungen sind nachfolgend in Abb. 12 und Abb. 13 dargestellt. Gezeigt ist der Verlauf des Nichtlinearitätsfaktors nach Gleichung 6 über die Dauer des Schweißprozesses. Das Signal ist dabei zeitlich auf 1 ms diskretisiert.

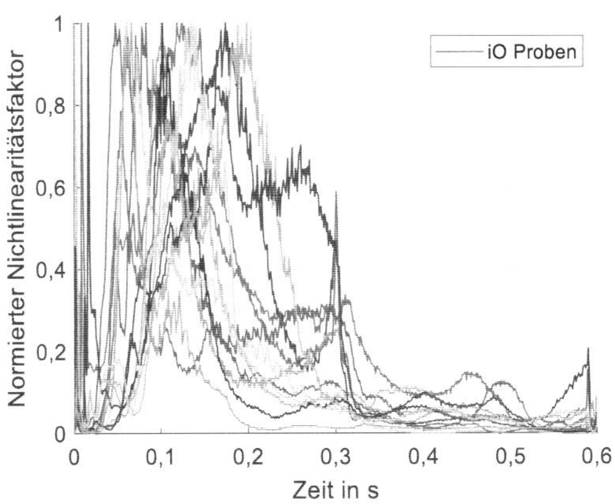

Abb. 12 Normierter Nichtlinearitätsfaktor während des Schweißprozesses von iO Proben **hoher** Zugfestigkeit

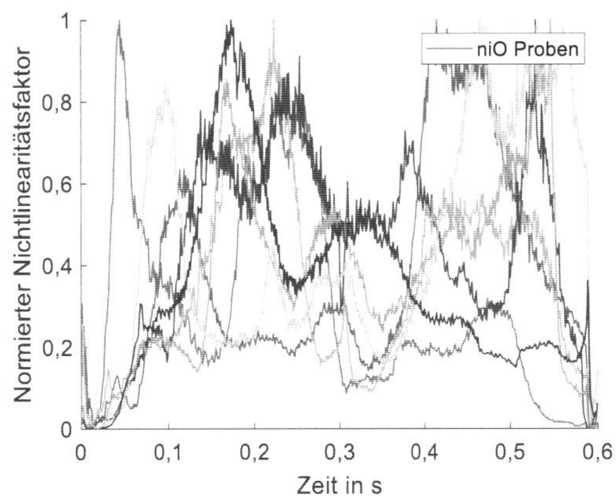

Abb. 13 Normierter Nichtlinearitätsfaktor während des Schweißprozesses von niO Proben **geringer** Zugfestigkeit

Die iO Proben, die in der Zugprüfung hohe Zugfestigkeiten erreicht haben (Abb. 12) und die niO Proben, die geringe Zugfestigkeiten erreicht haben (Abb. 13), zeigen stark unterschiedliche charakteristische Verläufe des Nichtlinearitätsfaktors über die Dauer des Schweißprozesses. Ein solches gegensätzliches nichtlineares Verhalten kann durch die Einflüsse verschiedener Mechanismen der Nichtlinearität auf das Spannungs-Dehnungs-Verhalten interpretiert werden. Das Einsetzen der prozessseitigen Ultraschallanregung aktiviert die Mechanismen der Nichtlinearität (CAN oder HN, abhängig von der Vorspannung) und sorgt bei iO Proben für einen starken Anstieg der Nichtlinearität zu Beginn des Prozesses (Abb. 12). Der Beitrag von CAN und HN fördert die Wärmeumwandlung und dauert bis zur Ausbildung eines gewissen Schmelzepolsters, das einen starken Abfall der Nichtlinearität aufgrund der Auswirkungen der Viskosität verursacht (Abb. 12, 250–350 ms). Durch die hohe Dämpfung, insbesondere der höheren Frequenzen, nimmt der Nichtlinearitätsfaktor in dieser Phase des Schweißvorganges wieder ab.

Bei niO Proben (Abb. 13) ist die beginnende nichtlineare Reaktion wesentlich geringer, was ein Hinweis auf eine übermäßige Kontaktvorspannung sein könnte, die nur den weniger effizienten HN-Mechanismus aktiviert und somit weniger umgewandelte Wärme aus den höheren Harmonischen Schwingungen liefert. Infolgedessen entwickelt sich der Schmelzprozess nicht in vollem Umfang und der dämpfende Einfluss der Viskosität auf die nichtlineare Antwort fällt gering aus. Vielmehr bleibt der Nichtlinearitätsfaktor bis zum Ende des Prozesses auf einem hohen Niveau, was sich entsprechend mit einem potenziell unvollständig ausgebildeten Schmelzepolster assoziieren lässt. Die Nichtlinearität spielt demnach eine doppelte Rolle: Zum einen sorgen die Mechanismen für eine effiziente Energieumwandlung in Wärme, zum anderen deutet ihr Rückgang im Prozessverlauf aufgrund der Viskosität der Schmelze auf die Entwicklung eines umfassenden Schmelzprozesses hin. Diese Ergebnisse unterstreichen die Eignung des nichtlinearen Schwingungsverhaltens als Charakteristikum für den Verlauf des Ultraschallschweißprozesses und die daraus resultierende Schweißnahtqualität.

5. Fazit und Ausblick

Die Erfassung der beim Schweißprozess auftretenden Schwingungen mittels Piezoschwingern ermöglicht eine qualitative Überwachung der Schweißnahtfestigkeit. In der Gegenüberstellung der ausgewerteten Schallenergiedichten und den Ergebnissen aus der Zugprüfung ist zu erkennen, dass die Energiedichte mit der Schweißnahtfestigkeit in Zusammenhang steht. Besonders bei großen Amplituden von bspw. 38 µm ist zu erkennen, dass hohe Energiedichten zu großen Reißkräften führen. Zwei der durchgeführten Schweißversuche weisen hier bei hohen Energiedichten ebenfalls hohe Zugfestigkeiten auf, wobei ein Zusammenhang bei niedrigen Schweißamplituden nicht ausreichend erkennbar ist. Dies könnte daran liegen, dass während des Schweißvorgangs nicht genügend Schwingungsenergie in die Prüfkörper eingeleitet wird. Geringe Amplituden führen dadurch zu einer niedrigen Energiemenge, die in Wärme umgesetzt werden kann. Das führt letztlich zu Abweichungen zwischen der mittleren Energiedichte und der mittleren Reißkraft.

In ersten Versuchen konnten zudem die nichtlinearen Schwingungseffekte bei iO und niO Proben betrachtet werden. Nichtlinearitäten fördern die Umwandlung von Energie in Wärme und demnach die effiziente Ausbildung einer Schmelze. Die Auswirkung der Mechanismen der Nichtlinearität sind zudem im Verlauf des Nichtlinearitätsfaktors zu erkennen. Während bei iO Proben der Nichtlinearitätsfaktor während der Schweißzeit durch Dämpfung der sich ausbildenden viskoelastischen Schmelze abnimmt, verbleibt das hohe Niveau des Nichtlinearitätsfaktors bei niO Proben auf einem ähnlichen Niveau und ist auf ein nicht ausgeprägtes Schmelzepolster zurückzuführen.

Die dargestellten Ergebnisse zeigen das Potential von Piezoschwingern zur sensorischen Überwachung auf. Die Auswertung der Schallenergiedichte in Kombination mit nichtlinearem Schwingungsverhalten kann dadurch Rückschlüsse auf die resultierende Schweißnahtfestigkeit liefern.

Referenzen

[1] DIN 1910-3, SCHWEIßEN; Schweißen von Kunststoffen, Verfahren, Berlin: Beuth, 1977.

[2] BONTEN, C. Kunststofftechnik: Einführung und Grundlagen. München: Hanser, 2014. ISBN 3-446-44093-7

[3] VERLAG FÜR SCHWEIßEN UND VERWANDTE VER-FARHEN DVS-VERLAG GMBH Taschenbuch Fügen von Kunststoffen, Düsseldorf: DVS-Verlag, 2000.

[4] AAKEN, A. V. *Einfluss von Feuchtigkeit auf das Ultraschallschweißen von Polyamiden*. Dissertation, RWTH Aachen, 2015.

[6] KROHN, N. *Nichtlineares dynamisches Materialverhalten zur defektselektiven zerstörungsfreien Prüfung.* Dissertation. Universität Stuttgart. Institut für Kunststoffprüfung und Kunststoffkunde. Stuttgart, 2002.

[7] SOLODOV, I. und M. KREUTZBRUCK. Monitoring of Bonding Quality in CFRP Composite Laminates by Measurements of Local Vibration Nonlinearity. In: *Structural Health Monitoring 2019.* Lancaster, PA: DEStech Publications, 2018. ISBN 978-1-60595-601-5.

[8] GUYER, R.A. und P.A. JOHNSON. *Nonlinear mesoscopic elasticity. The complex behaviour of granular media including rocks and soil.* Weinheim: Wiley, 2009. ISBN 3527407030.

[9] SOLODOV, I., N. KROHN und G. BUSSE. CAN: an example of nonclassical acoustic nonlinearity in solids. In: *Ultrasonics,* 2002, **40**(1-8), 621–625. Doi:10.1016/S0041-624X(02)00186-5

[10] JHANG, K.-Y., C.J. LISSENDEN, I. SOLODOV, Y. OHARA und V. GUSEV. *Measurement of nonlinear ultrasonic characteristics.* Singapore: Springer, 2020. Springer Series in Measurement Science and Technology. ISBN 9789811514616.

[11] ROTHENFUSSER, M., M. MAYR und J. BAUMANN. Acoustic nonlinearities in adhesive joints. In: *Ultrasonics,* 2000, **38**(1-8), 322–326. Doi:10.1016/S0041-624X(99)00083-9

[12] OHARA, Y., T. MIHARA und K. YAMANAKA. Effect of adhesion force between crack planes on subharmonic and DC responses in nonlinear ultrasound. In: *Ultrasonics,* 2006, **44**(2), 194–199. Doi:10.1016/j.ultras.2005.10.006

[13] DONSKOY, D., A. SUTIN und A. EKIMOV. Nonlinear acoustic interaction on contact interfaces and its use for nondestructive testing. In: *NDT & E International,* 2001, **34**(4), 231–238. Doi:10.1016/S0963-8695(00)00063-3

[14] MEO, M. und G. ZUMPANO. Nonlinear elastic wave spectroscopy identification of impact damage on a sandwich plate. In: *Composite Structures,* 2005, **71**(3-4), 469–474. Doi:10.1016/j.compstruct.2005.09.027

[15] YAN, D., S.A. NEILD und B.W. DRINKWATER. Modelling and measurement of the nonlinear behaviour of kissing bonds in adhesive joints. In: *NDT & E International,* 2012, **47**, 18–25. Doi:10.1016/j.ndteint.2011.12.003

[16] SOLODOV, I. und G. BUSSE. Nonlinear air-coupled emission: The signature to reveal and image microdamage in solid materials. In: *Applied Physics Letters,* 2007, **91**(25), 251910. Doi:10.1063/1.2827193

[17] CHEN, B.-Y., S.-K. SOH, H.-P. LEE, et al. A vibro-acoustic modulation method for the detection of delamination and kissing bond in composites. In: *Journal of Composite Materials,* 2016, **50**(22), 3089–3104. Doi:10.1177/0021998315615652

[18] SOLODOV, I. Nonlinear acoustic response of damage applied for diagnostic Imaging. In: *Nonlinear ultrasonic and vibro-acoustical techniques for non-destructive evaluation, Hg. T. Kundu,* Springer, 2019, (8). ISBN 978-3-319-94474-6

[19] OSTROVSKY L. A. und JOHNSON P. A. Dynamic nonlinear elasticity in geomaterials. In: *Rivista del Nuovo Cimento,* 2001, **24**(7), 1–46. Doi:10.1007/BF03548898

[20] HAMILTON, M.F. und D.T. BLACKSTOCK (Hg.). Nonlinear acoustics, Academic Press, San Diego, CA, USA, 1998.

Charakterisierung der Haftfestigkeiten mittels geführter Ultraschallwellen

Marcel NICOLAI [1], Henning ZEIPERT [2], Yevgeniya LUGOVTSOVA [1], Leander CLAES [2], Jannis BULLING [1], Sarah JOHANNESMANN [2], Jens PRAGER [1], Bernd HENNING [2]
[1] Bundesanstalt für Materialforschung und -prüfung (BAM), Berlin
[2] Universität Paderborn, Paderborn

Kontakt E-Mail: marcel.nicolai@bam.de

Kurzfassung

Klebeverbindungen sind aus vielen Anwendungen wie dem Leichtbau nicht mehr wegzudenken. Durch die Verklebung gleicher oder ungleicher Materialien entstehen viele Vorteile gegenüber konservativen Fügeverfahren. Jedoch stellen schwache Haftfestigkeiten eine sehr unbeliebte Fehlerart dar, die schlecht zu detektieren sind und zu einem frühzeitigen Versagen der Verklebung bei vergleichsweise geringen Belastungen führen können. Aufgrund hoher Sicherheits- und Qualitätsansprüche wird die Haftfestigkeit dieser Verbindungen jedoch noch immer zerstörend geprüft. Zufriedenstellende zerstörungsfreie Verfahren, um Haftfestigkeiten zu prüfen, sind nicht vorhanden und Thema gegenwärtiger Forschung. Ein Ansatz, der in diesem Projekt verfolgt wird, liegt in der Verwendung geführter Ultraschallwellen.
Hierzu wird anhand von Simulationen mittels der Scaled Boundary Finite Element Methode gezeigt, dass die gezielte Auswertung bestimmter Bereiche des Dispersionsdiagrams, den sogenannten vermiedenen Kreuzungen (engl. mode repulsion regions), eine Charakterisierung der Haftfestigkeiten zulassen könnten. Dies liegt darin begründet, dass die mittleren mechanischen Belastungen der Kleberschicht in diesen Bereichen ein lokales Maximum aufweisen und daher eine erhöhte Sensitivität auf Materialänderungen haben. Es wird gezeigt, wie sensitiv diese Bereiche auf Materialänderungen in der Klebergrenzschicht sind und welche potenziellen Fehlergrößen existieren.

Herausforderungen für Langzeitüberwachung von Strukturen und Komponenten mit Schallemission

Andreas J. BRUNNER [1], Horst TRATTNIG [2]
[1] privat, Zürich, (ehemals Empa Dübendorf) Schweiz
[2] Vallen Systeme GmbH, Wolfratshausen

Kontakt E-Mail: andreas.brunner@empa.ch

Kurzfassung. Alternde Infrastruktur in vielen Ländern stellt bei beschränkten Mitteln für Unterhalt oder Sanierungen die Herausforderung, mit einfachen und zuverlässigen Methoden die Strukturintegrität zu untersuchen und quantitativ zu bewerten. Die Anforderungen an die Dauer entsprechender Langzeit-Strukturüberwachung gehen tendenziell zu mehreren Jahren oder gar bis zu Jahrzehnten. Schallemissionsüberwachung ist eine Methode, die dafür gut geeignet erscheint. Daher sind dazu in den letzten Jahren Forschungs- und Entwicklungsprojekte an unterschiedlichen Prüfobjekten durchgeführt worden. Ein wichtiger Aspekt, über den bisher aber nur wenig publiziert worden ist, sind die Zuverlässigkeit und Lebensdauer der Schallemissions-Messsysteme und Sensoren selbst. Publizierte Beispiele umfassen meist Messzeiten von etwa einem Jahr oder weniger und Hinweise auf dabei aufgetretene Probleme mit der Messtechnik sind rar. In diesem Beitrag werden Erkenntnisse aus der Literatur sowie aus einem innerhalb des Fachausschusses Schallemissionsprüfung der Deutschen Gesellschaft für Zerstörungsfreie Prüfung versandten Fragebogens zum Thema Langzeitüberwachung mit Schallemission zusammengefasst. Einen wesentlichen Einfluss haben die Umwelt- und Betriebsbedingungen der Prüfobjekte, z.B. Temperaturvariation, Vibrationen, Schadstoffe, oder unsachgemässe Bedienung des Messsystems. Dadurch induzierte Probleme betreffen mehrheitlich die Sensorhalterung oder die Computer-Steuerung bzw. die Datenspeicherung und weniger die spezifischen Sensoren und die Datenerfassung. Daraus werden Empfehlungen für die Planung und Implementierung von Langzeitüberwachungs-Systemen mit Schallemission abgeleitet.

Einführung

Für den sicheren, zuverlässigen Betrieb von Infrastrukturanlagen wie Rohrleitungssysteme oder Lagerbehälter für diverse Medien, z.B. Gase oder Betriebsstoffe, gibt es seit längerem standardisierte Prozeduren für Schallemissionsprüfung (SEP), einerseits für Abnahmeprüfungen vor der Inbetriebnahme und andererseits für periodische Inspektionen im Betrieb, z.B. [1-5]. Für langfristige, im Wesentlichen kontinuierliche Zustands- oder Prozessüberwachung an industriellen Produktionsanlagen gibt es weniger Standards, z.B. [6-10], wobei nicht alle explizit Schallemission beinhalten. ISO 22096 [9] beschreibt die Anwendung der Schallemission auf die Zustandsüberwachung und Diagnostik von Maschinen im Betrieb und ISO 18436-6 [10] die entsprechenden Anforderungen an das Prüfpersonal. Für die Überwachung von Bauwerken wie Brücken und Tunnels, für die im Vergleich zu Maschinen deutlich längere Betriebsdauern gelten, werden nun vermehrt Standards entwickelt, z.B. [11,12]. Im Fachausschuss Schallemissionsprüfverfahren (FA-SEP) der DGZfP wird in Zusammenarbeit mit weiteren Fachgremien eine Richtlinie zur Überwachung vorgespannter Betonbrücken auf Spanndrahtbrüche mittels Schallemissionsprüfung vorbereitet, diese basiert u.a. auf Arbeiten der BAM [13]. Eine Studie der ETH Zürich an einer 1952 erbauten Spannbetonbrücke wies in einem Jahr elf Spanndrahtbrüche nach, die mit Potentialmessungen bzw. visueller Inspektion verifiziert wurden [14].

Die Überwachung von Bauwerken mit Schallemission gilt als ein vielversprechender Ansatz für die Bewertung der Betriebstauglichkeit. Die langfristige Nutzungsdauer von Bauwerken von fünf oder mehr Jahrzehnten stellt eine Herausforderung für die Überwachungs-Systeme dar. Zwei Literaturstudien haben gezeigt, dass zum Langzeitverhalten der Schallemissions-Messsysteme für solche Anwendungen in den meisten Normen bzw. Richtlinien bisher kaum quantitative Angaben zu Problemen bzw. deren Vermeidung verfügbar sind [15,16]. Wichtig und in mehreren Dokumenten mindestens qualitativ erwähnt ist die Kopplung der Sensoren an das Prüfobjekt. Die dazu publizierten Hinweise betreffen einerseits das Koppelmittel und andererseits die Vorrichtung, welche die Sensoren auf dem Prüfobjekt fixiert und den notwendigen Anpressdruck garantiert.

In diesem Beitrag werden ausgewählte Literatur und Normen präsentiert und bezüglich quantitativer Aspekte der Langzeitbeständigkeit der Schallemissions-Mess-Systeme diskutiert, die in den beiden Studien [15,16] nicht erfasst wurden.

1. Quantitative Daten zum Langzeitverhalten von SE-Systemen

1.1 Zusätzliche Literatur zu Brückenüberwachungen mit SEP

Von der in [15] bzw. [16] zur Überwachung von Brücken zitierten Literatur (total elf Publikationen) geben nur wenige quantitative Information bezüglich Langzeitverhalten des Mess-Systems. Die längste Überwachungsdauer in diesen Publikationen ist (zum Zeitpunkt der Publikation 2021) jene von Niederleithinger et al. [17] mit etwa drei Jahren. In diesem Zeitraum wurde in einer 1950 erbauten Betonbrücke ein Spanndrahtbruch nachgewiesen, der aber als strukturell nicht kritisch bewertet wurde. Probleme mit dem Mess-System werden nicht erwähnt. Weitere, in [15,16] nicht zitierte Publikationen zu diesem Thema sind [13,14,18-19]. Die Erkenntnisse daraus werden hier kurz zusammengefasst.

Pirskawetz et al. [13] nutzten den Rückbau einer Spannbetonbrücke (Baujahr 1969) für Versuche mit gezielter, stufenweiser Schädigung von zwei Spanngliedern durch Ansägen und somit zur Querschnittsreduktion einzelner Spanndrähte. Neben Schallemission wurden noch Fotogrammetrie und Faseroptik für lokale Deformationsmessungen eingesetzt. Zusätzlich wurde auch eine globale Schwingungsanalyse durchgeführt. Als Schlussfolgerung wird vermerkt, dass die Schallemission zurzeit als einzige Methode Spanndrahtbrüche zuverlässig detektiert und lokalisiert. Die Schwingungsanalyse müsste weiter entwickelt werden, um vergleichbare Ergebnisse zu erzielen. Messtechnische Probleme werden nicht vermerkt, die Messdauer war aber auf wenige Tage beschränkt.

Fricker und Vogel [14] behandeln eine Überwachung während ca. einem Jahr (Juni 2004 bis Juni 2005), bei der mit sechszehn Sensoren in einer stark geschädigten Brücke (Baujahr 1952) mehrere Spanndrahtbrüche nachgewiesen wurden. Die Publikation beschreibt eine sogenannte "Vergleichsquelle". Eine unter der überwachten Brücke installierte elektrolytische Zelle induzierte in einzelnen, freigelegten und vom Bündel isolierten Spanndrähten innerhalb 20 bis 40 Stunden Brüche, die als Vergleichssignale aufgezeichnet wurden. Wie in [17] werden auch hier keine Probleme mit der Messtechnik erwähnt.

Tillman et al. [18] untersuchten die Eignung von Schallemissionsmessungen für die Überwachung eines Teils einer Stahlbogenbrücke (Baujahr 1979). Dafür wurde zwischen dem 1. November 2012 und 31. Oktober 2014 ein Mess-System mit sechzehn Sensoren eingesetzt. Ein zweites Mess-System wurde im Mai 2013 auf dem zweiten Brückenbogen installiert. Für Vergleichssignale von Rissbildung wurden bruchmechanische Prüfkörper an die Brücke gekoppelt und belastet, bis Rissbildung auftrat. Die Publikation enthält eine detaillierte Liste der während den Messungen aufgetretenen Probleme ("Appendix D: Troubleshooting and Maintenance Timeline"). Nach ca. acht Monaten wurde z.B. festgestellt, dass nicht alle vier Batterien aufgeladen werden konnten. Dies führte zu Datenverlust. Einen Monat später wurden lose Verbindungen an zwei Solarpaneelen gefunden. Diese wurden vermutlich von Arbeitern verursacht. Es gab aber auch die Vermutung, dass Schneefall oder Bewölkung zeitweise die Effizienz der Solarpaneele reduzierte. Gleichzeitig gab es Probleme mit der Modemverbindung für die Datenübertragung. Nach 14 Monaten musste die Antenne ersetzt werden. Als nächstes wurde dann das Modem ersetzt. Für einzelne, weitere Datenverluste konnten keine eindeutige, technische Gründe gefunden werden.

Tonelli et al. [19] analysierten Schallemissionssignale, die durch in fünf Stufen zunehmende Belastung einer Spannbetonbrücke (Baujahr 1968, 2005 nach einem Erdrutsch ausser Betrieb genommen) bis zu zwei- bzw. dreifacher Designlast generiert wurden. Neben Schallemission wurden weitere Messmethoden verwendet und die Umgebungsbedingungen (Lufttemperatur, Luftfeuchte und Windgeschwindigkeit) wurden ebenfalls aufgezeichnet. Die Analyse der SEP verwendete einfache Signalparameter, nämlich Amplitude, MARSE und Spitzenfrequenz. Damit konnte eindeutig bestimmt werden, ob in der Brücke Risse existieren oder nicht, ebenso das Auftreten des ersten Risses. Weiter konnte die maximale Last, welche auf die Brücke bisher aufgebracht worden war, ermittelt werden. Eventuell können die Daten zudem durch Clusterbildung in den Amplituden-Spitzenfrequenz-Grafiken Hinweise auf die Art der Defekte liefern, dafür müssten aber weitere Experimente durchgeführt und analysiert werden. Die Versuchsdauer ist in der Publikation nicht erwähnt, aber es kann von Kurzzeit-Belastungen ausgegangen werden. Probleme mit der Messtechnik werden nicht erwähnt, sind aber unter diesen Umständen auch wenig wahrscheinlich.

1.2 Zusätzliche Literatur zu Anlagen- und Prozessüberwachung mit SEP

Schon seit vielen Jahren wird Schallemissionsprüfung als geeignetes Mittel zur Prozess- oder Anlagenüberwachung untersucht. Beispiele dazu finden sich in [20], u.a. Werkzeugabnutzung, Lagerschäden an rotierenden Komponenten, Degradation von Dichtungen, etc. Die Autoren betonen, dass es für viele dieser Anwendungen keine brauchbare Alternative zur SEP gibt. Wegen der Komplexität der Signale und dem relativ hohen Anteil an Störsignalen werden jetzt für diese Signalanalysen intensiv Methoden der künstlichen Intelligenz entwickelt, siehe z.B. [21-23]. Allerdings scheint dabei das Langzeitverhalten des Schallemissions-Mess-Systems kein Thema zu sein. Keine der referenzierten Publikationen weist darauf hin, dass die Messtechnik speziell in Bearbeitungs- oder Prozessanlagen variablen mechanischen oder thermischen Belastungen ausgesetzt sein kann. Dass ein solches Umfeld durchaus zu Problemen bei der Datenerfassung führen kann, wird z.B. in [24] diskutiert. Obwohl die Sensorkopplung an einer Heizkraftwerkkomponente mit signifikanter Temperaturvariation über einen Zeitraum von drei Jahren (August 2018 bis September 2021) durch Bleistiftminentests vor und nach den Versuchen bei vier der sechs Sensoren deutlich abgenommen hatte (Amplitudenreduktion zwischen 6 und 15 dB_{AE}), konnten damit über die ganze Versuchsdauer Signale aufgezeichnet werden. Es gab aber Datenverluste, da der PC, auf dem die Daten gespeichert wurden, defekt wurde. Ebenso musste der Bildschirm einmal ersetzt werden [15]. Möglicherweise spielten die Vibrationen im Umfeld der Messung dabei eine Rolle.

1.3 Zusätzliche quantitative Information aus Normen

Zusätzlich zur bisher diskutierten Literatur gibt es einige Normen, die quantitative Hinweise geben. Ein Beispiel ist ASTM E2374 [25] mit empirisch ermittelten Werten für die Änderung der Sensorempfindlichkeit bei Temperaturänderungen oder mit zunehmender Überwachungsdauer (Tabelle 1).

Tabelle 1. Einfluss von Zeit oder Temperatur auf die Sensorempfindlichkeit

Einflussgrösse	Einfluss auf	Art der Wirkung	Mögliche Variation *
– Kurzzeit [min]	– Koppelmittel	– Schichtdickenreduktion	– 0 bis +2 dB_{AE}
– Längere Dauer [h]	– Koppelmittel	– Durchsacken	– 0 bis -10 dB_{AE}
– Langzeit [Tage]	– Koppelmittel	– Austrocknen	– 0 bis -70 dB_{AE}
– Erhöhte Temperatur	– Koppelmittel	– Verdunstung	– 0 bis -70 dB_{AE}
– Temperaturreduktion	– Koppelmittel	– Verhärtung	– 0 bis +5 dB_{AE}
– Langzeitbetrieb	– Messelektronik	– Versagen	– 0 bis -70 dB_{AE}
– Erhöhte Temperatur	– Messelektronik	– (zeitweises) Versagen	– 0 bis -70dB_{AE}
– Erhöhte Temperatur	– Prüfobjekt	– Abnahme Materialdichte	– 0 bis 2%
– Erhöhte Temperatur	– Signalgeschwindigkeit	– Abnahme	– 0 bis 2% oder mehr

* Quantitative Schätzwerte aus [25]

Die Daten in Tabelle 1 zeigen, dass viele Einflüsse das Koppelmittel betreffen. Die Wahl geeigneter Koppelmittel wird im Detail in [26] diskutiert. Für Langzeit-Überwachung werden Klebstoffe empfohlen, wobei bei der Auswahl ihr Verhalten unter Temperaturvariation und eventuell die Einwirkung von Medien berücksichtigt werden müssen.

Bezüglich Signalanalyse definiert ASTM E1419/E1419-M [27] ein Kontrollintervall von einem Monat für die korrekte Funktion des Signalprozessors. Dieser soll mit Signalen aus einem elektronischen Funktionsgenerator überprüft werden, wobei die Amplitude der aufgezeichneten Signale um maximal ±2 dB_{AE} von jener des Funktionsgenerator-Ausgangs abweichen darf. Oft wird in Normen oder Richtlinien aber ein Kontrollintervall von einem Jahr vorgeschlagen oder gefordert.

2. Diskussion

2.1 Sensorüberprüfung

In [16] werden auch mögliche Temperatureffekte diskutiert, welche die Empfindlichkeit piezokeramischer Sensoren reduzieren können. Solche Effekte können einerseits durch Prüfungen bei erhöhten oder tiefen Temperaturen außerhalb konstanter Labortemperatur (ca. +20°C bis +25°C) oder durch Prüfungen in einem Umfeld mit deutlich variierender Temperatur induziert werden. Ein Beispiel für Prüfung bei erhöhter Temperatur in [16] ist die Überwachung eines chemischen Reaktorbehälters aus Stahl mit einer Oberflächentemperatur zwischen etwa +100°C und +110°C mit Sensoren, die für Messungen bis +150°C spezifiziert waren. Vergleichende Messungen bei +20°C und erhöhter Temperatur zeigten eine deutliche Reduktion der mittels Bleistiftminenbrüchen generierten Signale. Dies führte dazu, dass die Sensorabstände für die Überwachung reduziert werden mussten, um eine ausreichende Messempfindlichkeit zu erzielen.

Ein anderes Beispiel sind Untersuchungen an zwei Typen piezokeramischer Materialien (nicht an daraus hergestellten Sensoren) mit Curie-Temperaturen von +325°C bzw. +360°C [28], bei der nach kurzzeitiger Exposition (ca. 10 Minuten) bei erhöhten Temperaturen zwischen 30% und 80% der Curie-Temperaturen deutliche Alterungseffekte nachgewiesen wurden. Andererseits zeigten Kurzzeit-Messungen (Abb. 1) an einem piezokeramischen Sensor (spezifizierte Betriebstemperatur zwischen -5°C und +85°C) bei mehrmaliger Temperaturvariation zwischen -40°C und +110°C zwar eine Abnahme von ca. 5 dB_{AE} bei -40°C bzw. eine Zunahme von ca. +3 dB_{AE} bei +110°C im Vergleich zur Messung bei +25°C. Eine permanente Veränderung wurde nach diesen Versuchen nicht beobachtet.

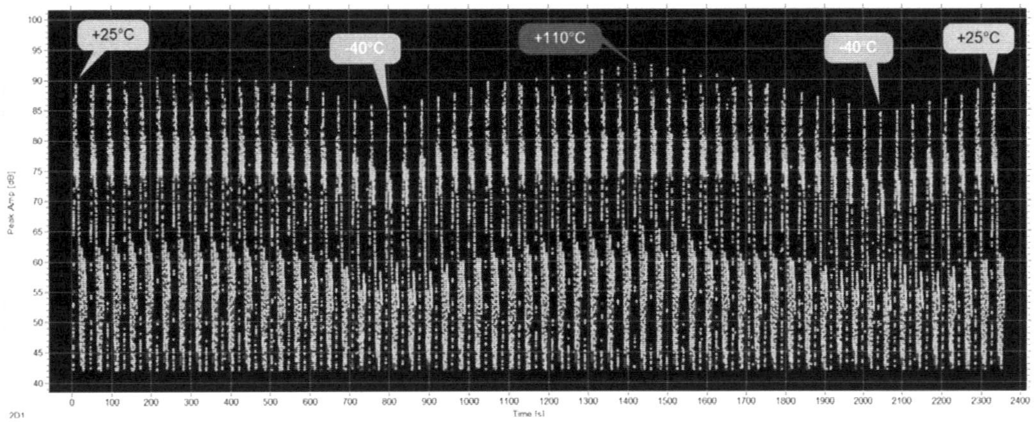

Abb. 1. Sensor-Empfindlichkeitsprüfung für einen Sensor VS75-V bei mehrfachem Zyklen zwischen -40°C und +10°C, die Amplituden nehmen bei Temperaturabnahme ab und bei Zunahme zu, die Messungen erfolgten bei jeder Temperatur nach einem Zeitintervall, das genügenden Temperaturausgleich

Bei Langzeitüberwachung ist eine periodische Überprüfung der Sensorempfindlichkeit essentiell, die entsprechenden Messverfahren geben Informationen sowohl zur Kopplungsqualität als auch zum Sensorverhalten selbst. Abb. 2 zeigt das Ergebnis einer solchen Prüfung im Labor, der Sensor war zwischen den zwei Messungen 15 Jahre im Gebrauch. Die Unterschiede zwischen den zwei Kurven liegen innerhalb der zulässigen Variation, die in vielen Normen mit 3 dB_{AE} definiert wird.

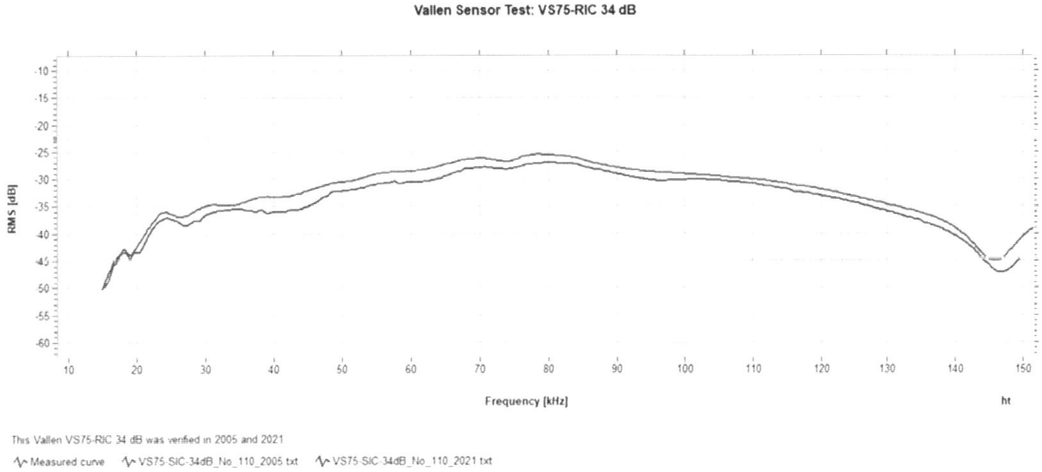

Abb. 2. Periodische Überprüfung eines Sensors (Typ Vallen VS75-RIC 34 dB) mit integriertem Vorverstärker nach 15 Jahren mit dem gleichen Testgerät, die Unterschiede zwischen den Messkurven liegen innerhalb der zulässigen Variation.

Abb. 3. zeigt eine vergleichbare Messung für einen anderen Sensor (Typ SE-150M von Dunegan) nach 18 Jahren Nutzung, im Wesentlichen in einem Laborumfeld. Wie in Abb.

2 sind Unterschiede zwischen den Kurven erkennbar. Die zwei Kurven stammen in diesem Fall aber von zwei unterschiedlichen Prüfgeräten. Daher stellt sich die Frage, welche Rolle eventuelle Unterschiede in der Kopplung (z.B. durch das verwendete Koppelmittel oder den Anpressdruck), dem verwendeten Wandler für die Anregung und den Messeinstellungen spielen. Die 2009 aufgezeichnete Kurve erscheint im Vergleich zur Herstellerkurve geglättet, höchstwahrscheinlich war die Messauflösung unterschiedlich. Daher ist es wichtig, neu gelieferte Sensoren mit dem beim Anwender genutzten Testgerät und identischen Messparametern zu überprüfen, um später aussagekräftige Vergleichskurven zu erhalten.

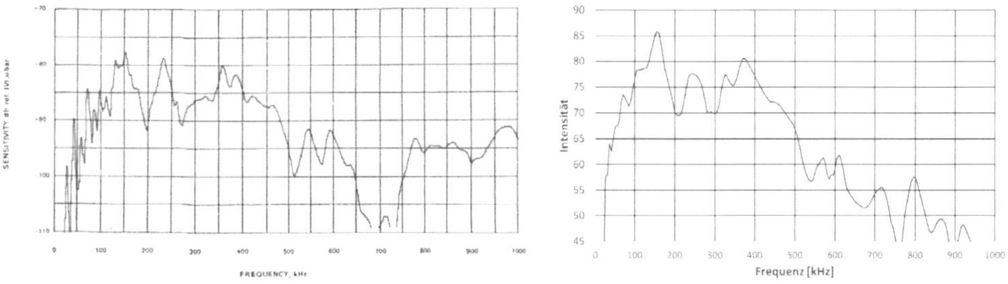

Abb. 3. Empfindlichkeit in Funktion der Frequenz (Sensortyp SE-150M #456 von Dunegan) links Messung des Herstellers vom 25.09.1991, rechts Messung mit Vallen Sensortest vom 01.12.2009 nach 18 Jahren Gebrauch, mehrheitlich bei Labormessungen mit relativ geringer Variation der Umweltbedingungen.

Für Messungen bei tiefen Temperaturen, z.B. an Behältern für Lagerung und Transport von Flüssiggasen mit Temperaturen unterhalb -196°C wurde ein spezieller Tieftemperatursensor entwickelt [29]. Dieser Sensor ergab nach zwanzig Zyklen mit Eintauchen in Flüssigstickstoff (nominell bei -196°C) und nachfolgender Messung bei Raumtemperatur keine signifikante Veränderung der Empfindlichkeit. Die Anwendung zeigte dann, dass die üblichen Koppelmittel wie Öle, Silikonpaste oder Teflonpaste beim Abkühlen unterhalb 0°C deutliche Schallemission produzierten. Daraus ergab sich die Empfehlung, die Sensoren "trocken", d.h. ohne Koppelmittel, direkt auf die Oberfläche des Behälters zu koppeln.

2.2 Überprüfung der restlichen Messkette

Für die Überprüfung der restlichen Teile der Messkette (Datenerfasssung, Signal-Auswertung und –Darstellung sowie Datenspeicher) gibt es für die Datenerfassungs- und Signalauswertungs-Geräte Normen für die Überprüfung der korrekten Gerätefunktion, z.B. [25,30]. Die in [15] diskutierten Daten weisen darauf hin, dass bei Langzeitüberwachungen mittels SEP eher die Peripheriegeräte (z.B. Mess-PC, Datenspeicher, Datenübertragung) als die Datenerfassung bzw. Auswerteeinheit fehleranfällig sind. Ein wichtiger Aspekt ist, in welchen Zeitintervallen alle diese Komponenten überprüft werden sollen. Für die Definition der Intervalle sind die Zuverlässigkeit der Geräte und die geforderte technische Verfügbarkeit und die eventuell eingebaute Redundanz zu betrachten [15].

3. Schlussfolgerungen

Die aus Literatur und Normen gewonnenen Informationen zum Langzeitverhalten der SEP-Messkette, die in [15,16] sowie in dieser Publikation dargestellt werden, deuten auf folgende Aspekte als wesentlich hin:

(1) Probleme mit der SEP-Messkette bzw. einzelnen Komponenten des Mess-Systems können bereits bei kurzzeitigen Überwachungen von weniger als einem Jahr auftreten. Über das Langzeitverhalten der SEP-Messkette über mehr als einige Jahre

ist nichts publiziert, auch wenn einzelne Dienstleister über Erfahrungen mit Langzeitüberwachung von mehr als zehn Jahren verfügen.

(2) Kommerzielle SE-Sensoren und Datenerfassungsgeräte können für Langzeitversuche eingesetzt werden, die bisher publizierten Daten umfassen Überwachungen von etwa drei bis vier Jahren. Eine periodische Überprüfung der Sensorkopplung ist wichtig, Sensoren können, mindestens unter Laborbedingungen, eine Nutzungsdauer von 20 oder mehr Jahren erreichen. Bei nicht oder nur schwierig zugänglichen Sensorpositionen (z.B. in der Nuklear- bzw. Energietechnik oder in der Raumfahrt) kann eine gewisse Redundanz sinnvoll sein, vor allem, wenn eine genügend genaue Ortung der SE-Quellen von Bedeutung ist.

(3) Erhöhte Temperaturen oder Temperaturvariation, auch im für die Sensoren als zulässig spezifizierten Bereich, können durch Depolarisation des Piezomaterials im Langzeitbetrieb zur Reduktion der Sensorempfindlichkeit führen. Zum Einfluss von Messungen bei Kryotemperaturen wurden bisher kaum Informationen publiziert.

(4) Die Qualität der Sensorkopplung kann durch Umwelteinflüsse (z.B. Temperaturvariation, Schlageinwirkung, und eventuell Medienexposition) reduziert werden. Sensorkabel und eventuell Sensorhalterungen können auch durch unabsichtliche Berührungen durch Personen beschädigt werden. Vandalismus wurde in der Literatur bisher nicht erwähnt, ist aber als mögliche Problemursache denkbar.

(5) Technische Probleme in der Messkette, die zu Datenverlust geführt haben, sind in mehreren Fällen beobachtet worden, diese betrafen im Wesentlichen den Mess-PC und die Datenspeicher, aber auch Komponenten zur Datenübertragung (z.B. Modem) oder zur Energieversorgung (z.B. Solarpaneele, Batterien). Es kann daher sinnvoll sein, Teile der Messkette in speziell geschützten Räumen zu platzieren und periodisch Kopien der Daten abzulegen. Redundante Energieversorgung des Mess-Systems, z.B. mit Batterien, kann ebenfalls dazu beitragen, Datenverluste zu vermeiden.

(6) Die Sensorkopplung, die Sensorempfindlichkeit und die korrekte Funktion der Messkette müssen periodisch überprüft werden. Diese Kontrollintervalle müssen für jede Überwachung je nach Messanforderungen und Umweltbedingungen definiert werden.

(7) Bei der Planung der Überwachung sind Reparaturmöglichkeiten und Ersatzteilbeschaffung bzw. Ersatzteillager zu berücksichtigen. Bei beschränktem Zugang zum Prüfobjekt sind unter Umständen redundante Mess-Stellen bzw. Sensoren sinnvoll, um eine bestimmte Nachweisempfindlichkeit oder, wie oben bereits erwähnt, die Genauigkeit der Quellenortung zu garantieren.

Referenzen

[1] EN 13445-5: Unbefeuerte Druckbehälter - Teil 5: Inspektion und Prüfung. Beuth-Verlag (2021) 1-85. doi: 10.31030/3296034

[2] EN 13480-5 Metallische industrielle Rohrleitungen - Teil 5: Prüfung; Deutsche Fassung. Beuth-Verlag (2017) 1-38. doi: 10.31030/2778195

[3] EN 14584 Zerstörungsfreie Prüfung - Schallemissionsprüfung - Prüfung von metallischen Druckgeräten während der Abnahmeprüfung - Planare Ortung von Schallemissionsquellen. Beuth-Verlag (2013) 1-19. doi: 10.31030/1926307

[4] EN 15856 Zerstörungsfreie Prüfung - Schallemissionsprüfung - Allgemeine Grundsätze der Schallemissionsprüfung zum Nachweis von Korrosion innerhalb von mit Flüssigkeit gefüllten metallischen Umschließungen. Beuth-Verlag (2010) 1-14. doi: 10.31030/1541531

[5] prEN 17391 Zerstörungsfreie Prüfung - Schallemissionsprüfung - Überwachung der Schallemission von metallischen Druckgeräten und -strukturen im Betrieb - Allgemeine Grundsätze. Beuth-Verlag (2019) 1-85. doi: 10.31030/3049019

[6] ISO 13373-1 Condition monitoring and diagnostics of machines — Vibration condition monitoring — Part 1: General procedures. International Organization for Standardization (2002), bestätigt 2018. 1-51.

[7] ISO 13381-1 Zustandsüberwachung und -diagnostik von Maschinen - Prognose - Teil 1: Allgemeine Anleitungen. International Organization for Standardization (2015) 1-21.
[8] ISO 14830-1 Zustandsüberwachung und -diagnostik von Maschinen - Überwachung und Diagnostik auf der Basis tribologischer Analysen - Teil 1: Allgemeine Anleitung. International Organization for Standardization (2019). 1-49.
[9] ISO 22096 Zustandsüberwachung und -diagnostik von Maschinen – Schallemissionsverfahren (2007) 1-8.
[10] ISO 18436-6 Zustandsüberwachung und -diagnostik von Maschinen - Anforderungen an die Qualifizierung und Bewertung von Personal - Teil 6: Schallemission (2021) 1-11.
[11] NDIS 2421 Recommended practice for in situ monitoring of concrete structures by acoustic emission.
[12] ISO 16838 Non-destructive testing -- Acoustic emission testing -- Test method for classification of active cracks in concrete structures. International Organization for Standardization (2019) 1-5.
[13] S. Pirskawetz, O. Steinbock, F. Hille, S. Schmidt, D. Hofmann: Erfahrungen aus dem Rückbau der Brücke am Altstädter Bahnhof in der Stadt Brandenburg Teil 2: Schadensmonitoring bei zerstörenden Versuchen. Beton- und Stahlbetonbau 117, Heft 8 (2022) 581-589. doi: 10.1002/best.202200052
[14] S. Fricker, Th. Vogel: Site installation and testing of a continuous acoustic monitoring. Construction and Building Materials 21 (2007) 501–510. doi: 10.1016/j.conbuildmat.2006.04.008
[15] A.J. Brunner: Structural Health and Condition Monitoring with Acoustic Emission and Guided Ultrasonic Waves: What about Long-term Durability of Sensors, Sensor Coupling and Measurement Chain? Applied Sciences, 11(24) (2021), 11648, 1-20. doi: 10.3390/app112411648
[16] A.J. Brunner, H. Trattnig: Evaluation of experience from long-term AE monitoring, Proceedings 35th European Conference on Acoustic Emission Testing and 10th International Conference on Acoustic Emission (Eds. Roman Šturm, Tomaž Kek), ndt-net 2023 Issue 1 (2023) 27620 1-8. doi: 10.58286/27620
[17] Niederleithinger, E., Sodeikat, Ch., Epple, N., Liao, C.-M., Hindersmann, I. (2021) Acoustic emission and ultrasonic monitoring of a prestressed concrete bridge in its final years. Proceedings 1st Conference of the European Association on Quality Control of Bridges and Structures (Eurostruct), Padua, Italy, August 29 – September 1, 2021, p. 1-10.
[18] A.S. Tillman, A.E. Schultz, J.E. Campos: Protocols and Criteria for Acoustic Emission Monitoring of Fracture-Critical Steel Bridges. Minnesota Department of Transportation Technical Report MN/RC 2015-36 (2015) 1-164. Verfügbar unter https://www.researchgate.net/publication/282912497
[19] D. Tonelli, M. Luchetta, F. Rossi, P. Migliorino, D. Zonta: Structural Health Monitoring Based on Acoustic Emissions: Validation on a Prestressed Concrete Bridge Tested to Failure. Sensors 20 (2020) 7272, 1-20. doi: 10.3390/s20247272
[20] J.Z. Sikorska, D. Mba: AE Condition Monitoring Challenges and Opportunities. Proceedings of the First World Congress on Engineering Asset Management WCEAM (2006) Paper 020, 1-12.
[21] G. Ciaburro, G. Iannace. Machine-Learning-Based Methods for Acoustic Emission Testing: A Review. Applied Sciences 12 (2022) 10476, 1-30. doi: 10.3390/app122010476
[22] Padmakumar Muthuswamy, K. Shunmugesh. Artificial intelligence based tool condition monitoring for digital twins and industry 4.0 applications. International Journal on Interactive Design and Manufacturing (IJIDeM) verfügbar on-line. doi: 10.1007/s12008-022-01050-5
[23] Z. Li, X.F. Zou, F.B. Bao, F.S. Gu, A.D. Ball: A Review of Acoustic Emission Monitoring on Additive Manufacturing. H. Zhang et al. (eds.), Proceedings of IncoME-VI and TEPEN 2021, Mechanisms and Machine Science 117, 867-878. doi: 10.1007/978-3-030-99075-6_70
[24] A. Juengert, M. Friedrich, A. Klenk. Long Term Coupling of AE Sensors in High Temperature Environment. Proceedings 35th European Conference on Acoustic Emission Testing and 10th International Conference on Acoustic Emission (Eds. Roman Šturm, Tomaž Kek), ndt-net 2023 Issue 1 (2023) 25597, 1-10. doi: 10.58286/27597
[25] ASTM E2374 Standard Guide for Acoustic Emission System Performance Verification. American Society for Testing and Materials, Intl. (2016), bestätigt 2021, 1-5. doi: 10.1520/E2374-16R21
[26] ASTM E650/E650-M Standard Guide for Mounting Piezoelectric Acoustic Emission Sensors. American Society for Testing and Materials, Intl. (2017) 1-4. doi: 10.1520/E0650-17
[27] ASTM E1419/E1419-M Standard Practice for Examination of Seamless, Gas-Filled, Pressure Vessels Using Acoustic Emission. American Society for Testing and Materials, Intl. (2015), bestätigt 2020, 1-8. doi: 10.1520/E1419_E1419M-15AR20
[28] Promsawat, N., Promsawat, M., Janphuang, P., Marungsri, B., Luo, Z.H., Pojprapai, S.: Investigation of the effect of temperature on aging behavior of Fe-doped lead zirconate titanate. Functional Materials Letters, 10(3), (2017)1750026, 1-4. doi: 10.1142/S1793604717500266
[29] M. Sause, S. Schmitt, I. Nagaev, H. Trattnig: Schallemissionsprüfung an Faserverbundwerkstoffen bei kryogenen Temperaturen. Deutsche Gesellschaft für Zerstörungsfreie Prüfung, Tagung Schall21, Vortrag V11, Berichtsband 175 (2021) 1-8.
[30] EN 13477-2 Zerstörungsfreie Prüfung - Schallemissionsprüfung - Charakterisierung der Prüfausrüstung - Teil 2: Überprüfung der Betriebskenngrößen. Beuth Verlag (2021) 1-84. doi: 10.31030/3238632

Vorteile dezentraler AE-Systeme

Horst KÜHNICKE [1], Li WANG [2]

[1] Kühnicke Embedded Real Time (KERT), Dresden
[2] Kühnicke Embedded Real Time (KERT), Shenzhen, China

Kontakt E-Mail: kert@u-boehm.de

Kurzfassung. Die bekannten AE-Systeme besitzen eine zentrale Einheit, in der die Informationen von allen Sensoren verarbeitet werden. Dezentrale AE-Systeme bilden ein Netz von Sensoren. Dieses Sensornetz arbeitet autark, d.h. es kann ohne Zentraleinheit AE-Messungen durchführen. Alle Informationen werden direkt zwischen den Sensoren ausgetauscht. Dieses Prinzip führt zu skalierbaren, stromsparenden und kostengünstigen Systemen.

Bei n Sensoren stehen dem System die n-fache Rechenleistung und das n-fache Speichervolumen eines Einzelsensors zur Verfügung. Gleichzeitig wird nur der n-fache Strom verbraucht. Ähnliches gilt auch für andere Systemparameter. Leistungsfähigkeit und Kosten passen sich an die Anzahl der Sensoren an.

KERT-AE-Sensoren der 5. Generation bilden ein dezentrales AE-System. Die Sensoren können ohne zusätzliche Hardware alle Messaufgaben bewältigen. Die Messergebnisse werden in den Flash-Speichern der Sensoren abgelegt. Zur Einstellung des Systems und zum Auslesen der Ergebnisse sind Mini-Computer geeignet. Voraussetzung ist lediglich ein moderner Browser und eine Schnittstelle für Single Pair Ethernet 10Base-T1L oder Bluetooth LE 5.1. Die Messung selbst ist unabhängig vom Mini-Computer.

Entwicklungsziele für die KERT-Systeme waren geringe Kosten für die Anschaffung und - noch wichtiger – ein möglichst geringer Arbeitsaufwand für die Durchführung der Messungen. Es gibt deshalb zwei Systemvarianten. Die ISM-Variante mit drahtlosem Datenaustausch und Stromversorgung mit Akkus in jedem Sensor ist für kurzzeitige mobile Prüfeinsätze vorgesehen. Optimiert wurde die Installationszeit des Messsystems. Es müssen keine Kabel verlegt werden und die Positionen der Sensoren auf der Prüfoberfläche werden automatisch vom System selbst vermessen. Die SPE-Variante mit Single-Pair-Ethernet-Kabeln und zentraler Stromversorgung ist für Langzeitmessungen gedacht, bei denen die Installationszeit für das System im Vergleich mit dem ständigen Wartungsaufwand eine untergeordnete Rolle spielt. Das regelmäßige Aufladen der Akkus entfällt und die Langzeitzuverlässigkeit ist größer als die der ISM-Variante.

1. Einführung

Üblicherweise wird in AE-Systemen eine zentrale Signalverarbeitung verwendet. In den Sensoren findet lediglich eine Impedanzanpassung oder Vorverstärkung statt. Die AE-Signale werden über analoge Kabel an eine zentrale Verarbeitungseinheit übermittelt. Das hat den Vorteil, dass die für die Ortung erforderlichen Laufzeitdifferenzen einfach in der Zentraleinheit gemessen werden können. Diese zentrale Signalverarbeitung erfordert bei großen Prüfobjekten jedoch viele unhandlich lange Kabel.

Seit 2017 entwickeln wir intelligente Schallemissionssensoren [1,2,3]. Sie zeichnen sich dadurch aus, dass von Generation zu Generation immer mehr Funktionalität von der zentralen Verarbeitungseinheit in die Sensoren selbst verlegt worden ist. Dieses Konzept beschränkt die notwendigen Kabellängen bei der **SPE**-Variante auf den Sensor-abstand. Für die **ISM**-Variante sind überhaupt keine Kabel notwendig. Dabei steht **SPE** für ***Single Pair Ethernet*** und **ISM** für ***Industrial Scientific Medical***, eine Bezeichnung von frei nutzbaren Frequenzbändern zur drahtlosen Datenübertragung. Neben der Verkleinerung der Kabellängen war die Verringerung des Stromverbrauchs ein wichtiges Ziel, um batteriegespeiste Messsysteme mit möglichst langen Betriebszeiten aufbauen zu können.

Die neue 5. Generation verschiebt erstmals alle für die Messung wichtigen Funktionen in die Sensoren. Messungen können jetzt auch autark mit den Sensoren ohne Computer durchgeführt werden. Ein Computer wird nur zum Einstellen des Messsystems und zum Auslesen der Messergebnisse benötigt. Das senkt bei Langzeitmessungen den Stromverbrauch, wo aus Zeitgründen die Messung sowieso nicht ständig vom Messpersonal überwacht werden kann. Die Einstell- und Ergebnisanzeigeroutinen sind Web-Applikationen. Es reicht ein stromsparender Mini-Computer, da lediglich ein moderner Browser installiert werden muss.

Abb. 1: Vergleich ISM-Sensor der 1. (rechts) und 5. Generation (links)

Abb. 1 zeigt ISM-Sensoren der 1. und 5. Generation im gleichen Maßstab. Mit jeder Generation ist das Sensorvolumen verringert, der Funktionsumfang erhöht und gleichzeitig die Betriebszeit im Batteriebetrieb verlängert worden.

In den Abschnitten 2.1 bis 2.5 wird die Funktionsweise der Sensoren kurz beschrieben. Im Anschluss wird ausführlicher auf die neue Funktion *Sensorpositionsbestimmung* eingegangen.

2. Kurze Funktionsbeschreibung

2.1 Analoge Signalverarbeitung

Im Analogteil durchläuft das aufgenommene Signal folgende Stufen:

- Impedanzanpassung,
- drei zuschaltbare Bandpassfilter 3. Ordnung,
- mehrstufiger demodulierender logarithmischer Verstärker mit einer Dynamik von 95 dB.

Das Ausgangssignal entspricht der Einhüllenden des Sensorsignals. Abb. 2 zeigt beispielhaft dieses Ausgangssignal für ein ursprüngliches Signal, das sich in einer Platte gebildet hat und sich aus einem longitudinalen und einem transversalen Anteil zusammensetzt.

Die logarithmische Einhüllende wird von einem internen ADC des eingebauten Mikrocontrollers mit einer maximalen Rate von 1 MHz abgetastet. AE-Parameter, wie Ankunftszeit, Anstiegszeit, Signaldauer, Spitzenamplitude und Energie, werden vom Mikrocontroller aus der Hüllkurve extrahiert. Der Funktionsumfang entspricht bis auf die folgenden beiden Ausnahmen dem von modernen AE-Systemen mit zentraler Signalverarbeitung und schnellen Computern:

- Das Vorzeichen des Ersteinsatzes (Momententensoranalyse) steht nicht zur Verfügung.
- Frequenzinformationen (Modalanalyse) gehen verloren.

Der Energieverbrauch des Analogteils ist während der Messung nahezu konstant und kleiner als 58 mW. Alle Sensoren werden nach der Face-To-Face-Methode [4] kalibriert. Dabei wird sowohl die ursprüngliche Signalform als auch die erzeugte Einhüllende aufgezeichnet.

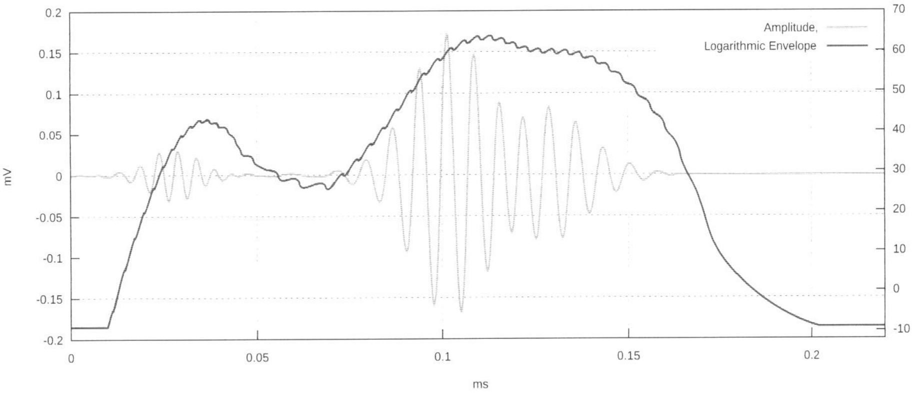

Abb 2: Beispiel für die erzeugte logarithmische Einhüllende

2.2 SPE-Sensoren

Abb. 3: SPE-Sensor 150 kHz

Einen typischen SPE-Sensor für eine Mittenfrequenz von 150 kHz zeigt Abb. 3. Datenübertragung und Stromversorgung erfolgen über Single Pair Ethernet (SPE) nach dem Standard 10BASE-T1L. Es sind Kabellängen bis zu 1400 m möglich. Abb. 4 zeigt die Vernetzung der Sensoren als Kette. Für n Sensoren sind n + 2 Kabel erforderlich. Die Länge jedes Kabels entspricht dem Aufnehmerabstand. Für diese Längen sind nur Kabel mit geringem Durchmesser notwendig, die sich leicht verlegen lassen. Die gezeigte Topologie reduziert für große Prüfobjekte und hohe Sensor-zahlen die Gesamtkabellänge verglichen mit konventionellen zentralen AE-Syste-men auf bis zu 10 %. Der Nachteil der Kettentopologie besteht darin, dass wenn mehr als ein Sensor aus-fällt, alle Sensoren zwischen zwei ausgefallenen Sensoren nicht erreichbar sind. Werden, wie in Abb. 5, weitere Datenpfade (rot) eingefügt, wird dieser Nachteil vermieden.

Die SPE-Variante ist unabhängig von Störungen im viel genutzten 2.4 GHz ISM-Band und wird für Langzeitmessungen empfohlen, bei denen die Installationszeiten für das AE-System eine untergeordnete Rolle spielen. Auf Steckverbinder wird verzichtet. Die

Kabel werden ähnlich wie in einer Verteilerdose fest installiert. Der Energieverbrauch des Digitalteils hängt stark von der Ereignisrate ab. Er liegt zwischen 52 und 244 mW.

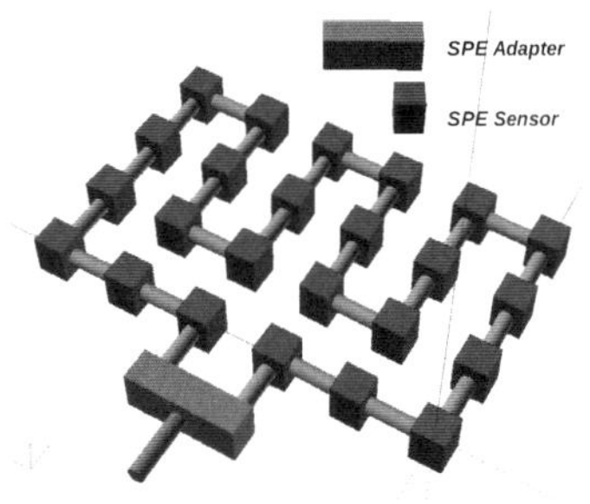

Abb. 4: Kettentopologie

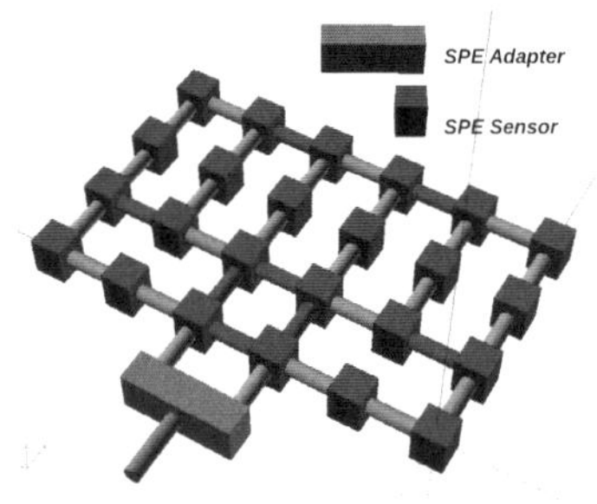

Abb. 5: Weitere Pfade (rot)

2.3 ISM-Sensoren

Abb. 7: ISM-Sensor 150 kHz

Die drahtlose Datenübertragung findet im 2,4-GHz-ISM-Band statt. Zwischen den Sensoren wird ein proprietäres Protokoll benutzt. Die Datenübertragung zum Steuer-PC beruht auf Bluetooth LE. Der Energieverbrauch des Digitalteils hängt wieder stark von der Ereignisrate ab. Er liegt zwischen 12 und 40 mW.

Eingebaute Li-Ionen- oder LiFePO4-Akkumulatoren übernehmen die Stromversorgung. Aufgrund der Zellchemie sind LiFePO4-Zellen eigensicher, d. h., ein thermisches Durchgehen und eine Membranschmelze wie bei anderen Lithium-Ionen-Akkumulatoren gelten als ausgeschlossen. Sie erlauben eine größere Zahl von Ladezyklen und können in einem Temperaturbereich von -10°C bis 60°C eingesetzt werden. Für Li-Ionen-Zellen sind die Ladetemperaturen auf 0°C bis 50°C eingeschränkt. Dafür besitzen sie bei gleichem Volumen etwa die doppelte Kapazität. Geladen werden die Zellen über eine Micro-USB-Buchse, an die zur Verlängerung der Betriebszeiten eine handelsübliche Powerbank angeschlossen werden kann.

Hauptvorteile der ISM-Sensoren:

- Das AE-System benötigt keine Kabel,
- Galvanische Trennung der Sensoren.

Empfohlen wird die ISM-Variante für Messteams mit wechselndem Einsatzort. Da keine Kabel verlegt werden müssen, ist das AE-System schnell installiert.

2.4 Zeitsynchronisation

Für die Quellortung müssen in den Sensoren synchronisierte Uhren mit einer Genauigkeit von mindestens 1 µs laufen. Die dafür bekannten standardisierten Verfahren sind sehr aufwendig, weil sie auf absolute Zeiten ausgerichtet sind sowie herstellerunabhängig und über mehrere Zwischenstationen hinweg funktionieren sollen [4]. Da für die AE-Ortung nur Zeitdifferenzen zwischen benachbarten Sensoren gemessen werden müssen, vereinfacht sich das Problem wesentlich. So enthalten z.B. alle für die drahtlose Datenübertragung genutzten integrierten Schaltkreise bereits geeignete Uhren. Allerdings hat der Anwender oft keinen Zugriff auf diese Uhren. In Verhandlungen mit den IC-Herstellern lassen sich jedoch Lösungen finden.

2.5 Software

Die Software setzt sich zusammen aus einer Firmware auf dem Mikrocontroller des Sensors und einer Webapplikation auf dem Steuerrechner. Die Firmware der Mikrocontroller ist verantwortlich für die Digitalisierung der Einhüllenden, die AE-Parameterbildung, die Ortung, die Ermittlung der Sensorpositionen, die Speicherung der Messergebnisse und die Steuerung der Datenübertragung. Damit kann das Sensornetzwerk autark AE-Messungen vornehmen. Der Steuerrechner ist nur noch eine intelligente Bedienkonsole für die Einstellung des Sensornetzwerks und das Darstellen der Messergebnisse. Dieses Konzept vereinfacht die Fernsteuerung des Messsystems und spart Energie bei Langzeitmessungen.

Die Firmware des Mikrocontrollers ist proprietär. Die Webapplikation des Steuerrechners läuft im Browser eines beliebigen Computers mit einem beliebigen Betriebssystem. Sie ist Open Source. Befähigte Nutzer können die Webapplikation an ihre eigenen Bedürfnissen anpassen.

3. Vermessung der Sensorpositionen

Um die Installation des Messsystems weiter zu vereinfachen, ist für die ISM-Sensoren ein sogenannter ***Measurer*** entwickelt worden, an dessen Unterseite sich ein AE-Impulsgeber und an der Oberseite ein HF-Antennenarray befinden. Abb. 7. zeigt die derzeitige experimentelle Ausführung. Der Measurer wird mit der Hand auf die Bauteiloberfläche zwischen die AE-Sensoren gedrückt. Empfangen die AE-Sensoren Signale vom Impulsgeber, werden die Laufzeitdifferenzen gemessen und gleichzeitig werden Beacons mit angehängten Continuous Tone Extensions (CTE) ausgesendet. Das HF-Antennenarray des Measurers ermittelt den Einfallswinkel der erweiterten Beacons. Wird dieser Vorgang in jedem Dreieck, das die AE-Sensoren aufspannen, wiederholt und einer der Sensoren als Koordinatenursprung definiert, können die Positionen von allen umliegenden Sensoren und den verwendetet Measurestandorten berechnet werden. Das akustische Signal des Measurers dient außerdem der Ankopplungsmessung. Der Vorteil des Einsatzes des Measurers besteht darin, dass keine aufwendige Vermessung der Sensorpositionen notwendig ist. Außerdem können die Ankopplungseigenschaften im gleichen Arbeitsschritt beurteilt werden. Alle Daten werden sofort im Messsystem gespeichert.

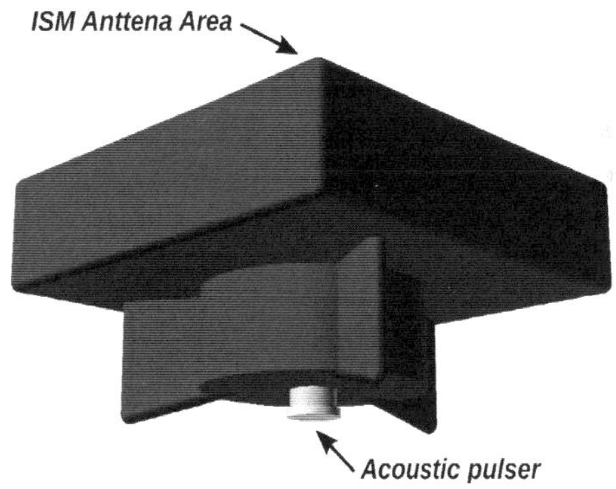

Abb. 7: Measurer im experimentellen Gehäuse

Die Praxiserprobung der vorgestellten Positions- und Ankopplungsbestimmung ist noch nicht abgeschlossen. Die bisherigen Untersuchungen wurden mit dem Antennenarray TIDA 01632 (zwei Dipole) von Texas Instruments und dem Array BRD 4185A (4 x 4 Patch Antennen) von Silicon Labs durchgeführt. Abb. 8 zeigt die beiden Arrays und vom Hersteller gemessene Kalibrierkurven. Das wesentlich kleinere Array von Texas Instruments misst nur in einer Ebene. Das Array von Silicon Labs erlaubt die Messung von dreidimensionalen Raumwinkeln.

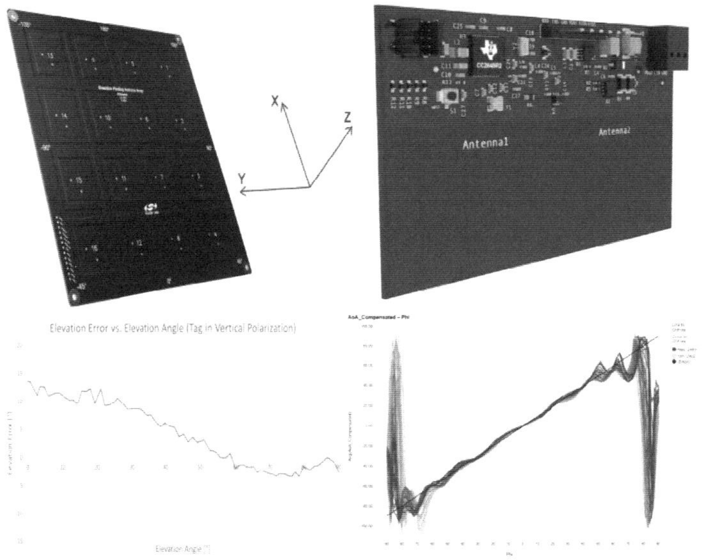

Abb. 8: HF-Antennenarrays zur Bestimmung des Einfallswinkels TIDA 01632 (rechts) und BRD 4185A (links)

Ergebnisse unseres Praxistests mit dem Array von Silicon Labs an einem Behälter (∅ 2 m x 5 m) zeigt Abb. 9. Dabei waren die optimalen Sensorpositionen (grüne Punkte) in einer Zeichnung vorgegeben. Nach dieser Zeichnung wurden die Sensoren - ohne zu messen - freihändig platziert. Die roten Punkte stehen für die berechneten tatsächlichen Sensorpositionen. Das Gleichungssystem zur Berechnung der Positionen ist nicht linear. Die Vorgabe von wahrscheinlichen Sensorpositionen ist notwendig, damit sich das Näherungsverfahren auf den richtigen Lösungszweig setzt.

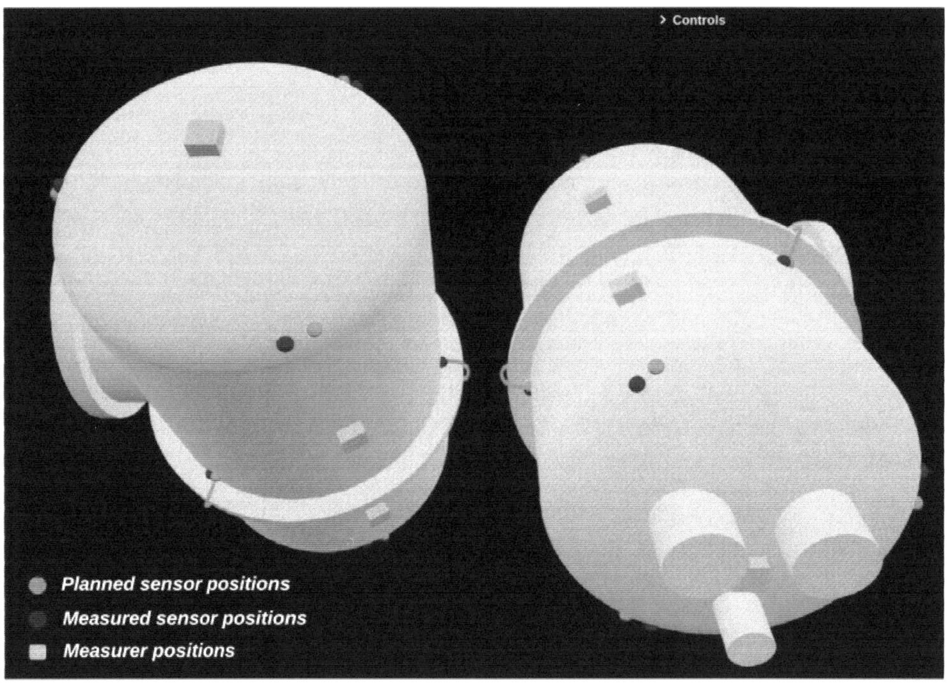

Abb. 9: Messung der Sensorpositionen an einem Testbehälter

Die Ergebnisse sind vielversprechend. Trotzdem entwickeln wir ein eigenes Antennenarray mit sechs Dipolen und versuchen, es für die Anforderung an die Bestimmung des Einfallswinkels auf gekrümmten Oberflächen zu optimieren. Wahrscheinlich wird es ein Array für leitende Oberflächen und eines für nichtleitende Oberflächen geben.

4. Referenzen

[1] H. Kühnicke (2017) "*AE-Sensor mit integriertem Schallemissionssystem*", Vortrag 19, 21. Kolloquium Schallemission Fulda, Vortrag 19

[2] H. Kühnicke (2019) "*Neue Generation von Sensoren mit integriertem AE-System*", 22. Kolloquium Schallemission und 3. Anwenderseminar Zustandsüberwachung mit geführten Wellen Karlsruhe, Poster 1

[3] H. Kühnicke (2019) "*Ortungssysteme mit wesentlich weniger oder ganz ohne Sensorkabel*", 22. Kolloquium Schallemission und 3. Anwenderseminar Zustandsüberwachung mit geführten Wellen Karlsruhe, Vortrag 13

[4] H. Vallen „*A new ISO Standard for AE Sensor Sensivity Determination Uses the Face-To-Face Stimulation Method*“, EWGAE 2022, Ljubiljana

[5] A. J. Brunner, H. Kühnicke, M Oemus, L Schubert, H. Trattnig (2019) "*Drahtlose Übertragung von Schallemissionssignalen bei Strukturüberwachung: Anforderungen*", 22. Kolloquium Schallemission und 3. Anwenderseminar Zustandsüberwachung mit geführten Wellen Karlsruhe, Vortrag 14

[6] M. Roche „*Time Synchronization in Wireless Networks*“, www.cse.wustl.edu/~jain/cse574-06/ftp/time_sync/index.html

Eine neue ISO Norm zur Bestimmung der Empfindlichkeitsspektren von AE Sensoren

Hartmut VALLEN [1]
[1] Vallen Systeme GmbH, Wolfratshausen
Kontakt E-Mail: hvallen@outlook.de

Kurzfassung.

Etliche Normen zur Schallemissionsprüfung von zB sicherheitskritischen Strukturen definieren eine minimale Sensorempfindlichkeit zur Anwendung der jeweiligen Norm. Jeder Hersteller und Anwender von Schallemissionssensoren muss sicherstellen, dass die verwendeten Sensoren diese geforderte Mindestempfindlichkeit erfüllen. Bisher gab es keine etablierte, nicht-kontroverse und für Dienstleister praktisch durchführbare Norm zur Bestimmung der Empfindlichkeitsspektren von Schallemissionssensoren. Eine solche Norm ist für die Vereinheitlichung der Schallemissionsprüfung, der Datenkorrelation und -interpretation und für einen sinnvollen Austausch von Daten zwischen unterschiedlichen Anwendungs- und Forschungsgruppen unbedingt erforderlich.

Alle bisher existierenden ISO- und ASTM-Normen zur Bestimmung der Empfindlichkeitsspektren von Schallemissionssensoren erfordern einen schweren (zB 2 t), immobilen Prüfblock, der für spezialisierte Labors handhabbar sein mag, aber für die meisten Schallemissionsdienstleister praktisch nicht zu handhaben ist. Der neue Standard ISO 24543 wurde mit dem Ziel entwickelt, die Bestimmung der Empfindlichkeitsspektren mit einfachen und preisgünstigen Hilfsmitteln und einfacher Handhabung realisieren zu können.

"ISO 24543, Zerstörungsfreie Prüfung — Schallemissionsprüfung — Überprüfung der Empfangsempfindlichkeitsspektren von piezoelektrischen Schallemissionssensoren" wurde vom Gremium ISO/TC135/SC9/WG9 entwickelt und erhielt im September 2022 den Veröffentlichungsstatus in englischer Sprache.

Dieser Beitrag präsentiert einen Überblick über diesen Standard.

vallen systeme

Ein neuer ISO-Standard zur Bestimmung der Empfindlichkeitsspektren von AE Sensoren

Hartmut VALLEN
Vallen Systeme GmbH, 82515 Wolfratshausen, Germany,
hvallen@outlook.de

Convenor of ISO TC135/SC9/WG9 (WG9 ist aufgelöst, da Ziel erreicht)

Outline

vallen systeme

- Warum noch ein Standard für die Sensor-Empfindlichkeitsbestimmung?
- Definition der Empfindlichkeit
- Direktkopplung: Grundlagen, Blockschaltbild, wichtige Signale
- Bestimmung der Empfangsempfindlichkeit von AE Sensoren
- Zweck und Blockdiagramm des **Laservibrometer Aufbaus**
- Bestimmung von 5 Senderempfindlichkeiten für 5 Sensordurchmesser
- Zusammenfassung und Auslassungen

Warum ein neuer Standard?

- Bisher existierten drei gültige ISO Dokumente für die AE Sensorkalibrierung:
- **ISO 12713:1998** (primary calibration of AE sensors) entstand aus der ASTM E1106, die letzte Version ist E1106-12 (2017 reapproval). ISO 12713 wurde noch nie revidiert und ist überholt. Servicedienstleistungen nach **E1106** werden weltweit kaum noch angeboten, NIST hat dieses Serviceangebot an externe Kunden schon vor Jahren eingestellt.
- **ISO 12714:1999** (secondary calibration of AE sensors) entstand aus der ASTM E1781-98, die letzte Version ist von 2020. Eine Revision der ISO 12714 wurde 2016 begonnen aber 2017 abgebrochen, da keine Aussicht bestand, dass hierfür erforderliche primärkalibrierte AE Sensoren am Markt zur Verfügung stehen werden.
- **ISO/TR 13115:2011** (absolute reciprocal sensor calibration) ist ein informelles ISO Dokument. Um es zu einem normativen Dokument weiterzuentwickeln, fehlt internationale Akzeptanz.
- **ISO 12713** und **ASTM E1106** erfordern einen Transferblock mit 2 Tonnen Masse, ISO 12714 mit 300 kg, beides ist für die meisten Anwender der AE nicht praktikabel.
- Die neue **ISO 24543** ist sowohl für Experten im Labor, als auch für AE Dienstleister konzipiert.

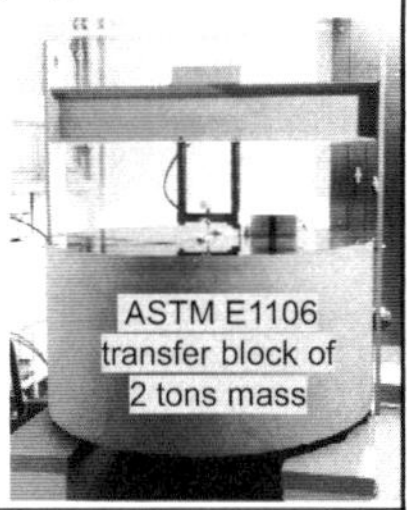

Mehr Argumente für einen neuen ISO Standard

- Weltweit verfügen nur wenige Forschungseinrichtungen über einen Kalibrieraufbau nach E1106 oder E1781. Für neue AE-Anwender und -Dienstleister gab es bisher keinen internationalen Standard für einen praktikablen und reproduzierbaren Aufbau zur Bestimmung der AE Sensorempfindlichkeit in absoluten Einheiten (zB V/nm, V/(m/s))
- Standards für die Anwendung der Schallemissionsmethode zur Prüfung von zB umweltgefährdenden Strukturen spezifizieren eine minimale Empfindlichkeit der zu verwendenden AE Sensoren. Somit muss jeder Anwender eines solchen Standards überprüfen und gewährleisten können, dass die genutzten Sensoren diese geforderte Empfindlichkeit aufweisen.
- Ein praktikabler und in Expertenkreisen akzeptierter Standard zur Ermittlung der Sensorempfindlichkeit, basierend auf einem einfach zu handhabenden und kosteneffizienten Prüfaufbau und Prüfprozess, war dringend notwendig.
- Diese Norm hat nun den ISO-Publikationsstatus erreicht:
  ISO 24543 Non-destructive testing — Acoustic emission testing — Verification of the receiving sensitivity spectra of piezoelectric acoustic emission sensors.

Definition der Empfindlichkeit

vallen systeme

- Der Begriff "Empfindlichkeit" ist in der Messtechnik definiert als die „Änderung des Wertes der Ausgangsgröße eines Messgerätes bezogen auf die sie verursachende Änderung des Wertes der Eingangsgröße" (Wikipedia).
- Die Empfindlichkeit eines AE Sensors ist definiert als „Ausgangsspannung dividiert durch die verursachende Anregung an der empfindlichen Fläche". Die Anregung kann als Verschiebung, zB in nm, oder als Geschwindigkeit, zB in mm/s angegeben werden.
- Ausgangsspannung und Anregung sind meist frequenzabhängige Wechselgrößen. Die Empfindlichkeit wird üblicherweise als Spektrum angegeben, mit dem Quotient „M = Ausgangsspannung/Anregung umgerechnet in dB" an der Vertikalachse und Frequenz an der Horizontalachse.
- Das Bild zeigt in schwarz das Empfindlichkeitsspektrum eines breitbandigen AE Sensors, bezogen auf die Verschiebung am Eingang, und in blau bezogen auf die Geschwindigkeit. M = 0dB entspricht 1 V/ns (schwarz) bzw. 1 V/(mm/s) (blau).

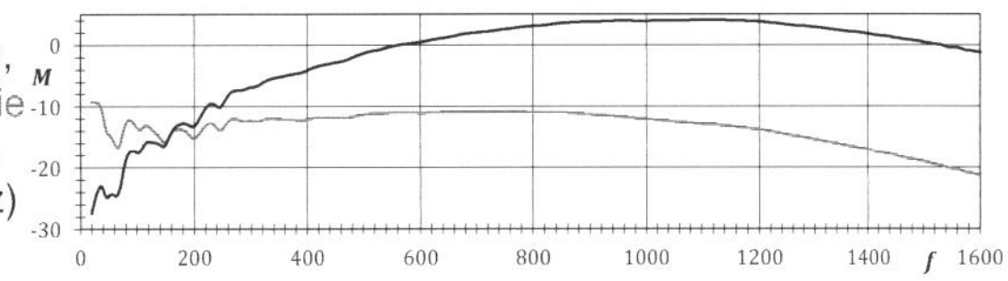

Wichtige Symbole

vallen systeme

- R_D Empfangsempfindlichkeit eines Sensors in V pro nm Verschiebung, umgerechnet in dB, 0 dB entspricht 1 V / nm;
- R_V Empfangsempfindlichkeit eines Sensors in V pro mm/s Geschwindigkeit, umgerechnet in dB, 0 dB entspricht 1 V s / mm;
- T_D Sendeempfindlichkeit eines Senders in nm / V, umgerechnet in dB, 0 dB entspricht 1 nm / V;
- T_V Sendeempfindlichkeit eines Senders in mm/ s V, umgerechnet in dB, 0 dB entspricht 1 mm / s V
- R_{SS} Signal-Stimulations-Verhältnis einer Sensor-Sender-Kombination in dB, 0dB entspricht 1 V/V ($\boldsymbol{U}_S$ / $\boldsymbol{U}_F$)

Anmerkung:

R steht für receiving sensitivity (Empfangsempfindlichkeit),
T steht für transmitting sensitivity (Sendeempfindlichkeit),
$_D$ steht für particle displacement (Teilchenverschiebung),
$_V$ steht für particle velocity (Teilchengeschwindigkeit)

R und ***T*** sind Frequenzspektren

Ermittlung der Empfindlichkeit

- Zur Ermittlung der Empfindlichkeit wird der zu verifizierende Sensor **SUT** durch eine direkt angekoppelte Ultraschallsonde **TM** angeregt und seine Ausgangs-spannung U_S gemessen und über eine FFT in das Spektrum **F(U_S)** in dB umgerechnet. **TM** wird durch den elektrischen Impuls U_F angeregt.
- Das Spektrum "Signal-Stimulation-Verhältnis" in dB ergibt sich aus $R_{SS} = F(U_S) - F(U_F)$.
- Die Sensorempfindlichkeit R_D in dB ergibt sich aus $R_D = R_{SS} - T_D$ wobei die Sendeempfindlichkeit T_D gemäß den Vorgaben der ISO 24543 zu ermitteln ist.

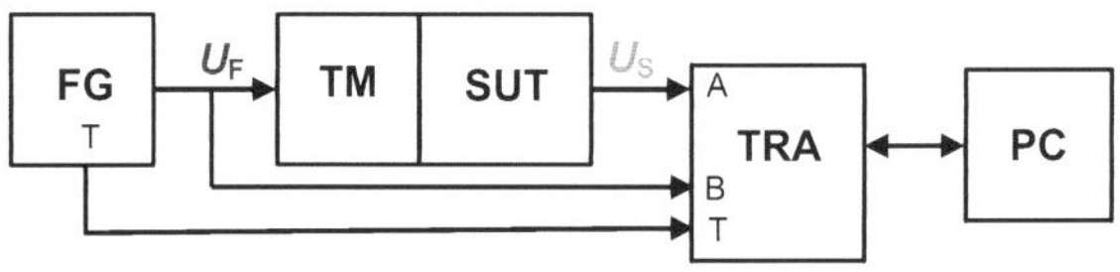

Blockschaltbild Direktkopplung

Bedeutung der Bezeichnungen im Blockschaltbild, von links: **FG**: Funktionsgenerator, **TM:** Transmitter, **SUT**: zu verifizierender Sensor, **TRA**: Transientenrekorder, **PC**: Personal Computer, A, B: TRA-Signaleingänge, T: TRA-Triggereingang, FG-Triggerausgang

DGZfP Kolloquium SCHALL 23 - 21./22. März 2023 in Wetzlar 7

Beispiel für einen Direktkopplungsaufbau

- ISO 24543 verwendet einen Direktkopplungs-aufbau:
- Der Sender (Ultraschallsonde) wandelt einen elektrischen Impuls U_F in eine mechanische Teilchenverschiebung D.
- Dieser mechanische Impuls D gelangt über ein Koppelmittel an die sensitive Fläche des Sensors.
- Der Sensor wandelt den mechanischen Impuls am Eingang in einen elektrischen Impuls U_S
- U_F und U_S werden per Transientenrekorder gemessen und in die Empfindlichkeit R_D umgerechnet.
- Dieser Aufbau ist wesentlich einfacher zu handhaben als ein massiver Block, wie er zB in ASTM E1106 vorgeschrieben ist.

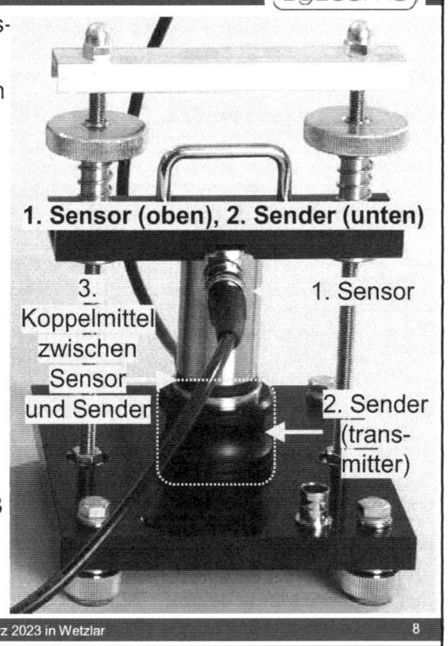

DGZfP Kolloquium SCHALL 23 - 21./22. März 2023 in Wetzlar 8

Signalbeispiel für einen breitbandigen AE Sensor

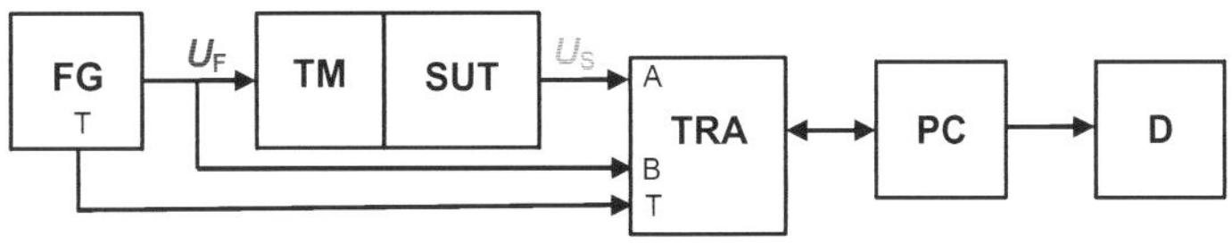

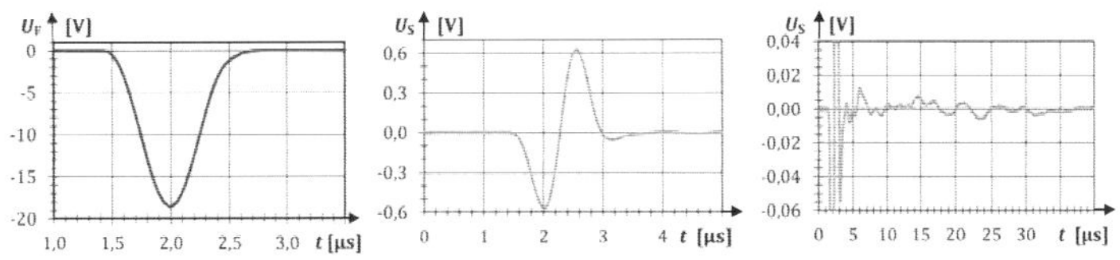

Das rote Signal zeigt den Impuls U_F am Eingang des Senders **TM.**

Das grüne Signal in der Mitte zeigt den Impuls U_S am Ausgang des SUTs (Prüfling). Das zweite grüne Signal rechts zeigt die Amplitude skaliert auf das Nachschwingen, und einen längeren Zeitbereich. Man sieht das Nachschwingen am Sensorausgang klingt ca. 35 µs nach dem Hauptimpuls ab.

Spektren zum breitbandigen Signalbeispiel

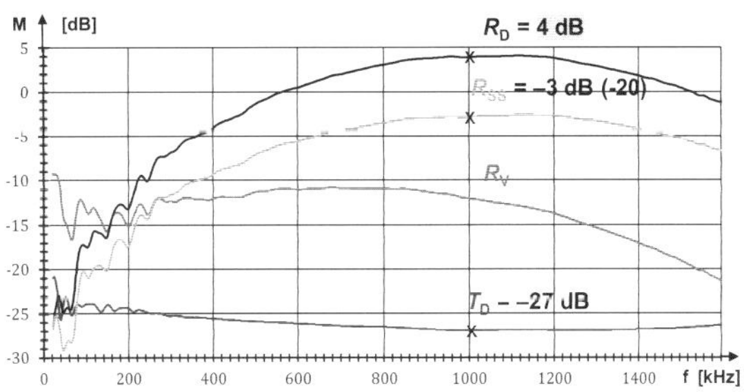

M: FFT-Magnitude in dB f: Frequenz in kHz

- Empfindlichkeit auf Teilchenverschiebung R_D in dB re 1 V/nm
- Empfindlichkeit auf Teilchengeschwindigkeit R_V in dB re 1 Vs/mm
- Sendeempfindlichkeit für Teilchenverschiebung T_D in dB re 1 nm/V
- Signal-zu-Stimulationsverhältnis R_{SS} = F(U_S) - F(U_F) in dB re 1 V/V

Kurve R_{SS} ist um 20 dB erhöht, damit sie in die Skala passt.

Werte bei 1 MHz im Graph: **Relevante Formel:** $R_D = R_{SS} - T_D$

R_{SS} **= –3 dB (Graph) –20 dB (erhöht) =** –23 dB, T_D **= –27 dB,** R_D = –23 –(–27) **= 4 dB**

Sensitivitätsspektren für Breitband- und 150 kHz SUT

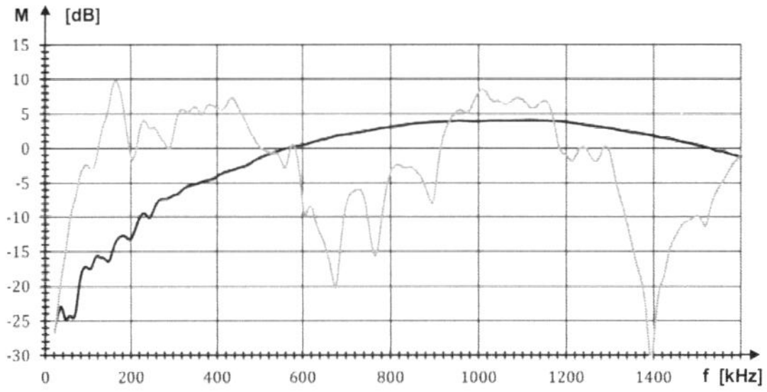

M: FFT-magnitude f: frequency in kHz
—— R_D eines Breitband-SUT1 (V103 Olympics)
—— R_D eines 150 kHz Schmalband-SUT3 (VS150 –M Vallen)

Dieser Graph demonstriert eine (10 bis 25) dB höhere Sensitivität eines 150 kHz Sensors (blau), im Vergleich zu einem Breitbandsensor (schwarz), im Bereich (50 bis 450) kHz.

DGZfP Kolloquium SCHALL 23 - 21./22. März 2023 in Wetzlar 11

Niederfrequenzvergleich von SUT01, SUT03, SUT04

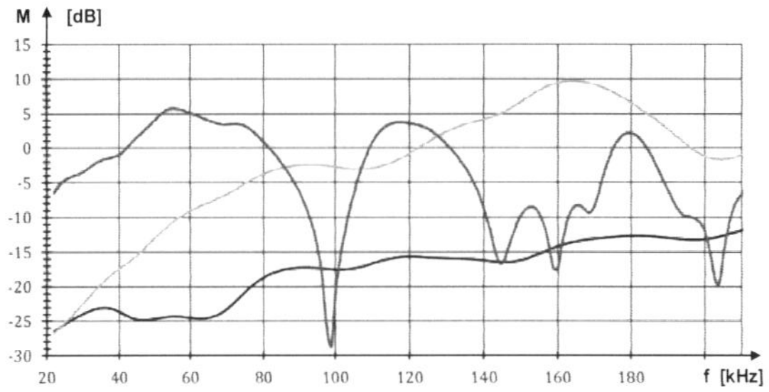

M: FFT-magnitude f: frequency in kHz
—— R_D of a SUT01 (wide-band, V103)
—— R_D of a SUT03 (150 kHz narrow-band, VS150)
—— R_D of a SUT04 (30 kHz low-frequency, VS 30)

Dieser Graph demonstriert eine (15 bis 20) dB höhere Sensitivität eines 30 kHz Sensors (rot), im Vergleich zu einem 150 kHz Sensor (blau) im Bereich (20 bis 60) kHz. **Hinweis: Aufbauten nach ASTM E1106 (und andere) liefern keine Spektraldaten unter 100 kHz.**

DGZfP Kolloquium SCHALL 23 - 21./22. März 2023 in Wetzlar 12

Zweck des Laservibrometer-Aufbaus

- Zweck des Laservibrometer- (LVM) Aufbaus ist die Bestimmung der Sendeempfindlichkeit $\boldsymbol{T}_D$ eines piezoelektrischen Senders (en: transmitter) in der absoluten Einheit von Nanometer Verschiebung pro Volt Sendeeingangsspannung, umgerechnet in dB, wobei 0 dB der Verschiebung von 1 nm/V entspricht.
- $\boldsymbol{T}_D$ wird zur Bestimmung der Empfangsempfindlichkeit $\boldsymbol{R}_D$ eines AE-sensors im Direktkopplungsaufbau benötigt, mit $\boldsymbol{R}_D = \boldsymbol{R}_{SS} - \boldsymbol{T}_D$, in absoluter Einheit von Volt Ausgang pro Nanometer Eingang.
- Relevante Formel:

  $\boldsymbol{T}_D = F(\boldsymbol{D}) - F(\boldsymbol{U}_L)$, wobei $F(\boldsymbol{D})$ das Spektrum der Verschiebung ist, und $F(\boldsymbol{U}_L)$ das Spektrum von $\boldsymbol{U}_L$, beides in dB. 0 dB referenziert auf 1 pm Verschiebung von ***D,*** oder auf 1 mV der Spannung $\boldsymbol{U}_L$, oder 1 pm/mV Sendeempfindlichkeit $\boldsymbol{T}_D$.

Blockdiagramm des Laservibrometeraufbaus

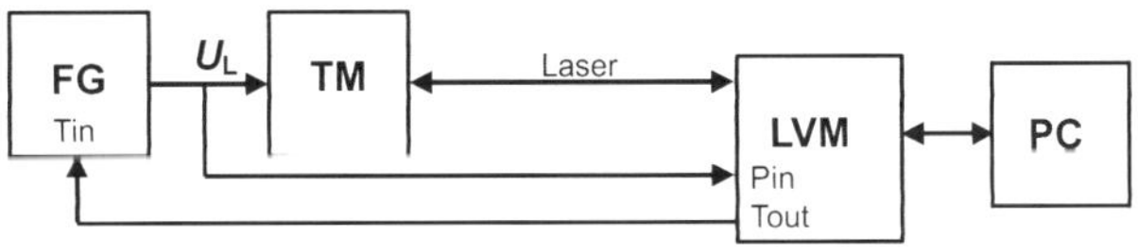

Vereinfachtes Blockdiagramm des Laservibrometeraufbaus (LVM setup)

Der Funktionsgenerator **FG** liefert den elektrischen Impuls $\boldsymbol{U}_L$ (gleich zu $\boldsymbol{U}_F$ im Direktkopplungsaufbau) zum Sender **TM** und zum parametrischen Eingang des Laservibrometers **LVM**.

Die Teilchenverschiebung ***D*** am Ausgang des Senders **TM** wird vom **LVM** gemessen. Zur Rauschminderung werden zehntausend Messungen gemittelt und ein Savatzky-Golay Filter eingesetzt. Dies führt zu einer Auflösung des Signals D von weniger als 1 pm.

Messung von *D* an mehreren Senderpositionen

vallen systeme

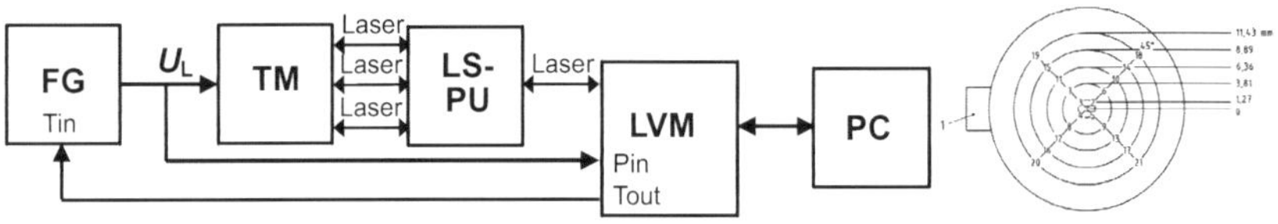

Das gleiche Sendermodell soll für die Überprüfung von Sensoren mit unterschiedlichen Durchmessern verwendet werden. Es werden für fünf Durchmesser die mittlere Verschiebung D_1 bis D_5 und die Sendeempfindlichkeit T_{D1} bis T_{D5} ermittelt und gespeichert, so dass für Sensoren mit unterschiedlichen Durchmessern der empfindlichen Fläche die zutreffende Sendeempfindlichkeit angewendet werden kann.

Mit einer Laserpositioniereinheit **LS-PU** zwischen **LVM** und Senderabstrahlfläche wird der Laserstrahl sequentiell auf 21 Positionen an der Senderfläche gerichtet: an 5 konzentrischen Ringen sind je 4 Positionen verteilt, hinzu kommt eine Zentrumsposition. Bild rechts zeigt schematisch die 21 Positionen.

Beispiel: Für einen SUT mit weniger als 5,1 mm Durchmesser der sensitiven Fläche werden nur die Positionen 1 (Zentrum) und 2-5 (innerster Ring) zur Bestimmung der Senderempfindlichkeit verwendet.

Nachschwingen des Verschiebungssignals D

vallen systeme

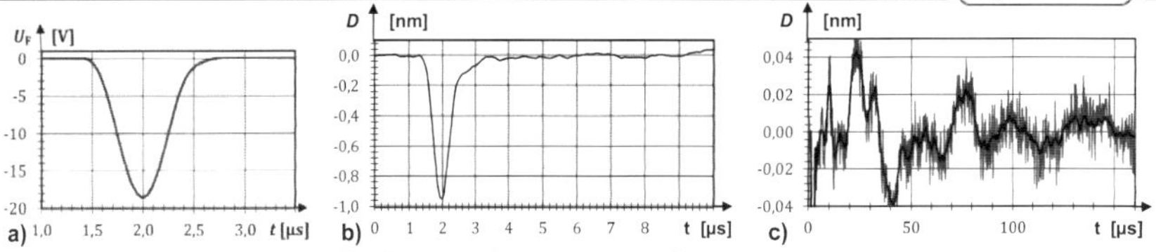

Transmitter voltage U_F vs. time

Displacement *D* at centre point after averaging 10.000 signals per position

D as b) but zoomed (=noisy)
after applying Savitzky-Golay filter (recommended O:3, S:41)

Graph a) zeigt den elektrischen Eingangsimpuls des Senders.
Graph b) zeigt das vom LVM ausgegebene Verschiebungssignal *D* (am Zentrum).
Graph c) zeigt das Nachschwingen des D-Signals in angepasster Skalierung, in rot mit dem vom LVM gelieferten Rauschen, nach Mittelung von 10000 Messungen, und in schwarz nach Anwendung des Savitzky-Golay Filters.

D-Signal nach Mittelung über multiple Positionen

vallen systeme

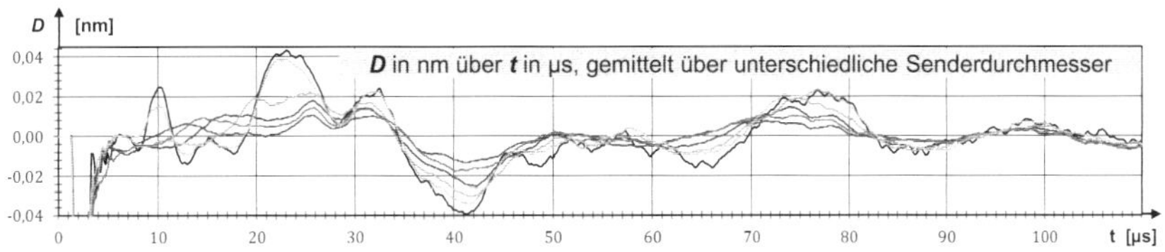

d)

- *D*-Signal nach Savitzky-Golay filter, am Sendermittelpunkt (= Ring 0)
- *D*-Signal gemittelt über Ring 0 bis 1 (Positionen 1 bis 5) für SUT Durchmesser < 5,1 mm
- *D*-Signal gemittelt über Ring 0 bis 2 (Positionen 1 bis 9) für SUT Durchmesser 5,2...10,1 mm
- *D*-Signal gemittelt über Ring 0 bis 3 (Positionen 1 bis 13) für SUT Durchmesser 10,2...15,2 mm
- *D*-Signal gemittelt über Ring 0 bis 4 (Positionen 1 bis 17) für SUT Durchmesser 51,3...20,3 mm
- *D*-Signal gemittelt über Ring 0 bis 5 (Positionen 1 bis 21) für SUT Durchmesser 20,4...25,4 mm

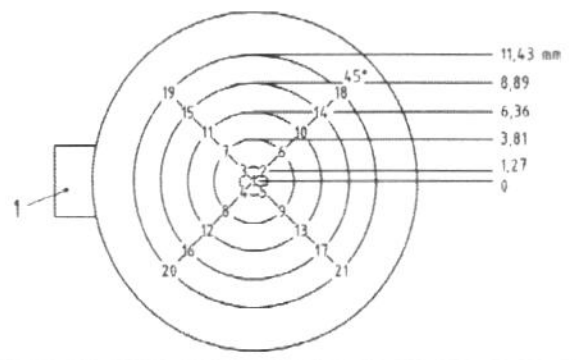

DGZfP Kolloquium SCHALL 23 - 21./22. März 2023 in Wetzlar 17

Zusammenfassung

vallen systeme

- ISO 24543 definiert eine Methode für die Ermittlung der Empfangsempfindlichkeitsspektren von AE Sensoren in absoluten Einheiten von V pro nm Teilchenverschiebung oder V pro mm/s Teilchengeschwindigkeit im Frequenzbereich von 20 kHz bis 1,5MHz.
- Der Sensor wird mit einem Bewegungsimpuls aus einem direkt angekoppelten Sender angeregt.
- Die Ermittlung der Sendeempfindlichkeit des Senders in der absoluten Einheit von 1 V/nm, mittels Laservibrometer, ist ebenfalls in ISO 24543 definiert.
- Die ermittelten Empfindlichkeiten sind unabhängig von Wellenausbreitungseigenschaften am Prüfobjekt. Nur die akustische Impedanz des Materials des Prüfobjekts beeinfluss das Empfindlichkeitsergebnis, dies kann aber korrigiert werden.
- Die Empfindlichkeitsergebnisse eines AE Sensors, ermittelt nach ISO 24543, sollten überall und von jedem Bediener reproduzierbar sein.
- Derzeit ist diese Reproduzierbarkeit noch limitiert durch kleine Abweichungen der Eigenschaften der auf dem Markt verfügbaren Sender. Wir hoffen, dass Sender mit verbesserter Reproduzierbarkeit bald auf dem Markt erscheinen.

DGZfP Kolloquium SCHALL 23 - 21./22. März 2023 in Wetzlar 18

Auslassungen

Wegen begrenzter Vortragszeit und Beitragsumfang konnten folgende Themen, die in der **ISO 24543**, berücksichtigt sind, in dieser Präsentation nicht behandelt werden:

- Halterung für Sensor und Sender und Kopplungsmittel zur Sicherung einer reproduzierbar guten Anregungskopplung
- Ermittlung der Empfangsempfindlichkeit von Sensoren mit integriertem Verstärker
- Einfluss der Länge und Kapazität des Sensorkabels
- Erläuterung von FFT Ergebnissen, Skalierungseffekte etc.
- Die minimale FFT-Fensterlänge für den unteren Frequenzbereich
- Minimierung des Einflusses von Signalsprüngen im Zeitbereich auf das FFT Ergebnis
- Methode und Kriterien zur Aussortierung nicht geeigneter Senderexemplare
- Kalibrierung des Laservibrometers
- Erkennung einer Drift der Empfindlichkeit eines Senders, und mehr.

Danke für die Aufmerksamkeit

DGZfP Kolloquium SCHALL 23 - 21./22. März 2023 in Wetzlar 19

Aktuelle Normenprojekte der CEN/TC 138/WG 7 und ISO/TC 135/SC 9

Gerald LACKNER [1]
[1] TÜV AUSTRIA SERVICES GMBH, Wien, Österreich

Kontakt E-Mail: gerald.lackner@tuv.at

Kurzfassung

Die Schallemissionsprüfung als ZfP-Verfahren nach EN ISO 9712 ist auch im Bereich der Normung gut etabliert. Es existieren CEN und ISO Normen zu Terminologie, Grundlagen, Verfahren und Produkten. Der Schwerpunkt in der Anwendung liegt bei metallischen Komponenten und hier wiederum bei der Prüfung von Druckgeräten. Um dem vermehrten Einsatz in der Dauerüberwachung von Anlagenkomponenten mit Schallemission gerecht zu werden, wurde die EN 17391 von der Arbeitsgruppe 7 der CEN/TC 138 verfasst und Anfang 2022 als DIN EN veröffentlicht. In der internationalen Normung werden mehrere Projekte für die Schallemissionsprüfung vom Unterausschuss 9 der ISO/TC 135 in verschiedenen Arbeitsgruppen vorangetrieben. Auch hier stehen Anwendungen für metallische Komponenten im Vordergrund. Dieser Beitrag berichtet schwerpunktmäßig über die Inhalte der verschiedenen Normenprojekte und geht auch auf Themen für zukünftigen Projekte ein. Dazu zählt unter anderem die Terminologie, die hinsichtlich CEN und ISO noch nicht harmonisiert ist.

Betrachtete Normungsprojekte der CEN und ISO für Schallemissionsprüfung
CEN/TC 138/WG 7:

- DIN EN 13477-2:2021-12 Zerstörungsfreie Prüfung — Schallemissionsprüfung Charakterisierung der Prüfausrüstung — Teil 2: Überprüfung der Betriebskenngrößen
- DIN EN 17391:2022-08 Zerstörungsfreie Prüfung — Schallemissionsprüfung Überwachung der Schallemission von metallischen Druckgeräten und Strukturen im Betrieb — Allgemeine Grundsätze

ISO/TC 135/SC 9:

- ISO/DIS 24367:2022 Non-destructive testing — Acoustic emission testing Metallic pressure equipment
- ISO/DIS 24489:2023 Non-destructive testing — Acoustic emission testing Detection of corrosion at atmospheric and low-pressure metallic storage tank floors

TÜV AUSTRIA GROUP

TÜV AUSTRIA

Aktuelle Normenprojekte der CEN/TC 138/WG 7 und ISO/TC 135/SC 9

15.02.2023

TÜV AUSTRIA

Übersicht

- Europäische und internationale Technische Komitees für zerstörungsfreie Prüfung
- CEN – Projekte (abgeschlossen)
  - DIN EN 13477-2:2021-12 Zerstörungsfreie Prüfung — Schallemissionsprüfung Charakterisierung der Prüfausrüstung — Teil 2: Überprüfung der Betriebskenngrößen
  - DIN EN 17391:2022-08 Zerstörungsfreie Prüfung — Schallemissionsprüfung Überwachung der Schallemission von metallischen Druckgeräten und Strukturen im Betrieb — Allgemeine Grundsätze
- ISO – Projekte (in Arbeit)
  - ISO/DIS 24367:2022 Non-destructive testing — Acoustic emission testing Metallic pressure equipment
  - ISO/DIS 24489:2023 Non-destructive testing — Acoustic emission testing Detection of corrosion at atmospheric and low-pressure metallic storage tank floors

CEN/TC 138 – ZfP

TÜV AUSTRIA

- Sekretariat wird von AFNOR (Frankreich) gehalten, koordiniert die Normenarbeit, Aufträge zur Erarbeitung von Normen werden an die zuständigen Arbeitsgruppen erteilt.
- WG 7 (Schallemissionsprüfung), Sekretariat ASI (Österreich), Liste der AT-Normen:
  - EN 1330-9:2017 (Terminologie)
  - EN 13477-1:2001 (Gerätebeschreibung)
  - EN 13477-2:2021 (Überprüfung der Betriebskenngrößen)
  - EN 13554:2011 (Allgemeine Grundsätze)
  - EN 14584:2013 (Planare Ortung von Schallemissionsquellen)
  - EN 15495:2007 (Zonenortung von Schallemissionsquellen)
  - EN 15856:2010 (Korrosion an Tankböden)
  - EN 15857:2010 (Prüfung von faserverstärkten Polymeren) → ISO 18249
  - EN 17391:2022 (Monitoring von metallischen Druckgeräten und Strukturen im Betrieb)
  - EN ISO 18081:2016 (Dichtheitsprüfung) → Überarbeitung durch ISO/TC 135/SC 9/WG 11

ISO/TC 135 – ZfP

TÜV AUSTRIA

- Sekretariat wird von JISC (Japan) gehalten, koordiniert die Normenarbeit zusammen mit den zuständigen Unterausschüssen, die wiederum auf Arbeitsgruppen zurückgreifen.
- SC 9 (Schallemissionsprüfung), Sekretariat SAC (China), Liste der AT-Normen:
  - ISO 12713:1998 (Primary calibration of transducers)
  - ISO 12714:1999 (Secondary calibration of acoustic emission sensors)
  - ISO 12716:2001 (Vocabulary)
  - ISO/TR 13115:2011 (Absolute calibration of acoustic emission transducers - reciprocity technique)
  - ISO 16836:2019 (Measurement method for acoustic emission signals in concrete)
  - ISO 16837:2019 (Test method for damage qualification of reinforced concrete beams)
  - ISO 16838:2019 (Test method for classification of active cracks in concrete structures)
  - ISO 18081:2016 (Leak detection by means of acoustic emission)
  - ISO 18249:2015 (Testing of fibre-reinforced polymers)
  - ISO 19835:2018 (Steel structures of overhead travelling cranes and portal bridge cranes)
  - ISO 24543:2022 (Verification of the receiving sensitivity spectra of piezoelectric sensors)

EN 13477-2:2021

- Überprüfung der Betriebskenngrößen, wurde komplett überarbeitet, Vorgängerversion aus 2010 bzw. 2013.
- Ziel war die Erstellung eines Prozesses, der als Grundlage für die automatisierte Überprüfung der Prüfausrüstung herangezogen werden kann.
- Die wichtigsten Abschnitte:
  Abschnitt 4 → erforderliche Prüfausrüstung
  Abschnitt 5 → Sensorüberprüfung
  Abschnitt 6 → Überprüfung des Vorverstärkers
  Abschnitt 7 → Überprüfung des Signalprozessors (Messkanal)
- Die Norm richtet sich an Messtechniker mit entsprechendem Grundlagenwissen.
- Fazit: Die Norm kann nur sinnvoll angewandt werden, wenn eine normgerechte Software zur Verfügung steht, die den Anwender durch den Überprüfungsprozess leitet, die Messungen sowie die Bewertungen durchführt und den Bericht erstellt → Gerätehersteller.

EN 17391:2022 (1)

- Projekt zur Erarbeitung einer Norm für Monitoring auf Basis der Schallemissionsprüfung wurde 2014 gestartet.
- Ab den 2010er Jahren wurde durch die Fortschritte auf dem Gerätesektor die verstärkte Weiterentwicklung der Methodik für die Dauerüberwachung ermöglicht.
- Dauerüberwachung von metallischen Druckgeräten im Betrieb ist und bleibt ein Thema! Weil: Wann treten betriebsbedingte Schädigungsprozesse auf? Richtig, im Betrieb! Dennoch: Dauerüberwachung wurde/wird oftmals als letztmöglicher Weg gesehen.
- Einsatz in Spezialfällen überwiegt → meist sind kundenspezifische Lösung zu erarbeiten.
- Die EN 17391 (so wie auch die ASTM E1139/E1139M) beschreibt daher die Durchführung einer Dauerüberwachung mit Schallemission in allgemeiner Art und Weise → strukturierte Vorgangsweise als Anleitung zur Lösung der gestellten Aufgabe.

EN 17391:2022 (2)

- Abschnitt 5 – Informationen im Vorfeld der Überwachung
  Hier wird insbesondere auf die unterschiedlichen Schädigungsprozesse wie Ermüdung oder Korrosion eingegangen, die zu strukturellem Abbau bzw. in weiterer Folge zur Schädigung der überwachten Komponente führen. Die Zuordnung der festgestellten Schallemission zu einem möglichen Schädigungsprozess über die Erkennung des dafür charakteristischen Ereignismechanismus in den Messdaten wird näher ausgeführt.
  Die Grundlage jedes Monitorings ist die Kenntnis der Betriebsbedingungen und die erwarteten Schädigungsprozesse.
- Abschnitt 7 – Überwachungsmessgeräte
  Auch hier gilt, dass die Betriebsbedingungen sehr genau bekannt sein müssen, damit geeignete Messgeräte eingesetzt werden können. Wird sehr detailliert dargestellt.
- Abschnitt 8 – Messungen im Vorfeld der Überwachung
  Wellenausbreitung, Hintergrundgeräusch, Ortung von Ereignissen

info@tuvaustria.com © 2020 TÜV AUSTRIA Group tuvaustria.com 7

EN 17391:2022 (3)

- Abschnitt 9 – Überwachungsverfahren
  Sensoren müssen in geeigneter Anzahl so montiert werden, dass die Überwachung der Komponente bzw. definierter Bereiche davon unter Berücksichtigung der Ortungsrechnung und der Nachweisbarkeit (K_{AE}) sichergestellt ist.
- Abschnitt 11 – Interpretation und Bewertung einer AE-Quelle
  Tabelle 1 enthält die gängigen Kriterien für die Bewertung von AE-Quellen. Entscheidend ist die konkrete Umsetzung zur Lösung der gestellten Aufgabe. Sind keine Erfahrungswerte vorhanden, dann sind Voruntersuchungen notwendig.
- Anhang A – Ermüdungsrisswachstum und Schallemission an maritimen Konstruktionen
  Informativer Anhang, grundlegende Darstellung unter Verwendung eines bruchmechanischen Ansatzes. Es wird gezeigt, dass mit fortschreitender Risslänge die zu erwartende Intensität der Schallemission zunimmt. Weiters geht in die Betrachtung ein, dass es in Abhängigkeit von der Risslänge eine bestimmte Anzahl von Zyklen braucht, um Rissfortschritt und damit Schallemission zu erhalten.

info@tuvaustria.com © 2020 TÜV AUSTRIA Group tuvaustria.com 8

ISO/DIS 24367:2022 (1)

TÜV AUSTRIA

- Das Projekt 24367 wurde gestartet, um eine internationale Norm für die AT an metallischen Druckgeräten zu schaffen.
- SAC (China) wollte in der TC 138/SC 9/WG 8 die Übersetzung einer chinesische Norm ohne weitere Änderungen auf internationales Niveau heben. Es wurde von verschiedenen nationalen Normungsinstituten in zahlreichen Kommentaren bei mehreren Abstimmungen im Entwurfsstadium um Verbesserungen des technischen Inhalts mit Hilfe von detaillierten Kommentaren ersucht. Diese Kommentare wurden jedoch wenn überhaupt nur im Ansatz berücksichtigt.
- Bei der Abstimmung unter den P-Mitgliedern der ISO/TC 138 wurde der Entwurf daher abgelehnt. Von der ISO/TC 138 erging daher der Auftrag an die WG 8 einen konsensfähigen Entwurf zu erarbeiten. Nach intensiver Überarbeitung wurde der Entwurf nun in der zweiten Abstimmung angenommen und ist jetzt auf dem Weg zur ISO/DIS.

info@tuvaustria.com © 2020 TÜV AUSTRIA Group tuvaustria.com 9

ISO/DIS 24367:2022 (2)

TÜV AUSTRIA

- Inhaltlich beschreibt der Normentwurf die AT an Druckgeräten in drei verschiedenen Ausprägungen, die sich an die in chinesischen, amerikanischen und europäischen Regelwerken festgelegten Anforderungen anlehnt. Vieles wurde dabei von der EN 14584 übernommen.
- Der Mehrwert dieser Norm besteht schlussendlich darin, dass ein Klassifizierungssystem bestehend aus genau vier Klassen gefordert wird, unabhängig davon, welche der drei beschriebenen Methoden benutzt wird.
- Die Klassen werden mit I (keine signifikanten Quelle), II (schwach aktive Quelle), III (aktive Quelle) und IV (sehr aktive Quelle) bezeichnet. Jede der einzelnen Klassen ist mit einer Empfehlung für die weiteren Instandhaltungsmaßnahmen verbunden.
- Mit dieser Vereinheitlichung wird erreicht, dass Betreiber die Berichte von unterschiedlichen Dienstleistern besser vergleichen können. Der Prüfdienstleister ist verantwortlich, dass die Quellenbewertung den Zustand des Prüfobjektes anhand der Klasseneinteilung und den damit verbundenen Instandhaltungsmaßnahmen richtig wiedergibt.

info@tuvaustria.com © 2020 TÜV AUSTRIA Group tuvaustria.com 10

ISO/DIS 24489:2023

- Das Projekt 24489 wurde gestartet, um eine internationale Norm für die AT an Flachbodenlagertanks zu schaffen.
- Die Entstehungsgeschichte ist gleich wie bei den metallischen Druckgeräten, auch hier wollte SAC (China) in der TC 138/SC 9/WG 10 die Übersetzung einer chinesische Norm ohne weitere Änderungen durchbringen. Ohne Erfolg, bei der Abstimmung unter den P-Mitgliedern der ISO/TC 138 wurde der Entwurf daher ebenfalls abgelehnt.
- Der Entwurf ging damit zurück an die WG 10 zur Konsensfindung. Es erfolgte eine substantielle Verbesserung, sodass der überarbeitete Entwurf nun in der zweiten Abstimmung angenommen wurde. Die Abstimmung zur ISO/DIS läuft zur Zeit.
- Hinsichtlich der technischen Inhalte wurde viel von der EN 15856 (Korrosionsprüfung an Tankböden) übernommen. Andererseits wurde auch die Bewertung ohne Ortungs-rechnung auf Basis der Anzahl der detektierten Hits pro Messkanal berücksichtigt.
- Analog zum Projekt 24367 wurde ein Klassifizierungssystem bestehend aus vier Klassen festgelegt, das unabhängig von der Prüftechnik anzuwenden ist.

Zusammenfassung

- Europäische Normenprojekte
  - EN 13477-2:2021 richtet sich eher an die Gerätehersteller, der den Anwender mit Hilfe einer geeigneten Software bei der Prüfung unterstützt.
  - EN 17391:2022 ist ein gutes Gerüst zur Erarbeitung von Lösungen für Monitoring und deckt alle notwendigen und zu beachtenden Schritte ab. Der informelle Anhang gibt Aufschluss hinsichtlich dem Zusammenhang von Schallemission und Wachstum von Ermüdungsrisse.
- Internationale Normenprojekte
  - ISO/DIS 24367:2022 ist für metallischen Druckgeräte bei der Erstprüfung als auch bei der wiederkehrenden Prüfung anwendbar. Die Inhalte lehnen sich an Vorgangsweisen an, so wie sie in USA, Europa und China bereits angewandt werden. Ein einheitliches Klassifizierungssystem soll die einfache Vergleichbarkeit von Ergebnissen unterschiedlicher Dienstleister ermöglichen.
  - ISO/DIS 24489:2023 regelt die Prüfung von Flachbodentanks hinsichtlich Korrosion, die Vorgangsweise für Leckageprüfung ist in der ISO 18081 beschrieben. Auch hier wird ein einheitliches Klassifizierungssystem eingeführt, um die Vergleichbarkeit von Prüfungsergebnissen sicherzustellen.

Ausblick

- Die aktuelle Version der EN 13477-1 ist aus 2001 und ist inhaltlich zu überarbeiten, um die aktuell verfügbare Prüfausrüstung zu beschreiben. Die Revision der Norm ist bereits als PWI bei der CEN/TC 138 angemeldet. Das WI wird aktiviert, sobald der erste Entwurf fertig ist. Die Vorarbeiten laufen, als wichtigste Neuerung wird eine Übersicht kommen, die den „Informationsfluss" in der Messkette vom Sensor bis zu den Messdaten auch hinsichtlich der analogen und digitalen Übertragung zeigt.
- Harmonisierung der Terminologie von ISO und EN ist dringend notwendig. Das kann durch eine abgestimmte Überarbeitung beider Normen erfolgen und / oder durch eine Reduzierung auf eine ISO Norm geschehen (plus dann Zurückziehung der EN).
- EN 13554 (allgemeine Grundsätze) und EN 14584 (planare Ortung) würden ebenfalls eine Aktualisierung vertragen.
- Bei Interesse an der Normungsarbeit → Mitarbeit im nationalen Spiegelgremium der CEN/TC 138 bzw. ISO/TC 135 plus Nominierung für WGs, SCs in CEN und ISO.
- Nächste CEN/TC 138/WG 7 Sitzung findet im April in Wien statt.

 13

VORTRAG 21

Einfluss der Rissdynamik auf die Anstiegszeit von elektromagnetischer Emission und Schallemission

C.F. Appel[1], M.G.R. Sause[1]
[1]Universität Augsburg

Beim Bruchvorgang von Materialien kommt es neben der Entstehung von Schallemission durch die ruckartige Mikroverformung auch zur Entstehung von elektromagnetischer Emission durch die ruckartige Bewegung von Ladungsträgern. Beide Phänomene sind geprägt von der Rissdynamik, d.h. der Geschwindigkeit der Rissausbreitung, der Schwingung der Rissflanken nach dem Abstoppen eines Risses, sowie der generellen makroskopischen Bewegung des Materials. Die Kombination der beiden Messverfahren hat verschiedene Vorteile, jedoch ist insbesondere die Bestimmung des ersten Anstiegs der mikroskopischen Bewegung von großem Interesse zum besseren Verständnis beider Signalarten. Im vorliegenden Fall wurden die Methoden mit Aufnahmen einer High-Speed-Kamera kombiniert, die zusätzlich eine bildgebende Erfassung des Rissfortschritts erlaubt. Die aus den Bilddaten extrahierten zeitabhängigen Rissverläufe werden als Grundlage für eine numerische Berechnung der entstehenden Signale verwendet und belegen damit grundsätzliche Überlegungen zum Zusammenhang zwischen Rissdynamik, Schallemissionssignalen und elektromagnetischen Signalen. Insbesondere mit Blick auf die Anstiegszeit konnte gezeigt werden, dass diese im Falle der elektromagnetischen Emission von der makroskopischen Relativbewegung der Bruchflächen während aber vor allem nach dem Risswachstum dominiert wird, wohingegen die Anstiegszeit der Schallemission, wie bereits vormals gezeigt, durch die mikroskopische Bewegung der Rissflanken während des Risswachstums und der anschließenden Trägheitsbewegung bestimmt wird. Durch die Kombination von elektromagnetischer Emission und Schallemission können somit die konsekutiven bruchdynamischen Prozesse ganzheitlich abgebildet werden.

VORTRAG 22

Ereignisbasierte Verteilte Zustandsüberwachung und Schadenserkennung in großskaligen und komplexen Konstruktionen mit hybrider Multisensorfusion

S. Bosse[1], P. Krämer[2]
[1]Mathematik und Informatik, Universität Bremen
[2]FB Maschinenbau, Universität Siegen

Robuste und sichere Schadenserkennung in großskaligen Bauteilen und Konstruktionen ist immer noch eine Herausforderung, sowohl hinsichtlich der Messtechnik als auch der Datenauswertung. Beispiele sind Betonbauteile oder Stahlbetonkonstruktionen, insbesondere solche die unter widrigen Bedingungen wie Off-shore Windernergieanlagen betrieben werden. Für die Zustandsüberwachung, vor allem Risserkennung, können geführte Wellen oder akustische Emissionen eingesetzt werden, die auf eine Rissentstehung oder Ausbreitung hindeuten. Beide Verfahren beruhen häufig auf Referenzmessungen (differentielle Diagnostik). Diese können aber durch veränderte externe Einflüsse und Störungen ungültig werden. Werden z.B. akustische Messungen mit Abtastraten mit mehr als 1Ms/s durchgeführt und sind die Bauteile mit einer großen Anzahl von Sensoren ausgestattet können die Datenvolumen immens große werden (Tera Bytes bis Peta Bytes), gerade auch auf der longitudinalen Achse. Eine echtzeitfähige Schadenserkennung ist nicht mehr möglich. Anstelle einer zentralisierten global Zustandsschätzung sollen Methoden der lokalen Zustandsschätzung mit globaler Fusion diskutiert und vorgestellt werden. Dabei wird ein verteiltes digitales Sensornetzwerk angenommen, in dem Sensorknoten nur lokale Senordaten verarbeiten, um im ersten Schritt eine Anomalie festzustellen, die ein Ereignis für weitere Analysen auslösen. Durch selbst-organisierende, selbst-adaptive und agentenbasierte Nachbarschaftsinteraktion der Sensoren und Sensorfusion (mit Analyse geführter Wellen und akustische Emissionsanalyse) soll ein möglicher Schaden näher und durch datengetriebene Ensembleprädiktoren charakterisiert werden. Dabei soll ein möglichst großer Parameterraum abgedeckt werden und die Implementierung der Schadens- und Annomalieprädiktoren im eingebetteten System realisierbar sein. Ein besonderes Augenmerk liegt auf der Erkennung von Rissentstehung und Propagation.

VORTRAG 23

Ein inverses Verfahren zur Schadensrekonstruktion mittels geführter Wellen in Stahlplatten

J. Bulling[1], B. Jurgelucks[2], A. Walther[2], J. Prager[1]
[1]Bundesanstalt für Materialforschung und -prüfung (BAM), Berlin
[2]Humboldt-Universität zu Berlin

Die Charakterisierung von Schäden in schalenförmigen Bauteilen, wie zum Beispiel Rohrleitungen, Laminaten und Platten, ist mittels geführter Ultraschallwellen besonders effektiv durch die Inspektion großer Bereiche der Struktur von nur wenigen Sensorpositionen ausgehend. Besonders die Größenbestimmung des Schadens ist jedoch eine herausfordernde Aufgabe, da durch die verschiedenen dispersiven Moden der geführten Wellen nicht immer ein einfacher Zusammenhang zwischen den vom Schaden kommenden Reflektionen und der Schadensgröße hergestellt werden kann. Eine Möglichkeit die Größe der Schäden zu bestimmen, ist der direkte Vergleich der Messsignale mit den Signalen aus einem Simulationsmodell. Diese Rekonstruktion des Schadens im Simulationsmodell stellt ein inverses Problem bzw. ein Optimierungsproblem dar. Für die Optimierung werden mehrere Vorwärtsrechnungen gebraucht, um das Schadensmodell an die Messdaten anzupassen.
Aufgrund der kurzen Wellenlängen von Ultraschallwellen sind klassische Methoden für die Vorwärtsrechnung, wie z.B. die Finite Elemente Methode (FEM), zu rechenintensiv. Eine Möglichkeit den Rechenaufwand zu reduzieren, bietet die Approximation der Wellenausbreitung mittels der semi-analytischen Scaled Boundary Finite Element Method (SBFEM). Frühere Untersuchungen haben gezeigt, dass die benötigten Freiheitsgrade und damit die Rechenzeit im Vergleich zur FEM wesentlich geringer sind.
In diesem Beitrag wird ein gradientenbasiertes Optimierungsverfahren zur Größenbestimmung von Schäden vorgestellt. Der Gradient des SBFEM-Vorwärtsmodells wird durch Algorithmisches Differenzieren berechnet, wodurch eine genaue und schnelle Optimierung ermöglicht wird. Es werden Untersuchungen an 2D-Querschnittsmodellen von Stahlplatten präsentiert. Dabei werden Eigenschaften des entwickelten Algorithmus untersucht. In diesen Untersuchungen werden zunächst künstliche Messdaten aus unabhängigen Simulationen verwendet, aber auch eine experimentelle Validierung anhand von einfachen Vergleichsfehlern vorgestellt. Hierbei wird auf die Herausforderungen einer Validierung von 2D Modellen mit Experimenten eingegangen.

Temperaturkompensation von Signalen geführter Ultraschallwellen durch Merkmalsextraktion und Ermittlung geeigneter Funktionen

Christoph POLLE [1], Michael KOERDT [1], Björn MAACK [1], Axel HERRMANN [1]
[1] Faserinstitut Bremen e.V. (FIBRE), Bremen

Kontakt E-Mail: polle@faserinstitut.de

Kurzfassung

In diesem Beitrag wird der Temperaturskalierungsansatz (TS) für die Temperaturkompensation von geführten Ultraschallwellen (GUW) vorgestellt. In vielen früheren Arbeiten konnte beobachtet werden, dass sich die Amplituden der GUW mit der Temperatur ändern. In dem TS-Ansatz wird gezeigt, dass für jede Wandlerkonfiguration eines Pitch-Catch-Messverfahrens, mehrere Funktionen $\mathcal{M}(f,T)$ existieren, die die Änderung verschiedener Signalmerkmale in Abhängigkeit von der Frequenz f des Pitch-Signals und der Temperatur T beschreiben. Außerdem wird angenommen, dass die Funktionen $\mathcal{M}(f, T)$ auch von dem Medium abhängen, in dem sich die GUW ausbreiten, so dass eine Änderung des Mediums zu einer Änderung der Funktionen führt. Dies bedeutet, dass diese Funktionen zur Schadenserkennung verwendet werden können.

Eine weitere Möglichkeit zur Nutzung der Funktionen $\mathcal{M}(f,T)$ ist die Erzeugung künstlicher Daten für das Training von künstlichen neuronalen Netzen (ANN) zur Vorhersage von Schadenspositionen. Dabei werden entlang der Funktionen neue Daten durch eine Zufallsziehung generiert, wodurch es möglich ist die Anzahl der Trainingsdaten signifikant zu erhöhen und die gesamten originalen Daten als Testdatensatz zur Validierung des ANN zu nutzen.

Temperaturkompensation von Signalen geführter Ultraschallwellen durch Merkmalsextraktion und Ermittlung geeigneter Funktionen

FOR3022

FASERINSTITUT FIBRE BREMEN

Christoph POLLE[1], Michael KOERDT[1], Björn MAACK[1], Axel S. HERRMANN[1]

[1]Faserinstitut Bremen e.V. (FIBRE), Bremen, Deutschland

Schaden oder Temperatur?

Geführte Ultraschallwellen (GUW) haben das Potential, große Flächen mit wenigen Sensoren auf Schäden untersuchen zu können. Dabei wird z. B. bei der Pitch-Catch-Methode an einem Punkt P_p des Bauteils ein GUW-Pitchsignal auf das Bauteil übertragen während an einem anderen Punkt P_c das sich durch das Bauteil ausbreitende Catch-Signal mit einem Sensor aufgezeichnet wird. Um festzustellen, ob sich zwischen den Punkten P_p und P_c ein Schaden befindet wird in der Regel eine Baselinemessung, von der angenommen wird, dass das Bauteil zum Zeitpunkt der Messung Schadensfrei war, mit dem aktuellen Messsignal verglichen.

Allerdings sind Schäden im Bauteil nicht die einzigen Einflüsse, die ein GUW-Signal verändern können. Auch Umweltfaktoren änderen die GUW-Ausbreitung im Bauteil, wobei vor allem die Temperatur einen signifikanten Einfluss hat (siehe Abbildung 1), so dass hierfür Kompensationsstrategien entwickelt werden müssen.

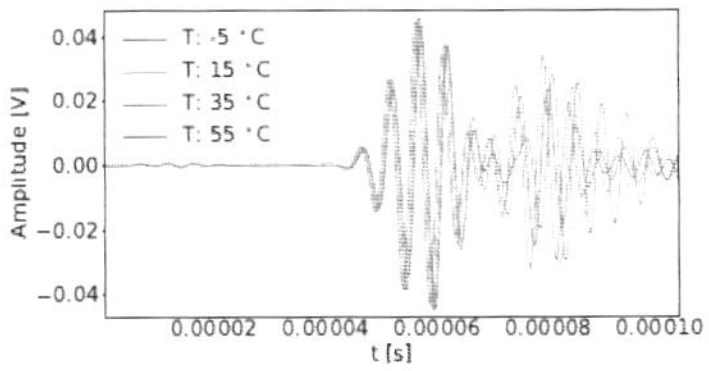

Abbildung 1: GUW-Catch-Signale aufgenommen auf einer GLARE Platte, bei unterschiedlichen Temperaturen. Es ist deutlich zu erkennen, dass die Temperatur die Wellenausbreitung im Material stark beeinflusst.

Temperaturkompensation

Die meisten Temperaturkompensationsmethoden für GUW-Signale zielen darauf ab, eine große Anzahl an Baselinemessungen zur Verfügung zu stellen und aktuelle Messungen mit diesen zu vergleichen oder die gemessenen GUW-Signale so zu manipulieren, dass sie an eine passende Baseline angepasst werden und verglichen werden können.

In der hier vorgestellten Methode namens Temperature Scaling (TS) [1] werden einzelne Signalmerkmakle aus dem GUW-Signal extrahiert und als Funktion der Temperatur T dargestellt. Diese Funktionen können genutzt werden, um den Wert eines Signalmerkmals zu einer bestimmten Temperatur T_i vorherzusagen und mit aktuellen Messungen zu vergleichen.

Zur Extraktion der Signalmerkmale aus dem GUW-Signal $s(t)$ wird die Signaleinhüllende $E_s(t)$ des GUW-Signals berechnet. Dafür wird das analytische Signal $s_a(t)$ bestimmt:

$$s_a(t) = s(t) + is(t) * \frac{1}{\pi t} \quad (1)$$

$$= s(t) + i\mathcal{H}\{s(t)\} \quad (2)$$

woraus sich $E_s(t)$ ergibt:

$$E_s(t) = |s_a(t)|. \quad (3)$$

Aus $E_s(t)$ werden dann die Signalmerkmale, siehe Abbildung 2, extrahiert.

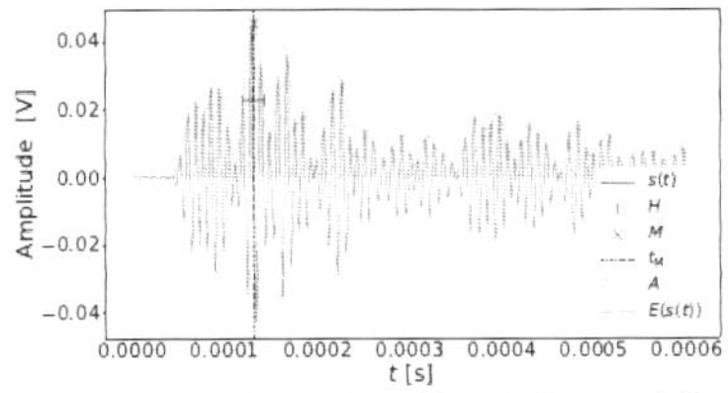

Abbildung 2: Aus der Hüllkurve $E(s(t))$ extrahierte Merkmale: Maximum ($\mathcal{M}$), die Halbwertsbreite (H), die Lage von $\mathcal{M}$ auf der Zeitachse (t_{max}) und der Fläche A unter $E(s(t))$. GUW-Daten aus [2]

Zur Ermittelung der Merkmalsfunktionen $\mathcal{M}_0$ werden die Signalmerkmale von Baselinemessungen bei verschiedenen Temperaturen T und Frequenzen f des Pitch-Signals extrahiert. Diese Signalmerkmale werden dann für die verschiedenen f als Funktion von T dargestellt. Durch das anfitten einer Polynomfunktion geeigneten Grades n können dann die Merkmalsfunktionen $\mathcal{M}_0(f,T)$ berechntet werden:

$$\mathcal{M}_0(f,T) = \sum_{k=0}^{n} a_k(f)T^k \quad (4)$$

Mit folgender Regel kann nun mithilfe eines aus einem aktuellen Signal, gemessen bei der Frequenz f_m und der Temperatur T_m, extrahierten Merkmals $\mathcal{M}_m(f_m, T_m)$ festgestellt werden, ob ein Schaden vorliegt:

$$\mathcal{M}_m(f_m, T_m) = \mathcal{M}_0(f_m, T_m) \pm \Delta\mathcal{M}_0 \Rightarrow \text{Kein Schaden,} \quad (5)$$

$$\mathcal{M}_m(f_m, T_m) \gtrless \mathcal{M}_0(f_m, T_m) \pm \Delta\mathcal{M}_0 \Rightarrow \text{Schaden detektiert.} \quad (6)$$

Wobei $\Delta\mathcal{M}_0$ der Grenzwert, ist um den sich $\mathcal{M}_m(f_m, T_m)$ von $\mathcal{M}_0(f_m, T_m)$ unterscheiden darf, um als schadensfrei erkannt zu werden. Somit definieren $\mathcal{M}_0(f_m, T_m)$ und $\Delta\mathcal{M}_0$ eine obere und untere Grenze. Diese Grenzen sind beispielhaft für das Signalmerkmal $\mathcal{M}$ in Abbildung 3 dargestellt.

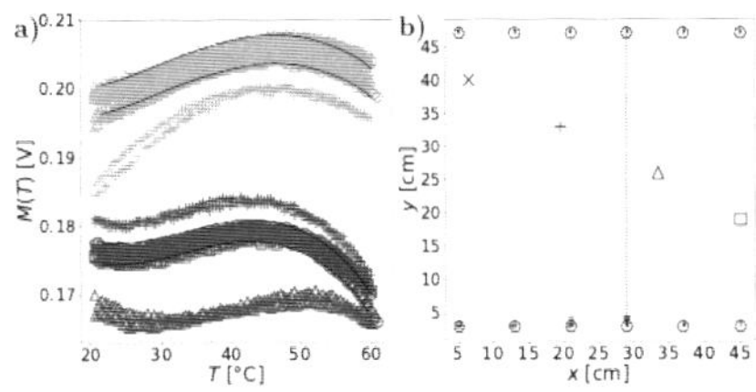

Abbildung 3: a) Beispiel von extrahierten Maximums-Daten $\mathcal{M}$ und Grenzen bei f_c = 40 kHz. b) Position künstlicher Schäden (×, +, △, □) und Wandlerpositionen (○) auf der Platte. Die farbigen Pfeile bezeichnen die Aktuator-→ Sensorpfade. Die Farben der Datenpunkte bei a) entsprechen den Wandlerpfaden b), während die Formen (×, +, △, □) den Schadenspositionen zum Zeitpunkt der Messung entsprechen, wobei der Kreis (○) den schadensfreien Fall markiert. GUW-Daten aus [2]

Erzeugung künstlicher Trainingsdaten

Die Funktionen $\mathcal{M}_0(f,T)$ können auch dazu verwendet werden, künstlich Trainingsdaten für Machinelearning-Verfahren zu generieren. Dafür wird der oben beschriebene Prozess auch für die Messungen mit künstlichen Schäden durchgeführt. Dann werden mit jeder ermittelten Funktion $\mathcal{M}(f,T)$ für zufällige T Daten erzeugt, indem bei gegebener Temperatur T_s ein Zufallswert $\mathcal{M}_s$ ausgewählt wird, wobei gilt:

$$\mathcal{M}(f, T_s) - \Delta\mathcal{M} \leq \mathcal{M}_s \leq \mathcal{M}(f, T_s) + \Delta\mathcal{M}. \quad (7)$$

Auf diese Weise können beliebig viele $\mathcal{M}_s$ erzeugt werden, auch bei Temperaturen die im orginalen Datensatz nicht vorhanden sind. In Abbildung 4 sind die Ergebnisse eines künstlichen neuronalen Netzwerks (ANN) zusehen, das mit $\mathcal{M}_s$ trainiert wurde, um die Position von künstlichen Schäden zu ermitteln.

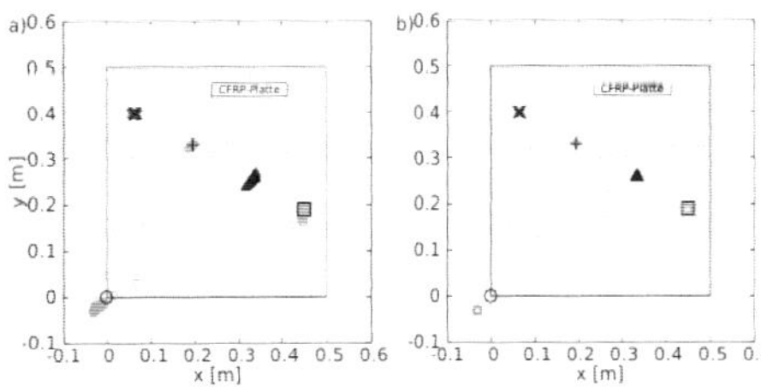

Abbildung 4: Prognosen von Schadenspositionen eines ANN das mit gesampelten Maximums-Daten $\mathcal{M}$ trainiert wurde. a) Prognosen des ANN aufgrund eines gesampelten Testsets. b) Prognosen aufgrund der Orignaldaten als Testdatensatz. Die schwarzen Marker zeigen die wahren Schadenspositionen an, die farbigen Marker zeigen die Prognosen des ANN, wobei der Kreis in beiden Fällen den schadensfreien Zustand markiert. GUW-Daten aus [2]

Quellenverzeichnis

[1] C. Polle et. al., *10.1007/978-3-031-16281-7_35*

[2] J. Moll et. al., *10.1177/1475921718817169*

Schall 23, 21 - 22 März 2023, Wetzlar, Deutschland

Bleifreie, 3D druckbare piezoelektrische Kompositsensoren zur Detektion geführter Ultraschallwellen in dünnwandigen Bauteilen

Thomas ROLOFF [1], Rytis MITKUS [1], Michael SINAPIUS [1]
[1] Technische Universität Braunschweig, Institut für Mechanik und Adaptronik, Braunschweig

Kontakt E-Mail: thomas.roloff@tu-braunschweig.de

Kurzfassung

Der Bauteilzustand dünnwandiger Strukturen kann mittels geführter Ultraschallwellen charakterisiert werden. Die dazu verwendeten Structural Health Monitoring Systeme können großflächige Strukturabschnitte überwachen und bestehen meist aus Netzwerken mehrerer Aktoren und Sensoren. Bei der dauerhaften Installation eines solchen Systems sind diskrete Wandler zu applizieren oder zu integrieren. Letztere bestehen oftmals aus bleihaltigen piezoelektrischen Keramiken mit großen piezoelektrischen Ladungskonstanten, aber hohen akustischen Impedanzen. Sowohl das enthaltene Blei, als auch der große Impedanzunterschied zwischen Struktur und Sensor wirken sich negativ auf die Anwendbarkeit und Performance der Systeme aus.
Im Rahmen dieses Beitrages wird in einem ersten Ansatz evaluiert, inwiefern sich applizierte, dünne und vor allem bleifreie piezoelektrische Kompositsensoren zur Detektion geführter Ultraschallwellen in isotropen Materialien eignen. Die 3D druckbaren und mittels Tape Casting gefertigten Sensoren bestehen aus einem Photopolymer mit darin dispergierten, mikroskaligen Kalium-Natrium-Niobat-Partikeln und Kohlenstoffnanoröhren. Die Detektierbarkeit geführter Ultraschallwellen wird in einer Aluminiumplatte bis zu einem Frequenz-Dickenprodukt von 0,5 MHzmm überprüft. Neben der Sensitivität wird dabei ebenfalls die akustische Impedanzanpassung der Sensoren an die Struktur untersucht, indem bei der Interaktion zwischen eintreffender Welle und Sensor entstehende Reflektionen mithilfe von 3D-Laservibrometrie qualitativ analysiert werden. Der Beitrag zeigt damit erste Nutzungsmöglichkeiten bleifreier Piezokompositsensoren im Bereich des Structural Health Monitorings auf.

Bleifreie, 3D druckbare piezoelektrische Kompositsensoren zur Detektion geführter Ultraschallwellen in dünnwandigen Bauteilen

Thomas Roloff, Rytis Mitkus, Michael Sinapius
Technische Universität Braunschweig | Institut für Mechanik and Adaptronik
E-Mail: thomas.roloff@tu-braunschweig.de | Telefon: +49 (0) 531 391-8069

Motivation

- *Bleifreie* piezoelektrische Kompositsensoren können die Einsatzbereiche von Structural Health Monitoring (SHM) Anwendungen für dünnwandige Leichtbaustrukturen erweitern und ermöglichen durch *Freiformgestaltung* die individuelle Anpassung der Sensoren.
- Die Sensoren aus Photopolymer, piezoelektr. Partikeln und Carbon Nanotubes (CNTs) zeigen eine *bessere akustische Impedanzanpassung* als PZT.

Experimenteller Aufbau (1)

- 20 x 20 mm² Kompositsensoren werden mittels mehrschichtigem Tape-Casting aus einem Photopolymer, mikroskaligen piezoelektrischen Kalium-Natrium-Niobat (KNN) Partikeln und CNTs hergestellt und polarisiert.
- Die Detektion geführter Ultraschallwellen (GUW) und Impedanzanpassung der Sensoren wird an einer isotropen Struktur aus Aluminium untersucht.

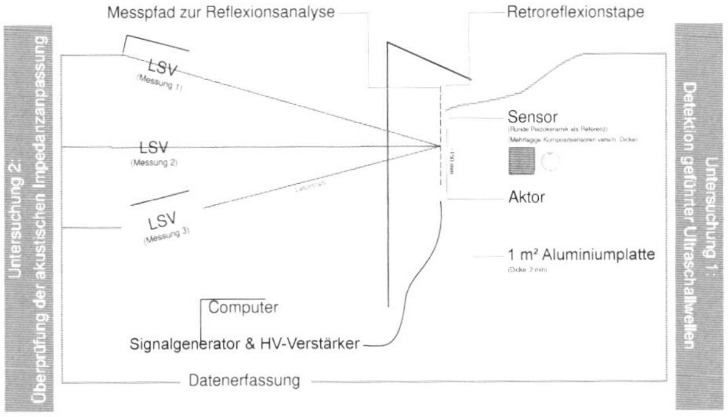

GUW Detektion mittels bleifreier Sensoren

- Kompositsensoren erzeugen Spannungen im mV-Bereich bei Anregung des Aktors mit 100 - 50 V_{pp} bei 5 - 250 kHz.
- Nahezu linearer Anstieg der Sensorspannung mit zunehmender Sensordicke → Validierung der schichtförmigen Fertigung.
- Streuung der Daten durch ungleichmäßige Anregung.
- S_0-Mode bei niedrigen Frequenzen wegen zeitlicher Überlagerung mit elektr. Crosstalk der Anregung nicht detektierbar.

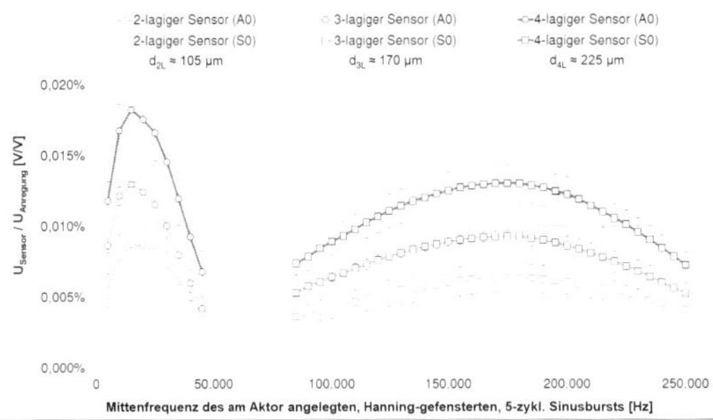

Überprüfung der akust. Impedanzanpassung (1,*)

- Qual. Vergleich der Amplituden zwischen den extrahierten einfallenden und reflektierten Wellenpaketen 5 cm vor dem jeweiligen Sensor.
- 3D Laser-Scanning-Vibrometer (LSV) Messung zur Separation von in- und out-of-plane Komponenten der Wellenausbreitung bei 300 kHz.
- Modenselektive Reflexionsextraktion mittels 2D Fourier-Transformation und selektiver Frequenz-Wellenzahl-Filterung.
- Bei 300 kHz beträgt die Wellenlänge der S_0-Mode im vorliegenden Aufbau 18,2 mm und die der A_0-Mode 6,7 mm.
- Piezokeramik führt zu höheren Reflexionen als die Kompositsensoren.
- Einfluss auf die S_0-Mode ist höher als auf die A_0-Mode.

Betrachteter Reflexionstyp	Zugrundeliegende 3D-LSV Daten	Piezokeramik (Kommerziell)	Piezokomposit (Ausrichtung 1)	Piezokomposit (Ausrichtung 2)
(5 cm vor dem Sensor)		Ø = 16 mm, h = 200 µm	A = 20 x 20 mm², h ≈ 130 µm	A = 20 x 20 mm², h ≈ 130 µm
$S_{0,refl.} / S_{0,init.}$	in-plane	4,60 %	2,09 %	1,58 %
$A_{0,refl.} / A_{0,init.}$	out-of-plane	1,76 %	1,17 %	1,22 %

Fazit und Ausblick

- Erfolgreiche Fertigung bleifreier Piezokompositsensoren zur Detektion von GUW mit geringerer Beeinflussung der Wellenausbreitung als bei PZT.
- Geringere Sensitivität im Vergleich zu PZT Keramiken aufgrund der niedrigeren piezoelektrischen Ladungskonstante.

Weiterführender Forschungsansatz:
- Ziel ist die Umsetzung eines modenselektiven *Phased-Array-Sensors* aus bleifreien Kompositsensoren für hochgradig anisotrope und inhomogene Strukturen wie Faser-Metall-Laminate. Die Modenextraktion soll dabei mithilfe der Zeitdaten umgesetzt werden.

Über Rückfragen, Ideen und Anmerkungen zu diesem Forschungsansatz freue ich mich sehr!

Literatur:
(1) Roloff, Thomas; Mitkus, Rytis; Lion, Jann Niklas; Sinapius, Michael (2022): 3D-Printable Piezoelectric Composite Sensors for Acoustically Adapted Guided Ultrasonic Wave Detection. In: Sensors 2022, 22(18), 6964. DOI 10.3390/s22186964
QR-Code zur Publikation

Technische Universität Braunschweig

Gefördert durch DFG Deutsche Forschungsgemeinschaft
Teil der Forschungsgruppe 3022 Ultraschallüberwachung von Faser-Metall-Laminaten mit integrierten Sensoren

Institut für Mechanik und Adaptronik